高等学校"十二五"规划教材

无机及分析化学实验

刘 冰 徐 强 主编

陈 厚 主审

化学工业出版社

·北京·

本书从实验与化学的关系出发,以实验在化学研究中的作用为线索,将无机及分析化学实验内容整合为:实验基础知识和基本技能、物质的分离与提纯、常用物理量及常数的测定、物质的制备、物质性质的研究和物质的检测六部分,共48个实验。

本书在编写过程中力图将实验操作训练放在更广阔的实验视野下,注重使学生在掌握基础知识和基本技能的同时,领悟化学实验研究的一般过程和方法,提高运用实验分析和解决问题的意识和能力。

本书可作为高等学校化学类、化工类、高分子材料与工程、材料类、生命科学类等专业的基础化学实验教材及参考书。

图书在版编目(CIP)数据

无机及分析化学实验/刘冰,徐强主编. —北京:化学工业出版社,2015.7 (2023.1重印)
高等学校"十二五"规划教材
ISBN 978-7-122-24051-4

Ⅰ.①无… Ⅱ.①刘… ②徐… Ⅲ.①无机化学-化学实验-高等学校-教材②分析化学-化学实验-高等学校-教材 Ⅳ.①O61-33②O65-33

中国版本图书馆 CIP 数据核字(2015)第 106304 号

责任编辑:宋林青　　　　　　　　　　　　　　装帧设计:史利平
责任校对:边　涛

出版发行:化学工业出版社(北京市东城区青年湖南街13号　邮政编码100011)
印　　装:三河市延风印装有限公司
787mm×1092mm　1/16　印张15¼　彩插1　字数380千字　2023年1月北京第1版第7次印刷

购书咨询:010-64518888　　　　　　　　　售后服务:010-64518899
网　　址:http://www.cip.com.cn
凡购买本书,如有缺损质量问题,本社销售中心负责调换。

定　　价:29.80元　　　　　　　　　　　　　　　　版权所有　违者必究

前　言

化学是一门以实验为基础的学科，化学科学的诞生和发展与实验密切相关。化学实验教学不仅要使学生获取化学知识、掌握实验操作技能，还要让学生学会利用化学实验开展化学研究的过程和方法、领悟科学精神和态度。

随着高校化学教学改革的深入，"化学实验课程体系应该从大化学的角度进行设置，还实验在化学中本来的独立地位，而不再是单纯地按照四大化学理论课简单地将整个大学化学实验教学人为地割裂开来"的观点，已得到了普遍认同。

依托陈厚教授主持的山东省高等学校教学改革立项重点项目"以应用型人才培养为主线，构建高分子材料与工程专业实践教学平台"（2012030），确立本教材的指导思想是：以本科阶段的总体培养目标为指导，围绕学生综合实践能力培养的系统性和整体性特征重组实验课程体系，将学生四年的化学实验进行统筹安排，实现四年化学实验"一体化"。

在这一思想的指导下，我们确定了采取由浅到深、循序渐进的方式开展"分阶段、多层次实验教学"的思路。

"分阶段、多层次实验教学"包括三个阶段：第一阶段，开设基础化学实验，包括一些实验的基础知识、基本技能和基本方法，力图使学生从整体上认识化学实验，培养必需的化学实验素养。第二阶段，开设综合化学实验，它是连接基础化学实验和研究性实验的桥梁，每个实验需要学生运用两个或两个以上学科的知识方可完成，着重培养和训练学生发现、分析和解决问题的综合实验能力。第三阶段，开展研究性实验，本阶段实验不单独设课，主要依托参与教师科研课题、开放实验室项目和大学生科技创新计划项目等环节完成，对学生有修读学分要求。

本教材定位于"分阶段、多层次实验教学"的第一个阶段——基础化学实验，第二阶段配套的教材《综合化学实验》也同期出版。

基于教学实践中的体会，结合当前无机及分析化学实验教学实际，本教材在以下方面有所创新。

1. 以实验在化学科学研究中的作用为突破口，确定教材内容框架

从实验与化学的关系出发，以实验在化学研究中的作用为线索，将整个教材内容分为：实验基础知识和基本技能、物质的分离与提纯、常用物理量及常数的测定、物质的制备、物质性质的研究和物质的检测六部分，将基础知识和基本操作融入各个专题实验中。

编者力图通过这样的编排体系，一方面能够打破无机化学和分析化学的学科界限，实现实验内容的有机融合；另一方面又能使学生在接受实验操作技能训练的同时，从整体上认识实验对于化学研究的重要作用，学习实验的基本思路和方法，为后续的综合化学实验奠定基础。

2. 改变了元素化学实验按周期表结构分族编排的传统做法

现有实验教材中涉及元素化学部分大多按照周期表结构，采取分族研究的体系进行编

排,这种编排方式在验证理论课所学知识方面的作用是显著的。但是,单纯的性质验证实验往往会影响学习的主动性和积极性。尤其对于实验课时较少的专业,元素化学部分的验证实验很容易使学生"走马观花"。

本教材从认识和研究物质性质的程序和方法角度出发,有机整合各族元素的性质,形成物质溶解性的研究、物质酸碱性与水解性的研究、物质氧化还原性的研究、含氧酸盐热稳定性的研究和配合物性质的研究等实验。力图通过这些实验,使学生在验证相关物质性质的同时,体会从各个角度理解物质性质的方法。

3. 在具体实验的撰写方面,强调在培养学生化学素养的视野下训练实验技能

如果学生掌握了实验技能,遇到新问题却不知道如何分离和鉴定物质,如何去研究一种物质,那么再熟练的实验技能都将无用武之地。因此,本教材在编写过程中着力将实验技能训练放在一个更广阔的实验视野下,注重使学生了解化学实验研究的一般过程和方法,逐步形成运用实验手段解决化学问题的基本实验能力,避免脱开化学实验素养的视野而抽离出具体的操作技能加以训练。

为此,在每个实验的具体编写过程中,尽可能改变直接列出实验原理和详细的实验步骤的做法,而是注重通过【方法引导】栏目以启发和层层设问的方式引导学生积极思考,在思考的过程中自主建构和理解实验步骤,使教材由关注"怎么做"转向关注"为什么这样做",实现学生实验由"照方抓药"向"寻方制药"的转变。

同时,对于物质性质部分实验的编写,都遵循研究物质性质的一般思路,让学生经历作出预测、实验验证、解释现象和得出结论等环节,以促进学生形成科学的思维方式和正确的化学实验观。

4. 为培养学生自学能力搭建"脚手架"

自学能力是创新的基础,刚进入大学的学生在"自学什么"和"如何自学"方面尚需一定的引导。为此,本教材力图从以下两个方面为培养学生自学能力搭建"脚手架":

①每个实验之后的思考题都附有参考答案,便于学生课后自学巩固实验内容;

②部分实验之后设有【拓展性实验资源】栏目,为学有余力的学生进行课后拓展性自学提供素材,也可供各学校在使用教材时根据学时安排、学生水平和实验条件灵活选择。

5. 增加实验安全图标,注重安全意识的培养

保证实验安全是顺利开展实验的前提。本教材除了在第一部分的实验基本常识中介绍了实验安全知识外,在每个实验的实验过程之前都以警示图标的形式呈现了与本实验相关的实验安全标志,以提示学生在实验过程中随时注意安全问题,并在附录1中对每个实验安全标志的含义作了说明。

本书由刘冰拟定编写提纲,确定编写的总体指导思想、编写原则和实验的编写体例。参加具体实验编写的人员如下:刘冰(实验4、实验6、实验15、实验23~31)、姜玮(实验1、实验2、实验10~14)、祝丽荔(实验7~9、实验17~22)、徐强(实验40~42)、徐慧(实验3、实验45~47)、陈玉静(实验16、实验32、实验33、实验43、实验44、实验48)、侯法菊(实验5、实验34~39)。全书由刘冰和徐强修改定稿。本书由陈厚教授主审,从教材的整体构思到具体撰写都提出了许多宝贵的意见,对此表示深切的谢意。

在教材编写过程中,得到了山东省高等学校教学改革重点项目(2012030)、山东省名校工程建设项目、鲁东大学应用型人才培养改革与建设项目(412-20140407)的资助。化学工业出版社的编辑也一直关注和指导本书的编写工作,在此表示衷心的感谢。同时,编写过程

中参考了有关教材以及国内外相关文献资料,鲁东大学无机及分析化学教研室张丕俭教授、高善民教授、吕菊波副教授提出了宝贵意见,一并表示感谢。

限于编者水平,书中不妥之处在所难免,敬请读者批评指正。

刘冰

2014 年 12 月于鲁东大学

目 录
CONTENTS

第一部分　实验基础知识和基本技能 ·················· 1
  一、实验基本常识 ·················· 1
  二、实验室常用仪器简介及使用链接 ·················· 6
  三、实验现象与实验数据的记录、处理与表达 ·················· 15
  实验 1　仪器认领洗涤与试剂取用 ·················· 23
  实验 2　加热操作和玻璃管加工练习 ·················· 28
  实验 3　天平称量练习 ·················· 32
  实验 4　溶液的配制 ·················· 39
  实验 5　滴定分析基本操作练习 ·················· 46

第二部分　物质的分离与提纯 ·················· 53
  实验 6　粗食盐的提纯（化学沉淀法） ·················· 55
  实验 7　海带中碘元素的分离（萃取法） ·················· 62
  实验 8　Fe^{3+}、Cu^{2+}、Mn^{2+} 的分离（纸色谱法） ·················· 66
  实验 9　水的净化（离子交换法） ·················· 68

第三部分　常用物理量及常数的测定 ·················· 73
  实验 10　二氧化碳相对分子质量的测定（气体相对密度法） ·················· 73
  实验 11　摩尔气体常数的测定 ·················· 77
  实验 12　$I_3^- \rightleftharpoons I_2 + I^-$ 平衡常数的测定 ·················· 80
  实验 13　醋酸解离度和解离平衡常数的测定（pH 法） ·················· 83
  实验 14　化学反应速率常数和活化能的测定 ·················· 87
  实验 15　硫酸铜晶体结晶水含量的测定 ·················· 91
  实验 16　磺基水杨酸合铁（Ⅲ）配合物稳定常数的测定 ·················· 96

第四部分　物质的制备 ·················· 101
  实验 17　硝酸钾的制备（转化法） ·················· 102
  实验 18　莫尔盐的制备（复盐的制备方法） ·················· 105
  实验 19　微乳液法制备硫化镉纳米粒子（纳米材料的制备方法） ·················· 109
  实验 20　高锰酸钾的制备（固体碱熔氧化法） ·················· 112
  实验 21　三氯化六氨合钴（Ⅲ）的制备（配合物的制备方法） ·················· 115
  实验 22　碱式碳酸铜的制备（制备反应条件的探究与控制） ·················· 117

第五部分　物质性质的研究 ·················· 121
  实验 23　物质溶解性的研究 ·················· 122
  实验 24　物质酸碱性与水解性的研究 ·················· 126
  实验 25　物质氧化还原性的研究 ·················· 129

  实验26 含氧酸盐热稳定性的研究 …… 134
  实验27 配合物性质的研究 …… 136
  实验28 缓冲溶液性质的研究 …… 140
  实验29 某确定物质性质的研究（以过氧化氢为例） …… 143

第六部分 物质的检测 …… 147

  实验30 混合离子的分离与鉴定 …… 147
  实验31 茶叶中某些元素的鉴定 …… 152
  实验32 盐酸标准溶液配制标定及工业纯碱总碱度测定 …… 155
  实验33 NaOH标准溶液配制标定及硫酸铵中氮含量测定 …… 157
  实验34 酸碱滴定法测定甲醛含量 …… 159
  实验35 非水滴定法测定胺基含量 …… 161
  实验36 EDTA标准溶液的配制标定及自来水总硬度测定 …… 163
  实验37 轻质碳酸钙中碳酸钙含量的测定 …… 166
  实验38 EDTA标准溶液配制标定及铋、锌含量的连续测定 …… 167
  实验39 钛白粉中二氧化钛含量的测定 …… 169
  实验40 高锰酸钾标准溶液配制标定及H_2O_2含量的测定 …… 171
  实验41 重铬酸钾法测定铁矿石中全铁量 …… 173
  实验42 $Na_2S_2O_3$标准溶液配制标定及铜盐中铜含量的测定 …… 176
  实验43 葡萄糖含量的测定 …… 178
  实验44 溴加成法测定碳碳双键 …… 180
  实验45 可溶性氯化物中氯含量的测定 …… 183
  实验46 有机化合物中氯含量的测定 …… 185
  实验47 氯化钡中钡含量的测定 …… 189
  实验48 邻二氮菲吸光光度法测定微量铁 …… 195

思考题参考答案 …… 199

附录 …… 215

  附录1 实验安全图标 …… 215
  附录2 不同温度下水的饱和蒸气压 …… 215
  附录3 常见难溶化合物的溶度积 …… 219
  附录4 常见氢氧化物沉淀的pH …… 220
  附录5 常用酸碱的相对密度和浓度（20℃） …… 220
  附录6 常用弱电解质的解离常数 …… 221
  附录7 标准电极电势 …… 222
  附录8 常见配离子的稳定常数 …… 227
  附录9 某些试剂溶液的配制 …… 228
  附录10 常用基准物质的干燥条件及应用 …… 232
  附录11 常见离子鉴定方法 …… 232

参考文献 …… 235

第一部分 实验基础知识和基本技能

一、实验基本常识

1. 无机及分析化学实验的目的

在无机及分析化学的学习中，实验占有极其重要的地位，是基础化学实验平台的重要组成部分。

无机及分析化学实验作为一门独立设置的课程，突破了原无机化学和分析化学实验分科设课的界限，旨在充分发挥无机及分析化学实验教学在提高学生实验素养和培养创新能力中的独特地位。通过实验，要达到以下几个方面的目的。

① 增强对物质变化的感性知识，掌握重要化合物的制备、分离提纯和分析方法，加深对基本知识和基本理论的理解，了解实验室工作的有关知识。

② 熟练地掌握一些基本实验操作技能，例如加热、称量、滴定等，学会正确选择和使用无机和分析化学实验中的常见仪器。

③ 学会控制变量、提出假设、推理等科学方法，培养观察能力、对实验现象的归纳分析能力以及正确处理和表达实验结果的能力。

④ 体会实验在化学研究中的作用，领悟实验研究的一般思路和方法，能够有意识地把实验作为获取化学知识的重要手段，将实验研究的思路和方法主动地运用于对新知识的探究中，培养用实验方法获取新知识的能力。

⑤ 培养实事求是的科学态度，严谨、条理等良好的科学习惯以及科学的思维方法，培养团队合作精神，养成良好的实验室工作习惯。

2. 无机及分析化学实验的要求

要很好地完成实验任务，达到上述实验目的，除了应有正确的学习态度外，还要做好以下几个环节。

（1）预习

为了使实验顺利有效进行，实验前必须进行预习，通过阅读教材和参考资料，明确实验的目的与要求，理解实验原理，了解需用的仪器和装置的名称及性能，掌握主要的试剂和产物的理化常数及反应方程式，弄清操作步骤和注意事项，设计好数据记录格式，写出简明扼要的预习报告。

（2）实验

在教师指导下独立进行实验是实验课的主要教学环节，是提高学生实验素养的重要手段。实验过程要求做到以下几点。

① 提前 10min 进入实验室，做好实验前准备。实验开始前先清点仪器设备，如发现缺

损，应立即报告教师，并按规定手续补领。实验过程中如有仪器破损，应及时报告并按规定手续换取新仪器。

② 实验过程中要注意安全，爱护仪器，节约水、电、试剂，保护环境。在实验中设置了安全图标，要注意按照安全图标提示进行实验操作。按试剂及药品使用规则取用试剂，实验中的废弃物应倒入废液缸中或分别放在指定的地点，严禁投入或倒入水槽内，以防水槽和下水管堵塞、腐蚀或污染环境。严格按照操作规程使用精密仪器。如发现仪器有故障，应立即停止使用，并及时报告指导教师。

③ 实验时应保持实验室和桌面的整洁。遵守公共实验台药品取用的规定，实验器材、仪器及药品不能乱丢乱放。

④ 实验时应根据教材中【方法引导】栏目弄清原理后，有的放矢地操作，避免"照方抓药"。若自行提出新的实验方案，应与指导教师讨论确定后方可进行实验。

⑤ 实验过程中集中精力，认真操作，仔细观察实验现象，及时将实验现象和数据如实记录在专门的记录本上。实验记录交由教师审阅批准后方可离开。

⑥ 实验结束后，清洗、整理好仪器和药品，检查水、电、煤气及门窗，经教师允许后离开实验室。

⑦ 实验室内的一切物品（仪器、试剂和产品）均不得带出实验室。

(3) 实验报告

实验结束后，应及时完成实验报告，并在规定时间内交指导教师批阅。实验报告应简明扼要。具体撰写要求请见"三、实验现象与实验数据的记录、处理与表达"。

3. 实验室用水要求

水是实验室常用的良好溶剂，溶解能力强，作各种溶剂和用于洗涤仪器等。下面介绍几种实验室常见用水如自来水、蒸馏水、去离子水、电渗析水及特殊需求用水的制备、使用注意事项等。在实验过程中应按照实验要求正确选择实验用水。确保实验数据的准确性和科学性。

蒸馏水、去离子水、电渗析水等经过精制纯化的水为纯化水。纯化水分为一级、二级、三级，其电阻率应分别等于或大于 $10M\Omega\cdot cm$、$1M\Omega\cdot cm$ 和 $0.2M\Omega\cdot cm$。

一级水用于有严格要求的分析实验，包括对颗粒有要求的实验，如高压液相色谱分析用水。一级水可用二级水经过石英设备蒸馏或离子交换混合床处理后，再经 $0.2\mu m$ 微孔滤膜过滤来制取。

二级水用于痕量分析等实验，如原子吸收光谱分析用水，二级水可用多次蒸馏、石英亚沸蒸馏或离子交换等方法制取。

三级水用于一般分析化学实验。三级水可用蒸馏或离子交换等方法制取。

(1) 自来水

自来水一般 pH 为 6.5~8.0，含有较多的 Ca^{2+}（10~150 $mg\cdot L^{-1}$）、Mg^{2+}（1~60 $mg\cdot L^{-1}$）、Na^+（0.2~20 $mg\cdot L^{-1}$）、K^+（0.1~10 $mg\cdot L^{-1}$），由于一般加氯消毒，因此含有较多的 Cl^-（0.2~50 $mg\cdot L^{-1}$）。

自来水一般用作实验仪器的初步清洗、无特殊要求的定性实验及蒸馏水、去离子水、电渗析水的水源。

市面上出售的矿泉水、纯净水也可以用作实验用水。矿泉水的 Ca^{2+}、Mg^{2+}、Na^+、K^+、Cl^- 一般低于自来水，但高于纯净水，可用于实验仪器的初步清洗、无特殊要求的定性实验。纯净水某些指标与蒸馏水、去离子水相当或稍高，可用于稍高要求的实验。

（2）蒸馏水

通过加热使水变为蒸汽然后冷却后收集的水为蒸馏水。蒸馏分单蒸馏和重蒸馏，在天然水或自来水没有污染的情况下，单蒸馏水就能接近纯水的纯度指标，但很难排除二氧化碳的溶入，水的电阻率很低，达不到 MΩ·cm 级，不能满足许多新技术的需要。为了使单蒸馏水达到纯度指标，必须通过二次蒸馏，又称重蒸馏。一般情况下，经过二次蒸馏，能够除去单蒸馏水中的杂质，在一周时间内能够保持纯水的纯度指标不变。

另外，蒸馏水的出水管使用前应洗刷干净，用蒸馏水充分冲洗，保持通畅，并将内部洗刷干净，更换新鲜水；在烧制蒸馏水的过程中，每个环节都应避免手或其它未经新鲜蒸馏水冲洗过的器具与蒸馏水的接触，弃去头尾蒸出的水；注意出水流量的大小，一般可以用手测冷凝器外壳底部的温度，感到微烫（≥65℃）时，效果最佳；烧制完毕，待冷凝器冷却后需将锅内余水排尽，以防存水产生细菌。

（3）去离子水

用离子交换法制得的实验用水，常称为去离子水或离子交换水。出水水质高于蒸馏水塔蒸馏出的蒸馏水水质，仅含 $0.01\text{mg}\cdot\text{L}^{-1}$ 的溶解型溶质。

离子交换法能除去原水中绝大部分盐、碱和游离酸，但不能完全除去有机物和非电解质，因此最好利用市售的普通蒸馏水或电渗水替代原水，进行离子交换处理而制备去离子水。此法可以获得十几 MΩ·cm 的去离子水，但因有机物无法去掉，TOC 和 COD 值往往比原水还高。另外，在生产 200kg 去离子水后，树脂一定要再生，否则，达不到纯水的纯度指标。所以离子交换水性能不稳定，要注意由于连续制水而树脂没有及时再生所造成的水质下降，还要注意用 HCl 和 NaOH 溶液使树脂再生后，由于没有清洗干净而引入 Cl^- 和 Na^+ 对去离子水的影响。

（4）电渗析水

在电渗析过程中能除去水中电解质杂质，但对弱电解质去除效率低，它在外加直流电场作用下，利用阴、阳离子交换膜分别选择性地允许阴、阳离子透过，使一部分离子透过离子交换膜迁移到另一部分水中去，从而使一部分水纯化，另一部分水浓缩，再与离子交换法联用，可制得较好的实验用纯水。

（5）特殊需求用水

① 无二氧化碳水

煮沸法制备：将蒸馏水或去离子水煮沸至少 10min，或使水量蒸发 10% 以上，加盖放冷即可制得无二氧化碳水。

曝气法制备：将惰性气体或纯氮通入蒸馏水或去离子水至饱和，即得无二氧化碳水。制得的无二氧化碳水应储存于一个附有碱石灰管的橡皮塞盖严的瓶中。

② 无砷水

一般蒸馏水或去离子水多能达到基本无砷要求。应避免使用软质玻璃（钠钙玻璃）制成的蒸馏器，进行痕量砷的分析时，应使用石英蒸馏器和聚乙烯的离子交换树脂柱管和储水瓶。

③ 无铅（无重金属）水

用氢型强酸性阳离子交换树脂柱处理原水，即可制得无铅纯水。储水器应预先进行无铅处理，用 $6\text{mol}\cdot\text{L}^{-1}$ 硝酸溶液浸泡过夜后用无铅水洗净使用。

④ 不含有机物的蒸馏水

加少量高锰酸钾碱性溶液于水中，使水呈红紫色，再以全玻璃蒸馏器进行蒸馏制得（整个过程应使水呈红紫色，否则应随时补加高锰酸钾）。

4. 试剂及药品使用规则

（1）化学试剂的规格

常用化学试剂根据纯度的不同分不同的规格，表1-1列出了常用化学试剂等级表示方法及适用范围。

表1-1 试剂的规格与适用范围

试剂等级	等级名称	等级缩写	瓶标颜色	适用范围
一级	优级纯	GR	绿色	纯度最高，适用于最精密的分析研究
二级	分析纯	AR	红色	纯度较高，适用于精确的微量分析，为分析实验室广泛应用
三级	化学纯	CP	蓝色	纯度略低，适用于一般的微量分析，要求不高的工业分析和快速分析
四级	实验试剂	LR	棕黄色或其它颜色	纯度较低，但高于工业用试剂，适用于一般的定性检验

除上述一般试剂外，还有一些特殊要求的试剂，如指示剂和超纯试剂（如电子纯、光谱纯、色谱纯）等，这些都会在瓶标签上注明，使用时请注意。

（2）化学试剂的保存

化学试剂中的部分试剂具有易燃、易爆、腐蚀性或毒性等特性，化学试剂除使用时注意安全和按操作规程操作外，保管时也要注意安全，要防火、防水、防挥发、防曝光和防变质。

化学试剂的保存，应根据试剂的毒性、易燃性、腐蚀性和潮解性等各不相同的特点，采用不同的保存方法。

① 一般单质和无机盐类的固体

放在试剂柜内，无机试剂要与有机试剂分开存放，危险性试剂应严格管理，必须分类隔开放置，不能混放在一起。

② 易燃物质

应单独存放，要注意阴凉通风，特别要注意远离火源。实验中常用的有苯、乙醇、乙醚和丙酮等。

无机物中如硫黄、红磷、镁粉和铝粉等，着火点都很低，也应注意单独存放。存放处应通风、干燥。白磷在空气中可自燃，应保存在水里，并放于避光阴凉处。

③ 遇水燃烧的试剂

金属锂、钠、钾、电石和锌粉等，可与水剧烈反应，放出可燃性气体。锂要用石蜡密封，钠和钾应保存在煤油中，电石和锌粉等应放在干燥处。

④ 强氧化剂

氯酸钾、硝酸盐、过氧化物、高锰酸盐和重铬酸盐等都具有强氧化性，当受热、撞击或混入还原性物质时，就可能引起爆炸。保存这类物质时，一定不能与还原性物质或可燃物放在一起，应存放在阴凉通风处。

⑤ 见光分解的试剂及与空气接触易氧化的试剂

见光分解的试剂，如硝酸银、高锰酸钾等；与空气接触易氧化的试剂，如氯化亚锡、硫酸亚铁等，都应存于棕色瓶中，并放在阴凉避光处。

⑥ 容易侵蚀玻璃的试剂

如氢氟酸、含氟盐、氢氧化钠等应保存在塑料瓶内。

⑦ 剧毒试剂

如氰化钾、三氧化二砷（砒霜）、升汞等，应由专人妥善保管，取用时应严格做好记录，以免发生事故。

5. 化学实验室安全守则

化学实验室中很多试剂易燃、易爆，具有腐蚀性或毒性，存在着不安全因素。所以进行化学实验时，必须重视安全问题，绝不可麻痹大意。实验前要仔细阅读实验室中的安全注意事项，根据安全图标提示进行实验。在实验过程中，要遵守以下安全守则。

① 实验室内严禁吸烟、饮食、大声喧哗、打闹。

② 洗液、强酸、强碱等具有强烈的腐蚀性，使用时应特别注意，避免溅在皮肤和衣服上。

③ 有刺激性或有毒气体的实验，应在通风橱内进行，嗅闻气体时，应用手轻拂气体，把少量气体扇向自己再闻，不能将鼻孔直接对着瓶口。

④ 挥发和易燃物质的实验，必须远离火源。

⑤ 加热试管时，不要将试管口对着自己或他人，也不要俯视正在加热的液体，以免液体溅出受到伤害。

⑥ 有毒试剂（如氰化物、汞盐、铅盐、钡盐、重铬酸盐等）严禁进入口内或接触伤口，也不能随便倒入水槽，应倒入回收瓶回收处理。

⑦ 稀释浓硫酸时，应将浓硫酸慢慢注入水中，并不断搅动，切勿将水倒入浓硫酸中，以免迸溅，造成灼伤。

⑧ 禁止随意混合各种试剂药品，以免发生意外事故。

⑨ 实验完毕，将实验台面整理干净，洗净双手，关闭水、电、气等阀门后离开实验室。

6. 实验室意外事故的应急处理办法

（1）化学药品中毒的应急处理

化学药品中毒，要根据化学药品的毒性特点及中毒程度采取相应措施，并及时送医院治疗。吸入有毒物质时，应先将中毒者转移到室外，解开衣领和纽扣，让患者进行深呼吸，必要时进行人工呼吸，立即送医院治疗。

（2）化学药品灼伤的应急处理

化学药品灼伤时，要根据药品性质及灼伤程度采取相应措施。

① 若试剂进入眼中，切不可用手揉眼，应先用抹布擦去溅在眼外的试剂，再用水冲洗。若是碱性试剂，需再用饱和硼酸溶液或1％醋酸溶液冲洗；若是酸性试剂，需先用碳酸氢钠稀溶液冲洗，再滴入少许蓖麻油。若一时找不到上述溶液而情况危急时，可用大量蒸馏水或自来水冲洗，再送医院治疗。

② 当皮肤被强酸灼伤时，首先应用大量水冲洗10～15min，以防止灼伤面积进一步扩大，再用饱和碳酸氢钠溶液或肥皂液进行洗涤。但是，当皮肤被草酸灼伤时，不宜使用饱和碳酸氢钠溶液进行中和，这是因为碳酸氢钠碱性较强，会产生刺激。应当使用镁盐或钙盐进行中和。

③ 当皮肤被强碱灼伤时，尽快用水冲洗至皮肤不滑为止。再用稀醋酸或柠檬汁等进行中和。但是，当皮肤被生石灰灼伤时，则应先用油脂类的物质除去生石灰，再用水进行冲洗。

④ 当皮肤被液溴灼伤时，应立即用2%硫代硫酸钠溶液冲洗至伤处呈白色；或先用酒精冲洗，再涂上甘油。眼睛受到溴蒸气刺激不能睁开时，可对着盛酒精的瓶内注视片刻。

⑤ 当皮肤被酚类化合物灼伤时，应先用酒精洗涤，再涂上甘油。

(3) 起火与爆炸的应急处理

实验室起火或爆炸时，要立即切断电源，打开窗户，熄灭火源，移开尚未燃烧的可燃物，根据起火或爆炸原因及火势采取不同方法灭火并及时报告。

① 灭火方法

a. 地面或实验台面着火，若火势不大，可用湿抹布或沙土扑灭。

b. 反应器内着火，可用灭火毯或湿抹布盖住瓶口灭火。

c. 有机溶剂和油脂类物质着火，火势小时，可用湿抹布或沙土扑灭，或撒上干燥的碳酸氢钠粉末灭火；火势大时，必须用二氧化碳灭火器、泡沫灭火器或四氯化碳灭火器扑灭。

d. 电起火，立即切断电源，用二氧化碳灭火器或四氯化碳灭火器灭火（四氯化碳蒸气有毒，应在空气流通的情况下使用）。

e. 衣服着火，切勿奔跑，应迅速脱衣，用水浇灭；若火势过猛，应就地卧倒打滚灭火。

② 烧伤的应急处理

应根据烧伤的程度，采取不同的方法进行救治。烧伤现场急救的基本原则如下。

a. 迅速脱离致伤源。迅速脱去着火的衣服或采用水浇灌或卧倒打滚等方法熄灭火焰。切忌奔跑喊叫，以防增加头面部、呼吸道损伤。

b. 立即冷疗。冷疗是用冷水冲洗、浸泡或湿敷。在6h内有较好的效果。冷却水的温度控制在10～15℃为宜，冷却时间要0.5～2h。

c. 保护创面。现场烧伤创面无须特殊处理。尽可能保留水疱皮完整性，不要撕去腐皮，同时用干净的纱布进行简单的包扎即可。

d. 立即送到医院进行进一步治疗。

(4) 烫伤的应急处理

烫伤时，如伤势较轻，涂上苦味酸或烫伤软膏即可；如伤势较重，不能涂烫伤软膏等油脂类药物，可撒上纯净的碳酸氢钠粉末，并立即送医院治疗。

(5) 玻璃割伤的应急处理

化学实验室中最常见的外伤是由玻璃仪器或玻璃管的破碎引发的。作为紧急处理，首先应止血，以防大量流血引起休克。原则上可直接压迫损伤部位进行止血。

由玻璃仪器造成的外伤，首先必须检查伤口内有无玻璃碎片，以防压迫止血时将碎玻璃片压深。若有碎片，应先用镊子将玻璃碎片取出，再用消毒棉花和硼酸溶液或双氧水洗净伤口，然后涂上红汞或碘酒（两者不能同时使用）并包扎好。若伤口太深，可在伤口上方约10cm处用纱布扎紧，压迫止血，并立即送医院治疗。

二、实验室常用仪器简介及使用链接

熟悉仪器的用途和使用方法，并能在实验过程中正确选择和使用仪器，是做好无机及分析化学实验的基础。为了使同学们更好地认识无机及分析化学实验中常用的普通实验仪器，下面以某个制备实验为线索来展开对仪器的简单介绍，详细的操作可按使用链接所示进行查阅。

在由反应物到产物的制备实验中，通常要涉及实验前准备、获取反应物、控制反应条件、得到生成物和对生成物进行检验等过程，而在这些过程中又会用到试剂的储存容器和反应容器。按照这种思路，将无机及分析化学实验中常用仪器列于表1-2。

表 1-2　无机及分析实验常用仪器简介

实验环节	可能涉及的操作	相关仪器名称	样图	仪器使用与操作链接
实验前准备	仪器的洗涤和干燥	略①	略	实验 1
获取反应物	固体试剂的称量	托盘天平		实验 3
		电子天平		
		称量瓶		
	液体体积的度量	量筒		实验 4
		移液管		
		吸量管		

① 因不同实验涉及的仪器将在后续介绍，故此处省略。

续表

实验环节	可能涉及的操作	相关仪器名称	样图	仪器使用与操作链接
获取反应物	研磨	研钵		实验15
	固体溶解	烧杯、玻璃棒		实验6
	配制溶液	烧杯		实验4
		容量瓶		
控制反应条件	直接加热	酒精灯		实验2
		酒精喷灯（煤气灯）		
		石棉网		
		三脚架		

续表

实验环节	可能涉及的操作	相关仪器名称	样图	仪器使用与操作链接
控制反应条件	电加热器加热	电热套		实验 2
		电热板		
		马弗炉		
	热浴间接加热	水浴锅		实验 15
		油浴锅		
		沙浴盘		
	高温灼烧	坩埚		实验 7
		坩埚钳		
		泥三角		
	控制 pH	pH 试纸		实验 13
		pH 计		
		表面皿		

续表

实验环节	可能涉及的操作	相关仪器名称	样图	仪器使用与操作链接
控制反应条件	控制温度、压力和时间	温度计		
		恒温槽		
		气压计		
		秒表		实验14
	搅拌	玻璃棒		
		磁力搅拌器		实验19
得到(分离提纯)生成物	固-液分离(倾析法、过滤法和离心分离)	玻璃棒、烧杯		实验6
		滤纸		
		普通漏斗		
		铁架台		

续表

实验环节	可能涉及的操作	相关仪器名称	样图	仪器使用与操作链接
得到(分离提纯)生成物	固-液分离（倾析法、过滤法和离心分离）	布氏漏斗		实验6
		抽滤瓶		
		热滤漏斗		
		离心机		
		离心试管		
	液-液分离（萃取）	分液漏斗		实验7
	气体净化	洗气瓶		实验10
	气体干燥	干燥管		
	蒸发浓缩	蒸发皿		实验6
	重结晶			实验17

续表

实验环节	可能涉及的操作	相关仪器名称	样图	仪器使用与操作链接
检验生成物	定性鉴定	试管、离心试管		
	定量检测	滴定管（酸式和碱式）	酸式　碱式	实验5
		锥形瓶		
		分光光度计		实验16
		电导率仪		实验9
		重量分析基本操作仪器		实验47
反应容器		烧杯		
		试管		

续表

实验环节	可能涉及的操作	相关仪器名称	样图	仪器使用与操作链接
反应容器		平底烧瓶		
		圆底烧瓶		
		蒸馏烧瓶		
		启普发生器		实验10
		点滴板		
试剂储存容器	试剂的取用	滴瓶		实验1
		洗瓶		

续表

实验环节	可能涉及的操作	相关仪器名称	样图	仪器使用与操作链接
试剂储存容器	试剂的取用	广口瓶		实验1
		细口瓶		
		干燥器		实验15
其它辅助仪器		毛刷		
		试管架		
		试管夹		
		药匙		

注：这只是对仪器进行分类的思路之一，并不是唯一的分类方法，也不代表仪器的唯一用途，因此需要灵活运用，不能生搬硬套。例如，在本分类中，量筒用于获取反应过程中液体试剂的度量，而实际上它还可以用于溶液配制以及反应条件控制等过程中。

三、实验现象与实验数据的记录、处理与表达

1. 实验现象与实验数据的记录

学生需准备预先编有页码的实验记录本，专门用于实验数据的记录，不允许将数据记录在实验记录本之外的其它任何地方。

实验过程中的各种测量数据及有关现象，应及时、准确、清楚地记录下来。记录实验数据时，要有严谨的科学态度，要实事求是，切忌夹杂主观因素，也不能随意拼凑或伪造数据。

实验记录上的每一个数据，都是测量结果。所以，重复观测时，即使数据完全相同，也都要记录下来。

进行记录时，对文字记录，应整齐清洁；对数据记录，应采用一定的表格形式，使数据更为清楚明了。

在实验过程中，如发现数据算错、测错或读错而需要改动时，可将该数据用一横线划去，并在其上方写上正确的数字。

2. 有效数字及修约、运算规则

在实验中，应记录几位数字，在数据处理时又应保留几位数字，为了合理地取值并能正确运算，需要了解有效数字的概念。在记录实验数据和有关的化学计算中，要特别注意有效数字的运用，否则会使结果不准确。

有效数字是实际能够测量到的数字，要根据测量仪器和观察的精确程度来决定。记录数据时，应使最后一位数字是估计的（可疑数），一般带有±1的误差，其它的数字都是准确的。任何超过或低于仪器精确程度的有效位数的数字都是不恰当的。

例如，在托盘天平上称量某物，因托盘天平游码标尺最小刻度一般为0.2g，可记录为7.5g，有效数字是2位。如果将该物放在电子天平上称量，电子天平能称准确到±0.0001g，所以可表示为7.8125g，有效数字是5位。又如，在用最小刻度为0.5mL的量筒测量液体体积时，测得体积为17.3mL，其中17mL是直接由量筒的刻度读出的，而0.3mL是估计的，有效数字是3位。如果将该液体用最小刻度为0.1mL的滴定管测量，则体积为17.56mL，其中17.5mL是直接从滴定管的刻度读出的，而0.06mL是估计的，所以该液体的体积可以表示为17.56mL，有效数字是4位。

有效数字的位数可用下面几个数值来说明：

数值	0.12	0.0102	0.1020	12	120	12.00
有效数字的位数	2位	3位	4位	2位	3位	4位

数字"0"在数字的中间或数字后面时，则表示一定的数量，应当包括在有效数字的位数中。"0"在数字的前面时，是定位数字，用来表示小数点的位置，不是有效数字。

对数值的有效数字位数，仅由小数部分的位数决定。因此对数运算时，对数尾数部分的有效数字位数应与相应的真数的有效数字位数相同。例如 pH＝5.68，$[H^+]=2.1\times10^{-6}$ mol·L^{-1}，有效数字为两位。

对有效数字修约时，按照"四舍六入五成双"的规则进行。

在进行加减运算时，所得结果的小数点后面的位数应修约为与各加减数中小数点后面位数最少者相同。

例如，28.3＋0.17＋6.39＝34.9

为简便起见，可以在进行加减前就将各数值修约，再进行计算后按规则取有效数字位数。

在进行乘除运算时，所得的有效数字的位数，应当修约为与各数中最少的有效数字位数相同，而与小数点的位置无关。

例如，0.0121×25.64×1.05782＝0.328

在进行一连串数值的乘（除）运算时，也可以先将各数修约，然后运算。首位数字大于8时在乘除运算中可多算一位。

3. 实验数据的处理与表达

为了表示实验结果和分析其中规律，需要将实验数据进行归纳和处理。数据的表达与处理办法常见的有列表法和作图法。

(1) 列表法

在化学实验中，常获得大量的数据，应该尽可能用列表方法将其整齐、有规律地列出，使得全部数据一目了然，便于数据处理和运算。列表时注意以下几点。

① 每张表格要有表头，表头应编号，并明确标示表格内容。

② 在表的每一行或每一列的第一栏写明量的名称、量纲。如表示为质量/g、消耗的滴定剂体积/mL。

③ 每一行所记数据，应注意其有效数字位数。同一列数据的小数点要对齐。若为函数表，则数据应按自变量递增或递减的顺序排列，以明确显示出变化规律。

④ 把数据的处理方法、计算公式及某些需要说明的事项在表下方注明。

(2) 作图法

实验数据常用作图法来处理，作图可直接显示出数据的特点、数据的变化规律。根据作图还可求得斜率、截距、极大值、切线、外推值等。对于变量具有一定函数关系或某种规律性的实验数据，可用作图法来表示实验结果。下面简要介绍一般的作图方法。

① 作图纸和坐标的选择

化学实验中一般常用直角毫米坐标纸，以横坐标作为自变量，纵坐标表示因变量。坐标轴比例尺的选择一般应遵循以下原则。

a. 坐标轴要能表示出全部有效数字，从图中读出的精密度应与测量的精密度基本一致。

b. 坐标标度应取容易读数的分度，即每单位坐标格子应代表1、2或5的倍数，而不要采用3、6、7、9的倍数。把数字表示在图纸逢5或10的粗线上。

c. 要尽可能使图形充满图纸，这就要先算出横、纵坐标的取值范围。取值不一定从"0"开始（除外推法外）。全图布局匀称、合适。充分利用图纸，使数据点分散开，不要集中在一起。直线图不宜作成长方条，应尽量使直线与横坐标呈45°左右的夹角。

② 画坐标图

选定合适的比例尺后，画坐标轴，并在坐标轴旁边标明该轴所代表变量的名称和单位。

在纵轴左边及横轴下边每隔一定距离应标出该处变量值，以便作图及读数。

③ 作代表点

将测量值绘于图上，代表某一读数的点可用"▲"、"●"、"■"、"◆"、"×"等表示，符号的中心所在处即表示读数值，如一幅图中有多条曲线，则应采用不同符号区分。

④ 连线

连接各代表点，作出直线或曲线，这些直线或曲线描述了代表点的变化情况，连接的曲线或直线尽可能接近或通过大多数代表点，没有被连接的点，要均匀地分布在曲线（直线）的两边，这些点与线的距离应尽可能小，且一侧点和线间的距离总和应与另一侧相近。在曲线的极大、极小或转折处应多取一些点，以保证曲线所表示的规律的可靠性。有些直线需要外推得到截距或外推值。

⑤ 写图号和图名

作好图后，一般在图的下方正中写清楚完整的图号和图名，以及注明实验条件（温度、压力、浓度等）、各种符号所代表的意义等。

（3）计算机辅助作图

也可以用计算机来处理数据。如使用 Microsoft Office Excel 中的图表功能或 Origin 等绘图软件来进行。

在用 Microsoft Office Excel 中的图表功能时，打开"Excel"界面，将横坐标数据输入到"A"列，将纵坐标数据输入到对应的"B"列，然后选中"A"列和"B"列数据，单击"插入"中的"图表"，单击"XY 散点图"，子图表选"平滑线散点图"，单击"下一步"，选"数据产生在列"，单击"下一步"，在"图表选项"窗口中设置"标题"、"坐标轴"、"网格线中"、"图例"、"数据标志"等选项，即可作出曲线图。如果作直线，在"XY 散点图"窗口中，子图表选"散点图"，其它处理同"平滑线散点图"。作出散点图后，选中任一数据点，单击鼠标右键，选"添加趋势线"，"类型"中选"线性"，"选项"选"显示公式"，"显示 R 平方值"，即可得到直线图、线性方程及相关系数 R 的平方值。如需要作截距或外推，则在"选项"中选择"前推"、"倒推"、"××单位"，即可得到截距或外推值。

4. 测量或分析结果的统计处理

在测量或分析过程中，为了减少误差，提高分析结果的准确度，往往需要多测量几次或做平行实验，这样得到几个平行数据。

结果的表达，需要对平行数据进行一定的统计处理。一般对单次测定的一组结果 x_1, x_2, …, x_n，计算出算术平均值 $\bar{x}$ 后，以算术平均值表示实验结果。

为了衡量结果的精密度，用单次结果的相对偏差、平均偏差、相对平均偏差、标准偏差、相对标准偏差等表示出来，这些是实验中最常用的几种统计处理数据的表示方法。

算术平均值：$$\bar{x} = \frac{x_1 + x_2 + \cdots + x_n}{n} = \frac{\sum x_i}{n}$$

个别测量值的偏差：$$d = x - \bar{x}$$

平均偏差：$$\bar{d} = \frac{|x_1 - \bar{x}| + |x_2 - \bar{x}| + \cdots + |x_n - \bar{x}|}{n} = \frac{\sum |x_i - \bar{x}|}{n}$$

相对平均偏差：$$RMD = \frac{\overline{d}}{\overline{x}} \times 100\%$$

标准偏差：$$s = \sqrt{\frac{\sum (x_i - \overline{x})^2}{n-1}}$$

相对标准偏差：$$RSD = \frac{s}{\overline{x}} \times 100\%$$

其中相对平均偏差是化学实验中最常用的表示分析测定结果精密度好坏的方法。

5. 测量或分析结果准确度与精密度的评价

在测量实验中，取同一试样进行多次重复测试，其测定结果常常不会完全一致。这说明测量误差是普遍存在的。在各项测试工作中，既要掌握各种测定方法，又要对测量结果进行评价。分析测量结果的准确性、误差的大小及其产生的原因，以求不断提高测量结果的准确性。

（1）误差与偏差

① 准确度与误差

准确度是指测量值与真实值之间相差的程度，用误差表示。误差越小，表明测量结果的准确度越高。反之，准确度就越低。误差可以表示为绝对误差和相对误差：

$$绝对误差 = 测量值 - 真实值$$

$$相对误差 = \frac{测量值 - 真实值}{真实值} \times 100\%$$

绝对误差只能显示出误差变化的范围，不能确切地表示测量精度。相对误差表示误差在测量结果中所占的百分率。测量结果的准确度常用相对误差表示。绝对误差可以是正值或者负值，正值表示测量值较真实值偏高，负值表示测量值较真实值偏低。

② 精密度与偏差

精密度是指在相同条件下多次测量结果互相吻合的程度，表现了测定结果的再现性。精密度用偏差表示。偏差越小，说明测定结果的精密度越高。

误差是以真实值为标准，偏差是以多次测定结果的平均值为标准。误差与偏差、准确度与精密度的含义不同，必须加以区别。但是由于在一般情况下，真实值是不知道的，因此处理实际问题时常常在尽量减小系统误差的前提下，把多次平行测得结果的平均值当作真实值，把偏差作为误差。

（2）误差的种类及其产生原因

① 系统误差

系统误差是由某种固定的原因造成的。例如方法误差（由测定方法本身引起的）、仪器误差（仪器本身不够准确）、试剂误差（试剂不够纯）和操作误差（正常操作情况下，操作者本身的原因），这些情况产生的误差会在同一条件下重复测定时重复出现。

② 偶然误差

偶然误差是由一些难以控制的偶然因素引起的误差。如测定时温度、大气压的微小波动，仪器性能的微小变化，操作人员对各份试样处理时的微小差别等。由于引起原因有偶然性，所以误差是变化的，有时大，有时小，有时是正值，有时是负值。

除了上述两类误差外，还有因工作疏忽、操作马虎而引起的过失误差。如试剂用错，刻度读错，砝码认错，或计算错误等，均可引起很大误差，这些都应力求避免。

③ 准确度与精密度的关系

系统误差是测量中误差的主要来源，它影响测定结果的准确度，偶然误差影响测定结果的精密度。测定结果准确度高，一定要精密度好，表明每次测定结果的再现性好，若精密度很差，则说明测定结果不可靠，已失去衡量准确度的前提。

有时测量结果精密度很好，说明它的偶然误差很小，但不一定准确度就高。只有在系统误差小时或相互抵消之后，才能做到精密度好准确度又高。因此，在评价测量结果的时候，必须将系统误差和偶然误差的影响结合起来。

(3) 提高测量结果准确度的方法

为了提高测量结果的准确度，应尽量消除系统误差，减少偶然误差，避免过失误差。

① 消除系统误差

a. 校正测量仪器和测量方法。用国家标准方法与选用的测量方法相比较，以校正所选用的测量方法。

对准确度要求较高的测定，要对选用的仪器，如天平、滴定管、移液管、容量瓶、温度计等进行校正。但准确度要求不高时（如允许相对误差＜1％），一般不必校正仪器。

b. 空白试验。空白试验是在同样测定条件下，如用蒸馏水代替试液，用同样的方法进行实验。其目的是消除由试剂（或蒸馏水、去离子水）和仪器带进杂质所造成的系统误差。

c. 对照试验。对照试验是用已知准确成分或含量的标准样品代替试样，在同样的测定条件下，用同样的方法进行测定的一种方法。其目的是判断试剂是否失效，反应条件是否控制适当，操作是否正确，仪器是否正常等。

对照试验也可以用不同的测定方法，或由不同单位不同人员对同一试样进行测定来互相对照，以说明所用方法的可靠性。是否善于利用空白试验、对照试验是实验能力高低的主要标志之一。

② 减少偶然误差

认真仔细地进行多次测量，取其平均值作为测量结果，这样可以减少偶然误差。

6. 实验报告的书写

实验完毕，应用专门的实验报告本，根据实验中的现象及数据记录等，及时而认真地写出实验报告。实验报告一般包括实验编号、实验名称、实验目的、实验原理、仪器和试剂、实验步骤、实验现象和数据的表达及其处理、问题讨论等内容。

其中，在实验现象和数据的表达及其处理部分，应该用文字、表格、图形将数据表示出来。对于性质实验，观察记录实验现象，并给出解释；对于制备实验，要给出流程图，对产品外观质量、含量进行记录；对于测定实验，根据实验要求及计算公式计算出分析结果并进行有关数据和误差处理，尽可能地使记录表格化；对于含量测定实验报告，应报告实验结果的算数平均值及相对平均偏差或相对标准偏差。

在问题讨论部分，解答实验教材上的思考题和对实验中的现象、产生的误差等进行讨论和分析，尽可能地结合无机及分析化学中的有关理论，提高自己分析问题、解决问题的能力，也为以后的科学研究论文的撰写打下一定的基础。

下面是几种常用实验报告书写示例。

(1) 性质实验报告

_____ 性质实验报告

实验名称_____　　室温_____　　气压_____

年级_____　　专业_____　　学号_____　　姓名_____　　日期_____

实验内容	实验现象	解释和反应

讨论

小结

附注

指导教师评语：

实验成绩_____　　　　　　　　　　　　　　　指导教师签名_____

（2）制备实验报告

_____制备实验报告

实验名称_____　　　室温_____　　气压_____

年级_____　专业_____　学号_____　姓名_____　日期_____

一、实验原理

二、实验过程及主要现象

三、实验结果

　　产品外观：

　　产品质量：

　　产品含量：

四、讨论

五、小结

指导教师评语：

实验成绩_____　　　　　　　　　　　　　　指导教师签名_____

（3）含量测定实验报告

_____测定实验报告

实验名称_____

年级_____ 专业_____ 学号_____ 姓名_____ 日期_____

一、实验目的

二、实验原理

三、仪器与试剂

四、实验步骤及现象

五、实验数据与处理

表1 ××××××测定实验结果

编　　号	1	2	3
称取的质量/g（或移取的体积/mL）			
滴定消耗的滴定剂体积/mL			
样品含量/‰（或浓度/mol·L^{-1}）			
含量/‰（或浓度/mol·L^{-1}）平均值			
相对平均偏差/‰			

六、结果与讨论

指导教师评语：

实验成绩_____　　　　　　　　　　　　　　　指导教师签名_____

实验1 仪器认领洗涤与试剂取用

【知识链接】

仪器与试剂是化学实验中必不可少的两大基本要素，其中常用的实验仪器由学生自行保管在实验柜中，公用实验柜中放置一些公用的仪器。仪器的洗涤和试剂的取用是化学实验的一项经常而且必需的基本操作。仪器洁净与否、试剂的取用是否准确规范有时会直接影响到实验的结果。因此，在实验过程中必须保证仪器的洁净和试剂取用操作的规范性。

附着在仪器上的污物，可能是可溶性物质，也可能是尘土和其它不溶性物质，还可能是油污及其它有机物等。在洗涤仪器时需要根据附着物的性质、仪器的特点和实验的要求，选择适当的洗涤试剂和洗涤方法。实验时所用的玻璃仪器除必须洗净外，有时还要求干燥。玻璃仪器的干燥，需要根据不同的情况选用不同方法。

固体试剂一般盛放在广口试剂瓶中，液体试剂则盛放在细口试剂瓶或滴瓶中，少量实验用蒸馏水可盛放在洗瓶中。见光易分解的试剂装在棕色瓶中，于阴凉处避光保存。每一种试剂都贴有标签标明试剂的名称、纯度或浓度及配制日期。取用时应按照要求规范操作。

【实验目的】

1. 熟悉化学实验室规则和安全常识，了解化学实验的基本操作规程。
2. 认领无机及分析化学实验常用仪器并了解其用途和使用方法。
3. 学会根据不同的实验需求选择正确的仪器洗涤和干燥方法，掌握玻璃仪器的洗涤与干燥操作。
4. 熟练掌握固体试剂和液体试剂的取用操作。

【方法引导】

1. 如何选择正确的仪器洗涤方法？

根据附着物的性质、仪器的特点和实验的要求，常用仪器的洗涤方法包括用水刷洗、用去污粉（或洗涤剂）刷洗、用铬酸洗液洗涤和用特定化学试剂洗涤。❶

（1）用水刷洗

普通玻璃仪器上附着的可溶性物质、尘土等，可用水和试管刷刷洗。

（2）用去污粉（或洗涤剂）刷洗

普通玻璃仪器上附着的油污、有机物质和部分不溶于水的污物，可以用去污粉（或合成洗涤剂）刷洗。若油污仍洗不干净，可再用热碱液洗。

有些进行荧光分析的玻璃仪器应避免使用洗衣粉洗涤，因为洗衣粉中通常含有荧光增白剂，会给分析结果带来误差。

（3）用铬酸洗液洗涤

一些普通洗涤剂难以除掉的污渍可以选择用铬酸洗液洗涤。另外，一些精密度较高的度量仪器（如滴定管、移液管、容量瓶等）或一些细小的、形状特殊的仪器，不能用前述方法刷洗，则需要用铬酸洗液洗涤。❷

---

❶ 也可利用超声波清洗器进行仪器洗涤，基础化学实验中不常用。
❷ 关于铬酸洗液的配制请见本实验附注。

(4)用特定化学试剂洗涤

一些特殊的污渍,需要根据其性质来选择特定的化学试剂,利用不同的溶解性或通过化学反应将附着在容器壁上的物质转化为水溶性物质后除去。例如,用有机溶剂可将一些不溶于水、也不溶于酸碱的有机物洗去;附着在试管壁的铜或银,可用硝酸发生氧化还原反应除去;难溶的银盐可用硫代硫酸钠溶液发生配位反应洗去。总之,对于特殊的污渍,需要根据其物理或化学性质灵活选择洗涤试剂。

2. 玻璃仪器洗净的标准是什么?

洗净后的仪器内壁上附着均匀的水膜,既不挂水珠,也不会成股流下。另外,定量实验对仪器的洁净度要求较高,除保证容器壁上不挂水珠外,还需用蒸馏水荡洗三次。

3. 如何选择正确的仪器干燥方法?

玻璃仪器的干燥包括晾干、烤干、烘干、吹干和用有机溶剂干燥等多种方法。

(1)晾干——不急用的仪器

不急用的仪器洗净后,可放在仪器架上或实验柜内,自然晾干。

(2)烤干或烘干——急用但非度量仪器

图1-1 玻璃仪器气流烘干器

需立即使用的非度量仪器,如试管、烧杯,可在酒精灯上烤干,也可在电烘箱烘干(或电吹风机吹干)。

(3)用有机溶剂干燥——急用且带刻度的度量仪器

带有刻度的度量仪器,如移液管、量筒,加热会影响仪器精密度,因此不能用加热的方法进行干燥。此类仪器若需立即使用,则可用有机溶剂干燥。

另外,还有专门的玻璃仪器气流烘干器进行仪器的干燥(图1-1)。

4. 试剂取用应注意什么问题?

首先明确是固体还是液体试剂以及试剂存放的容器,然后选择合适的取用工具。取用过程中注意按需取用、规范操作、避免污染。已取出的多余试剂不能再放回原试剂瓶,可将其放入指定容器。取完试剂后应立即把试剂瓶整理归位,并使试剂标签朝外。

【仪器和试剂】

仪器:试管、量筒、玻璃棒、试管刷、药匙(需要认领和洗涤的仪器请见【实验过程】部分)。

试剂:CCl_4、异戊醇、水、蒸馏水、HCl(浓)、洗液、$I_2(s)$、$KI(s)$、粗食盐(s)、去污粉。

【关键操作】

仪器的洗涤、仪器的干燥、试剂的取用。

【操作指南】

1. 仪器的洗涤

(1)用水刷洗操作

将待洗仪器中的废液倒出,向其中加入1/3~1/2容积的水,同时辅以振荡,内壁附有不易冲洗掉的物质时可利用毛刷对器壁的摩擦除去污物。刷洗时不可用力过猛,以免戳破仪器。

用特定化学试剂洗涤的操作类似。

(2) 用去污粉（或洗涤剂）刷洗操作

将待洗仪器用水湿润后，加入少许去污粉或洗涤剂，用毛刷刷洗，然后用自来水冲洗干净。

(3) 用铬酸洗液洗涤操作

先向待洗仪器中加入少量洗液，然后慢慢转动仪器使洗液浸润到整个内壁，一段时间后将洗液倒回原瓶，再用自来水将仪器上的残留洗液冲洗干净。如需要，则再用少量蒸馏水冲洗三次。下面以移液管为例进行具体说明。

将移液管先用自来水淋洗后，再用铬酸洗液浸润洗涤。具体操作方法如下。

用右手持移液管上端管径标线上方，食指靠近上管口，中指和无名指置于移液管外侧，拇指在中指和无名指中间位置置于移液管内侧，小指自然放松。左手拿洗耳球，尖口向下，先排出球内空气，然后将洗耳球尖口紧接在移液管上口，慢慢松开左手手指，将适量洗液吸入管内。移开洗耳球，同时迅速用右手食指堵住移液管上口。将移液管提出液面后横置，左手托住下端未沾洗液部位，放松右手食指，水平转动移液管，使洗液浸润到整个内壁，一定时间后将洗液放出至原瓶。再用自来水冲洗移液管使内外壁不挂水珠，最后用蒸馏水洗涤3次。

用洗液洗涤仪器是利用洗液本身与污物起化学反应而将污物去除，因此往往需要将仪器用洗液浸泡一定的时间。

2. 仪器的干燥

(1) 晾干操作

将仪器倒置于仪器架或实验柜内，自然晾干。倒置不稳定的仪器可横置晾干。

(2) 烤干或烘干操作

对于用酒精灯烤干，如果是试管，则直接小火烤干。操作时，试管口要略向下倾斜，加热部位不能过于集中，可来回移动试管小火加热，至水珠消失后，再将试管口向上加热，以便水汽赶尽。

如果是烧杯、蒸发皿等，则可置于石棉网上用酒精灯小火烤干。

对于烘箱中烘干，仪器放入之前应尽量把水沥干，然后把仪器口朝下（不稳的仪器平放）放入，一般控制温度在105℃左右。

(3) 有机溶剂干燥操作

向洗净的仪器中加入少量有机溶剂（最常用的是酒精或1∶1的酒精与丙酮的混合物），转动仪器使其中的水与有机溶剂混合，然后倾出混合液回收。放置晾干，或者用吹风机向仪器吹冷风加速干燥。

3. 试剂的取用

(1) 固体试剂的取用操作

固体试剂一般用洁净的药匙取用。药匙的两端为大小两个匙，分别用于取较多和较少量固体。块状或较大颗粒固体，可用镊子夹取。

若要取一定质量的固体，则可把取出的固体放在纸上或表面皿上，进行称量。（思考：对于腐蚀性固体物质，应如何做？）

向试管中加固体时，可将试管倾斜，使固体从管口加入慢慢滑落到试管底部，以防打破管底。有时需要将固体送入试管底部且不希望粘在试管内壁上部，若药匙无法伸入，可折一合适干净的长条纸槽，将试剂放入其中伸入横置的试管底部，再慢慢竖起试管，使试剂顺纸槽滑落到管底。

（2）液体试剂的取用操作

① 从细口试剂瓶中取用液体

取下瓶塞，倒放在实验台上，右手持试剂瓶，试剂标签朝向手心，将所需量的试剂沿着试管壁或玻璃棒缓缓倾入容器中，最后将瓶口在试管口或玻璃棒上靠一下，再将试剂瓶竖起，以免留在试剂瓶口的液滴流到瓶的外壁。此操作称为倾注法。

若用量筒定量量取液体，读数时应使量筒竖直，视线与弯月面的最低点相平。

② 从滴瓶中取用液体

用无名指和中指夹住滴管颈部，拇指和食指放在胶头处。先用手指捏住滴管上部的胶头，赶走其中的空气，然后松开手指，吸入液体试剂。将液体滴入试管等容器时，应保持滴管垂直，不得将滴管伸入容器以免接触器壁而污染滴管和试剂。滴管用完后放回原滴瓶，不得与其它滴瓶混用。

另外，在一些定性实验中，试剂不需准确用量，则需学会估计取用液体的量。例如，通常 20～25 滴液体大约为 1mL。

【实验过程】

1. 认领仪器

① 按表 1-3 将实验柜内的仪器进行清点。认识各种仪器的名称、规格、用途，初步了解使用方法。

表 1-3　自行保管的常用实验仪器清单

主要仪器	规格	数量	主要仪器	规格	数量
量筒	25mL	1	洗气瓶	250mL	1
移液管	25mL	1	普通玻璃漏斗	7.5cm	1
吸量管	10mL	1	布氏漏斗	5cm	1
研钵	9cm	1	抽滤瓶	250mL	1
烧杯	100mL	2	洗瓶	500mL	1
烧杯	500mL	3	试管	150mm×15mm	10
烧杯	1000mL	1	试管	200mm×20mm	2
容量瓶	100mL	1	具支大试管	200mm×25mm	1
容量瓶	250mL	1	离心试管	10mL	8
称量瓶	25mm×25mm	2	试管架		1
酸式滴定管	25mm 或 50mL	1	试管夹		1
碱式滴定管	25mm 或 50mL	1	干燥管		1
锥形瓶	250mL	4	十字头		1
碘量瓶	250mL	1	铁圈		1
酒精灯	250mL	1	铁夹		1
石棉网	18cm	1	点滴板		1

续表

主要仪器	规格	数量	主要仪器	规格	数量
瓷坩埚	30mL	2	滴定管夹		1
铁坩埚	30mL	1	滴定台		1
表面皿	9cm	3	移液管架		1
蒸发皿	100mL	1	洗耳球		1
温度计	100℃	1	毛刷		1
	300℃	1	药匙		1
滴液漏斗	50mL	1	胶头滴管		3
试剂瓶	500mL 或 1000mL	1	坩埚钳		1
玻璃棒	30cm	3	泥三角		1
铁棒	30cm	1	铁三脚架		1

注：所选仪器可根据教学大纲实际情况调整。

② 认识下列公用仪器：酒精喷灯、电热套、马弗炉、电烘箱、托盘天平、电子天平、离心机、酸度计、分光光度计、电导率仪、干燥器、循环水真空泵、启普发生器、秒表、数字气压计、温度计。

2. 洗涤和干燥玻璃仪器

① 将认领的有关玻璃仪器进行洗涤，注意根据各种仪器的不同情况选择合适的洗涤方法。洗净后的仪器抽取两件交教师检查。

② 将洗涤的玻璃仪器进行干燥。取两支洗涤后的试管用酒精灯烤干，另取两支试管在烘箱中烘干。其余仪器整齐地放在实验柜内，晾干。

3. 练习试剂的取用操作

（1）固体试剂的取用

用药匙取少量粗食盐固体加入一支洁净干燥的试管中，取完后将其回收倒入指定容器中。重复操作直至熟练。

（2）从细口试剂瓶中取用液体

在通风橱中取 5mL 浓 HCl 于量筒中，将其转入指定的试剂瓶。然后再将该试剂瓶中的浓 HCl 倾注至试管中。重复操作直至熟练。

（3）从滴瓶中取用液体

取一支洁净的试管，用胶头滴管依次加入 2mL CCl_4、2mL 水和 2mL 异戊醇。用玻璃棒沾少许 $KI-I_2$ 混合粉末，慢慢插入试管中，沿水平方向轻轻搅动。取出玻璃棒，静置试管，观察实验现象。

【思考题】

1. 玻璃仪器洗涤干净的标准是什么？
2. 带有刻度的度量仪器能否用加热的方法进行干燥？为什么？
3. 将 NaCl 固体加入到试管中时，若药匙头太大无法伸入试管中，应如何做？

【附注】

洗液的配制

常用的洗液是 $K_2Cr_2O_7$ 和浓 H_2SO_4 配成的溶液。具体配制方法：将 20g $K_2Cr_2O_7$ 固体溶于 40mL 温水中，然后将 360mL 浓 H_2SO_4 缓慢加入 $K_2Cr_2O_7$ 溶液中（**注意：切勿反过来加**），边加边用玻璃棒搅拌。冷却后，装入试剂瓶备用。

新配制的洗液为红棕色，可反复使用，直至溶液变为绿色时表示失去去污能力。失去去污能力的洗液要回收，不能随意倒入下水道。

实验2　加热操作和玻璃管加工练习

【知识链接】

加热是最常见的化学反应条件。根据物质性质的不同，加热物质的方法和所用加热仪器也不同。常见的加热方法包括直接加热、热浴间接加热、固体物质的灼烧。常用于加热的仪器有酒精灯、酒精喷灯、煤气灯、电热套、电热板、马弗炉等。

本实验的任务是练习使用酒精灯加热试管中的固体和液体，使用酒精喷灯进行玻璃管的熔光、弯曲和拉伸等操作。

【实验目的】

1. 了解实验室常用的加热仪器的构造和原理。
2. 学会根据不同的实验需求选择正确的加热方法和合适的加热仪器。
3. 掌握使用酒精灯加热试管中固体和液体的操作方法。
4. 掌握酒精喷灯的使用方法，练习玻璃管的截断、熔光、弯曲、拉伸等基本操作。
5. 进一步巩固试剂的取用操作。

【方法引导】

1. 如何选择合适的加热方法？

常见的加热方法包括直接加热、热浴间接加热和灼烧。

直接加热适用于对温度无准确要求且需快速升温的实验，是无机及分析实验中最常用的加热方式。它包括垫石棉网加热和不垫石棉网加热。

可不垫石棉网直接加热的仪器有：试管、蒸发皿、坩埚、燃烧匙；需垫石棉网加热的有：烧杯、烧瓶、锥形瓶等。

当被加热的物质需要受热均匀或者需要维持一定的加热温度时，可选择热浴间接加热。如水浴、甘油浴、沙浴等。

当需要高温下加热固体物质时，需选择灼烧。❶

本实验主要练习直接加热的操作方法。

2. 如何选择加热仪器？

无机及分析化学实验常用的加热仪器大致可分为灯具类和电加热器类。灯具类有酒精

---

❶ 热浴间接加热具体操作见实验15，灼烧具体操作见实验7。

灯、酒精喷灯和煤气灯，电加热器包括电热套、电热板、马弗炉等。

酒精灯的加热温度一般在400～500℃，酒精喷灯的火焰温度可达1000℃左右。化学实验中加热试管、烧杯、蒸发皿中的固体或液体经常用酒精灯。若需更高的加热温度，可以根据实验需求选择酒精喷灯或煤气灯。

电热套多用于玻璃容器的精确控温加热，普通电热套的最高温度可达400℃，高温电热套的最高加热温度可到800～1000℃。

电热板的加热面积比电热套大，适用于加热体积较大或数量较多的试样。

马弗炉可以自动调温和控温。加热温度一般可达1000℃以上，尤其适用于加热需在某一温度下长时间恒温的物质。

本实验中加热试管中固体和液体可用酒精灯，玻璃管的加工需要用酒精喷灯。

3. 酒精灯加热试管中的固体和液体应如何操作？

加热试管中的固体时，固体斜铺在试管底部。试管口略向下倾斜固定在铁架台上，防止管口有冷凝水倒流至管底炸裂试管。先均匀受热，再固定在某一部位加热。

加热试管中的液体时，应使试管口向上倾斜45°～60°角，液体的量不超过1/3，管口不能对着自己或他人。先加热液体中上部，再慢慢移动试管，加热下部。然后加热时要不时移动试管，使液体均匀受热，避免试管中的液体局部沸腾溅出。

【仪器和试剂】

仪器：酒精灯、酒精喷灯、试管、试管夹、铁架台（带铁圈）、药匙、石棉网、三棱锉刀（或小砂轮）、玻璃管、胶头、捅针、直尺、剪刀、火柴。

试剂：无水乙醇、水、$CuSO_4 \cdot 5H_2O$（s）。

【关键操作】

试剂的取用（实验1）、酒精灯的使用、酒精喷灯的使用。

【操作指南】

1. 酒精灯的使用

（1）构造

酒精灯由灯帽、灯芯和灯壶三部分组成。

（2）使用条件

酒精灯的加热温度一般在400～500℃，适用于不需太高加热温度的实验。由于是明火加热，不适宜在有易燃、易爆物质的实验环境中使用。

（3）操作要领

① 检查

检查各部件如灯帽、灯芯和灯壶是否完整；灯芯是否需要修整；灯壶内酒精量是否合适，如不在灯壶容积的1/2～2/3之间则需要添减（**注意：酒精灯熄灭情况下，用漏斗添加酒精**）。

② 点燃

用火柴点燃（**注意：切勿用燃着的酒精灯点燃**）。

③ 加热

使用酒精灯外焰加热（图1-2）。加热的器具与火焰距离要合适，通常可用垫木或铁环的高低来调节。

④ 熄灭

用灯帽盖灭（**切勿吹灭**）。片刻后，将灯帽打开，再重盖一次，以放走酒精蒸气，避免冷却后产生负压使以后打开困难。

2. 酒精喷灯（挂式）的使用

(1) 构造

酒精喷灯按形状可分为坐式喷灯和挂式喷灯两种。以挂式喷灯为例，酒精喷灯由灯座、预热盘、灯管、空气旋塞、酒精蒸气出口和酒精储罐等组成（图1-3）。

图 1-2　酒精灯火焰
1—焰心；2—内焰；3—外焰

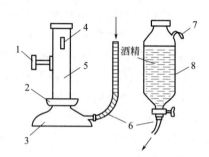

图 1-3　挂式酒精喷灯
1—空气旋塞；2—预热盘；3—灯座；4—酒精蒸气出口；
5—灯管；6—橡胶管；7—挂钩；8—酒精储罐

(2) 使用条件

酒精喷灯的火焰温度在 800℃ 左右，最高可达 1000℃，主要用于需加强热的实验、玻璃管加工等。像酒精灯一样，不适宜在有易燃、易爆物质的实验环境中使用。

(3) 操作要领

① 检查

各部件连接是否完好；空气旋塞、酒精储罐下端旋塞是否好用；酒精蒸气出口是否顺畅，若不顺畅需用捅针疏通。

② 添加酒精

添加酒精前应确认酒精储罐旋塞关闭。向酒精储罐加入酒精后挂在高处的合适位置，远离火焰上方（**注意：切不可置于火焰正上方**）。

③ 预热

打开空气旋塞，加少量酒精于预热盘中，将其点燃，充分预热。若一次预热不够，则必须待预热盘中火焰完全熄灭后方能再次添加酒精，重新点燃预热。

④ 加热

待预热盘中酒精快要燃尽时，打开酒精储罐旋塞，同时调节空气旋塞使火焰稳定并达到最佳燃烧状态。

⑤ 熄灭

使用结束时，关闭酒精储罐旋塞，再将空气旋塞关闭，将剩余酒精回收。

【实验过程】

1. 加热试管中的液体（水）

① 取一支试管，向其中加入 3mL 水。

② 用试管夹夹住试管中上部，试管口向上倾斜 45°～60°角，管口不要对着自己或他人，

用酒精灯加热。加热过程中不时移动试管，使液体均匀受热，避免试管中的液体局部沸腾溅出（图1-4）。

③ 将试管慢慢冷却，洗涤。切不可立即用自来水洗涤以防骤冷使试管炸裂。

2. 加热试管中的固体（硫酸铜晶体）

① 取一支干燥的试管，向其中加入少量 $CuSO_4 \cdot 5H_2O$ 晶体，斜铺在试管底部。

② 将试管口略向下倾斜固定在铁架台上（图1-5）。思考：为什么？

图1-4　加热试管中的液体

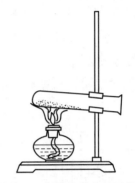

图1-5　加热试管中的固体

③ 用酒精灯加热。先均匀受热，再将灯焰固定在放有固体的试管底部加热。

观察。记录固体颜色变化_____，试管口的现象_____。

④ 将酒精灯移开，使试管慢慢冷却到室温，洗涤，整理仪器。

3. 玻璃管加工

(1) 截断——截取两支20cm长的玻璃管

锉痕：取一长玻璃管平放在桌面上，左手按住要截断的地方，右手用三棱锉的棱边或小砂轮用力向前或向后（在同一位置向一个方向锉，不得往复锉）划一道深而短的凹痕。

截断：双手拇指齐顶在划痕的背后向前推压，同时双手食指向两侧拉，便可折断。

同法截取第二支。

(2) 熔光——将其中一支玻璃管的截面熔光

将玻璃管截面斜置于酒精喷灯氧化焰的边沿处加热，不断来回转动玻璃管使受热均匀，使截面熔光。

(3) 制作弯管——上述熔光截面的玻璃管弯成90°角

烧管：先将玻璃管用小火预热一下，然后两手持住玻璃管的两端，将要弯曲的部位斜插入酒精喷灯的氧化焰内，以增大玻璃管的受热面积，同时缓慢而均匀地转动玻璃管使四周受热均匀。转动玻璃管时两手要用力均匀，转速一致，以免玻璃管在火焰中扭曲。

弯管：当玻璃管烧成黄色且充分软化后，取离火焰，稍等1~2s后，先将其弯成120°左右，然后待玻璃管稍冷后，在第一次受热的位置稍偏左或偏右一些进行第二次加热和弯曲，直至弯成90°角。

检查：检查整个玻璃管是否在同一平面上，弯成的角度是否准确，弯曲处是否平整。

(4) 制作胶头滴管——用另一支未熔光截面的玻璃管拉制成两支滴管

烧管：双手持住玻璃管两端，将要拉细的中间部分插入灯的氧化焰中加热并均匀旋转，当玻璃管变软并呈红黄色时移出火焰，可比弯管时烧得更软一些。

拉管：取离火焰，两手端平，均匀轻轻转动至稍冷后，同时用力外拉，待玻璃管拉到所要求的细度时，一手持玻璃管使其垂直让其变硬。

截断：待冷却后截断，将截面熔光，稍微烧一下使其光滑即可。

扩口：将粗的一端加热软化后垂直往石棉网上轻轻按压一下，使其扩口，冷却后加胶头，制成滴管。

【思考题】

1. 酒精灯使用过程中发现酒精量过少，应如何做？
2. 玻璃管加工时加热的程度，玻璃管旋转、弯曲或拉伸的速度对结果有无影响？
3. 常见的热浴间接加热方法有哪些？

【拓展性实验资源】

查阅资料了解座式酒精喷灯（图1-6）及煤气灯（图1-7）的构造及使用方法。

图1-6 座式酒精喷灯　　　　　图1-7 煤气灯

实验3　天平称量练习

【知识链接】

天平是进行化学实验不可缺少的重要称量仪器。例如配制溶液时需要称取溶质的质量，制备实验时需要称取固体反应物的质量和反应产物的质量，在分析化学实验中需要称取基准物质的质量和样品的质量等。

天平种类很多，如根据杠杆原理设计而制成的托盘天平、双盘全机械加码电光天平、单盘电光天平和根据电磁力原理制成的电子天平。

对质量准确度的要求不同，需要选用不同类型的天平进行称量。常用的有托盘天平、电子天平等。根据被称量物质的特点不同，需要运用不同的称量方法，包括直接称量法、固定质量称量法和递减称量法。

【实验目的】

1. 了解托盘天平与电子天平的构造，掌握其使用方法。
2. 学会根据不同的实验要求选择恰当的称量仪器。
3. 理解直接称量法、固定质量称量法和递减称量法的适用条件，并掌握其具体操作。
4. 掌握称量纸和称量瓶的使用方法。
5. 初步养成准确、简明地记录实验原始数据和正确地运用有效数字的习惯。

【方法引导】

1. 如何根据实验需要选择不同类型的天平进行称量？

选择何种类型的天平进行称量，取决于实验对被称量物质质量准确度要求。若对质量准确度要求不高，则选择托盘天平；若对质量准确度要求高，则选择分析天平或电子天平❶。

托盘天平的准确度只能达到 0.1g 或 0.2g，常用于下列情况：①粗配溶液，例如配制 1mol·L^{-1} $CuSO_4$ 溶液、0.1mol·L^{-1} NaOH 溶液、5g·L^{-1} 淀粉溶液等；②制备实验中称取反应物和产物质量，如硝酸钾的制备、莫尔盐的制备实验中称取反应物质量和产物质量。

电子天平的准确度可达到 0.0001g。常用于下列情况：①定量分析时称取一定质量的基准物质或称取一定质量基准物质配制准确浓度的溶液；②定量分析时称取样品的质量。

2. 如何选择恰当的称量方法？

（1）直接称量法

若需要获知某一确定的被称量物的质量，可用此法。例如，称量小烧杯、坩埚等器皿的质量，或者想要知道某些不易潮解或升华、在空气中性质稳定的固体试样的质量，则用直接称量法。

（2）固定质量称量法

若需获得某一固定质量的试剂（如基准物质）或试样，可用固定质量称量法，也称增量法。例如，硝酸钾制备时称取 8g KCl 固体；又如用基准物质配制某一确定浓度的溶液时，需要称取的基准物质的质量必须是固定的。如某实验中需要称取 1.2607g $H_2C_2O_4·2H_2O$，此时可用固定质量称量法。

该法适于称量不易吸潮、在空气中能稳定存在的粉末状或小颗粒样品。

（3）递减称量法

此法用于称量一定质量范围的样品或试剂。易吸水、易氧化或在空气中性质不稳定的试样，可用此法来称量；在用基准物质配制标准溶液时，基准物质的称量一般采用此法；另外，需平行多次称取某试剂时，也常用此方法。例如，盐酸标准溶液配制标定实验中，需要称取 0.15～0.2g 基准物质无水 Na_2CO_3，则需选用此法。

由于称取试样的质量由两次称量之差求得，故也称差减法。

3. 常用的称量器皿有哪些？

常用的称量器皿有称量纸、表面皿、小烧杯、称量瓶等。称量纸表面光滑，适用于各种天平，易潮解物品及容易黏附的粉末不能用称量纸，可放在小烧杯中称量。递减称量法一般使用称量瓶。

【仪器和试剂】

仪器：托盘天平、电子天平、烧杯、称量瓶、称量纸、表面皿、锥形瓶、药匙。

试剂：$CaCO_3$（粉末）。

【关键操作】

托盘天平、电子天平的使用。

---

❶ 鉴于基于杠杆原理的分析天平已逐渐被淘汰，本实验主要介绍电子天平。

【操作指南】

1. 托盘天平的使用

样品的粗称一般用托盘天平（图1-8），它的使用分为调零、称量和归位三个环节。

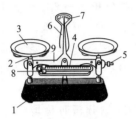

图1-8 托盘天平
1—底座；2—托盘架；3—托盘；
4—游码标尺；5—平衡调节螺钉；
6—指针；7—刻度盘；
8—游码；9—横梁

（1）调零

将游码拨到游码标尺的"0"位处，若指针在刻度盘的中间位置等距离摆动，停止摆动时指针停止在刻度盘的中间位置（即托盘天平的零点），则表示左右盘平衡。否则通过调节平衡调节螺钉调零。

（2）称量

总体原则："左物右码"；称量物不能直接放在托盘上，应根据情况选择放在称量纸、表面皿或小烧杯中；砝码用镊子夹取。

① 称量某一确定的称量物的质量

称量物放左盘，根据估计的称量物质量由大到小添加砝码，游码标尺以内的质量可移动标尺上的游码。当指针对准刻度盘的中央时，托盘天平处于平衡状态，砝码与游码的总质量即称量物的质量。

② 称取某一确定质量的称量物

取两张称量纸，分别放在天平左、右盘。按称量物的质量，在天平右盘添加砝码，并通过移动游码标尺上的游码使砝码与游码的总质量等于称量物的质量。然后在天平左盘加称量物，右手拿药匙将试剂瓶中的称量物取到左盘上方，将药匙倾斜，同时左手轻敲右手手腕使称量物慢慢落至左盘称量纸上。当指针接近刻度盘的中央时，小心操作继续添加，直至天平平衡。此时称量纸上的称量物即为所需质量的称量物。

若需要用小烧杯称量，则可在左盘放小烧杯，先称出烧杯的质量，再调整砝码及游码的总质量至等于小烧杯和称量物的质量，然后同上操作。

（3）归位

称量完毕，将砝码放回砝码盒，游码归零，秤盘集中放在一边。

2. 电子天平的使用

电子天平（图1-9）的种类繁多，但其功能与使用方法基本相同，一般的使用步骤如下。

（1）调水平

天平安装好后，先观察水平仪内的气泡是否位于圆环的中央，否则通过电子天平水平调节脚调节，使气泡位于水平仪圆环内即为水平。

图1-9 电子天平

（2）预热

天平在初次接通电源或长时间断电后开机时，都需要预热。可根据天平使用说明书中的要求接通电源进行预热。每台天平的预热时间不同，天平的准确度等级越高，所需预热时间就越长。一般预热20min左右。

（3）称量

轻按"POWER"或"ON/OFF"键，显示屏亮，同时天平进行自检，然后出现称量模式，如显示"0.0000g"，天平可进行称量。

① 直接称量法操作

若是称量瓶、表面皿等器皿，则将被称量物用纸条夹取放在秤盘中央，关好天平门，待天平读数稳定后，读出其质量即可。

若是化学试剂，则先将盛试剂的容器或称量纸放在秤盘中央，关上天平门，待天平数字稳定并出现质量单位"g"后，再按"去皮键"或"清零键"。待显示屏显示"0.0000g"时，打开天平门，将待称量物加入容器或称纸上，进行称量，读数稳定后显示出来的数值即试剂的质量。

② 固定质量称量法操作

取一只洁净干燥的称量容器（如表面皿或小烧杯），放在秤盘中央，关好天平门，待显示稳定数字后，按下"去皮键"或"清零键"，显示"0.0000g"。

打开天平门，将盛试样的药匙小心地伸向称量容器（以表面皿为例）的近上方，以手指轻击匙柄，将试样慢慢、少量弹入表面皿中央。加试样时，天平显示的质量在不断增加，但有一定时间的滞后，所以中间要不时停顿几秒钟，让天平显示稳定质量。当所加试样量接近所要称量的质量时，极其小心地让药匙里的试样以尽可能少的量慢慢抖入表面皿，直至试样质量符合指定要求为止。

称好的试剂必须定量地直接转入接收容器中。

③ 递减称量法操作

取出称量瓶：从干燥器中用纸带套住称量瓶，用左手的拇指和食指夹住纸条（注意：不要让手指直接触及称量瓶和瓶盖），取出称量瓶（图1-10）。

加样：用纸片夹住称量瓶盖柄，打开瓶盖，用药匙加入适量试样（一般加样量为一份试样量的整数倍，如需称量3份质量为0.30~0.35g的试样，则可向称量瓶中加入约4倍0.30~0.35g，即1.2~1.4g的试样），盖上瓶盖。

第一次称量：将加样后的称量瓶放在秤盘中央，关好天平门，待天平读数稳定后，记录称量瓶+试样的质量 m_1（也可按清零键，使其显示"0.0000g"）。

倾出所需试样：将称量瓶从天平上取出，右手用小纸片夹住瓶盖柄，打开瓶盖，在接收容器的上方倾斜瓶身，用称量瓶盖轻敲瓶口上部使试样慢慢落入容器中（图1-11），瓶盖始终不要离开接收器上方。

图1-10 称量瓶的拿法

图1-11 从称量瓶中倾出试样

当倾出的试样接近所需量（可从体积上估计或试重得知）时，一边继续用瓶盖轻敲瓶口，一边逐渐将瓶身竖直，使沾附在瓶口上的试样落回称量瓶，然后盖好瓶盖。❶

第二次称量：称量倾出所需试样后的称量瓶+试样的质量 m_2。

---

❶ 如试样易吸水、易氧化或在空气中性质不稳定，则应迅速操作，防止称量瓶中的试样长时间暴露在空气中。

两次质量之差 m_1-m_2，即为试样的质量（若先清了零，则显示的负值即为试样的质量）。

有时一次很难得到合乎质量范围要求的试样，可重复上述"倾出所需试样"和"第二次称量"操作1~2次。

按上述方法连续递减，可称量多份试样。

（4）归位

称量结束后，取出称量物，按关闭键"POWER"或"ON/OFF"。检查天平内清洁与否，如有试样洒落，一定要打扫干净。关上天平门，关闭电源，盖好天平罩。

【实验过程】

1. 托盘天平的称量练习

（1）称量一个洁净干燥的小烧杯的质量

① 天平调零（思考：如何操作？）。

② 称量。将小烧杯置于托盘天平_____盘，先估计小烧杯的质量，根据估计质量添加砝码于托盘天平_____盘，根据天平指针的偏转方向调整砝码和游码。当指针对准刻度盘的中央时，记录砝码与游码的总质量_____g，即小烧杯的质量。

③ 取下小烧杯，天平归位（思考：如何操作？）。

（2）称取 7.2g $CaCO_3$ 粉末

① 天平调零。

② 称量。取两张称量纸，分别放在天平左、右盘，先在右盘中用镊子加_____g砝码，将游码移动到_____g，然后右手拿药匙将试剂瓶中的 $CaCO_3$ 粉末取到左盘上方，将药匙倾斜，同时左手辅助轻敲右手手腕使 $CaCO_3$ 粉末慢慢落至左盘称量纸上。注意观察托盘天平的指针，当指针接近刻度盘的中央时，小心操作继续添加 $CaCO_3$ 粉末，直至天平平衡。

③ 将称取的 $CaCO_3$ 粉末回收至指定容器，天平归位。

2. 电子天平的称量练习

（1）称量前的准备

① 了解电子天平的构造。

② 认识常用功能键，如开关键"POWER"或"ON/OFF"（有时开关键也用于"清零"或"去皮"）、校准键"CAL"、清零键或去皮键"TAR"、灵敏度调整键"ASD"等。

③ 扫、擦净天平秤盘和底盘。

④ 查看水平仪，如不平，调节螺旋脚调至水平。

⑤ 接通电源，预热 20min 后，轻按"POWER"或"ON/OFF"键，天平自检结束至出现"0.0000g"称量模式后方可进行后续称量。

（2）称量一只洁净干燥的称量瓶的质量

思考：选用何种称量方法？_____

用纸条夹取洁净干燥的称量瓶，将其放在秤盘中央，关好天平门，待天平读数稳定后，读出其质量：$m_{瓶}=$ _____g。

按上述操作分别将瓶盖和瓶身放在秤盘中央，分别读出瓶盖和瓶身的质量：

$m_{瓶盖}=$ _____g，$m_{瓶身}=$ _____g。

检查核对两次称量结果。

(3) 称取 0.5000g $CaCO_3$ 粉末

思考：选用何种称量方法？_____

取一只洁净干燥的表面皿，放在秤盘中央，关好天平门，待显示稳定数字后，按下"去皮键"或"清零键"，显示"0.0000g"。

打开天平门，用药匙将 $CaCO_3$ 粉末慢慢加到表面皿的中央（思考：如何操作？）。当天平读数接近 0.5000g 时，需小心操作继续添加 $CaCO_3$ 粉末，直至天平显示质量为 0.5000g，关闭天平门。

取出称量的 $CaCO_3$ 粉末，回收至指定容器。

(4) 称取 2 份 0.30～0.35g $CaCO_3$ 粉末（称准至 0.0001g）

思考：选用何种称量方法？_____

方法一：取一只洁净干燥的称量瓶，打开瓶盖（**注意：规范操作！**），向其中加入 0.9～1.0g $CaCO_3$ 粉末（思考：依据是什么？），盖上瓶盖。将其放在秤盘中央，关好天平门，待天平读数稳定后，记录称量瓶＋试样的质量：$m_1=$_____g。

取出称量瓶，将部分 $CaCO_3$ 粉末轻轻敲至锥形瓶中（注意规范操作！），当倾出的试样接近 0.3g 时，一边继续用瓶盖轻敲瓶口，一边逐渐将瓶身竖直，使黏附在瓶口上的试样落回称量瓶，然后盖好瓶盖，准确称其质量。记录称量瓶＋试样的质量：$m_2=$_____g。

此时锥形瓶内 $CaCO_3$ 粉末的质量为：$m_1-m_2=$_____g。

若 m_1-m_2 不足 0.30g，则继续敲出，直至落在 0.30～0.35g 范围内。

将称量瓶内剩余的试样，按同法称取第 2 份。

方法二：按电子天平"清零键"，使其显示"0.0000g"。取一只洁净干燥的称量瓶，打开瓶盖（**注意：规范操作！**），向其中加入 0.9～1.0g $CaCO_3$ 粉末（思考：依据是什么？），盖上瓶盖。将其放置在秤盘中央，关好天平门，按下"清零键"，显示"0.0000g"后，取出称量瓶。

将部分 $CaCO_3$ 粉末轻轻敲至锥形瓶中（**注意：规范操作！**），当倾出的试样接近 0.3g 时，一边继续用瓶盖轻敲瓶口，一边逐渐将瓶身竖直，使黏附在瓶口上的试样落回称量瓶，然后盖好瓶盖，重新称量。观察天平显示的质量是否在 －0.30～－0.35g 范围内。若敲出量不够，则继续敲出，直至读数在此范围内。

将称量瓶内剩余的试样，按同法称取第 2 份。

取出称量的 $CaCO_3$ 粉末，回收至指定容器。

(5) 天平归位

清理天平秤盘和底盘，关好天平门，关闭天平。

【思考题】

1. 电子天平的称量方法有哪几种？各适合称量什么样的样品？

2. 使用称量瓶时，如何操作才能不损失试样？

【拓展性实验资源】

查阅资料，了解双盘全机械加码电光天平和单盘电光天平的使用方法，设计【实验过程】2.（2）、2.（3）、2.(4)的实验方案。

【附注】

托盘天平与电子天平的构造与原理

1. 托盘天平

托盘天平能快速地称出物体的质量，但精确度不高，一般为 0.1g 或 0.2g。荷载有 100g、200g、500g、1000g 等。

托盘天平是依据杠杆原理制成的，它的构造如图 1-8 所示，包括底座、托盘架、托盘、游码标尺、平衡调节螺钉、指针、刻度盘、游码和横梁。托盘天平的横梁架在托盘天平底座上，横梁两边有两个托盘，一端放砝码，另一端放要称量的物体。横梁中部的指针与刻度盘相对应，根据指针在刻度盘左右摆动的情况，可以看出托盘天平是否处于平衡状态。

2. 电子天平

（1）原理

电子天平是基于电磁力平衡原理来称量的天平。它将秤盘与通电线圈相连接，置于磁场中，当被称量物置于秤盘后，因重力向下，线圈上就会产生一个电磁力，与重力大小相等方向相反。这时传感器输出电信号，经整流放大，改变线圈上的电流，直至线圈回位，其电流强度与被称物体的重力成正比。而这个重力正是物质的质量所产生的，由此产生的电信号通过模拟系统后，将被称物品的质量显示出来。

由于电子天平是利用电磁力平衡的原理，没有机械天平的横梁，没有升降枢装置，全量程不用砝码，直接在显示屏上读数，所以具有操作简单、性能稳定、称量速度快、灵敏度高等优点。

（2）常用功能键

电子天平面板上的常用功能键有："POWER"或"ON/OFF"开关键；"TAR"或"TARE"清零或去皮键；"CAL"校准键；"COU"点数键；"INT"积分时间调整键；"ASD"灵敏度调整键；"PRT"输出模式设置键；"UNT"量制单位转换键等。

目前一般电子天平还具有累加称量、计件称量、自动校正、超载显示、故障报警等功能。并配有对外接口，可连接打印机、计算机、记录仪等，实现了称量、记录、计算自动化。

（3）分类

按照秤盘与支架的位置关系，电子天平可分为上皿式和下皿式两种。秤盘在支架上面的为上皿式，秤盘吊挂在支架下面的为下皿式，目前多使用上皿式电子天平。

按照天平精度进行分类，把天平分为十级。天平的精度是指天平的分度值（即天平的最小称出量）与最大载荷之比。按分析天平的分度值可以分为千分之一天平、万分之一天平、十万分之一天平等。

按称量范围分为常量分析天平（100～200g）、半微量分析天平（30～100g）、微量分析天平（3～30g）和超微量分析天平（3～5g）。有的超微量电子天平，可精确称量到 $0.1\mu g$，最大称量值为 2100mg。

（4）使用注意事项

① 将天平置于稳定的工作台上，避免振动、气流及阳光照射。开关天平、放取被称物、开关天平门等，动作要轻缓。天平玻璃框内需放防潮剂，一般用变色硅胶，并注意更换。

② 电子天平应按说明书的要求进行预热。一般情况下，实验室电子天平不要经常切断电源。

③ 保持天平室内的环境卫生，更要保持天平称量室的清洁，一旦物品撒落，应及时、小心清除干净。撒落的药品用毛刷小心清扫出来，严防药品掉到秤盘下面并进入天平内部。不可用湿抹布擦拭，防止药品见水溶解腐蚀天平。

④ 称量物温度不宜太高或太低；称量物易挥发或具有腐蚀性，需盛放在密闭的容器内，以免腐蚀和损坏电子天平。

⑤ 天平不可过载使用，以免损坏。

实验 4　溶液的配制

【知识链接】

用一定量的溶质和溶剂（一般是水）配制成实验需要浓度的溶液的过程称为溶液的配制。

根据不同实验对溶液浓度的准确度要求不同，溶液的配制分为普通溶液的配制和标准溶液的配制两大类。

一般的无机制备实验、性质实验、定性检验等，对溶液浓度的准确度要求不太高，配制普通溶液即可；而定量分析实验，对溶液浓度的准确度要求高，则需配制标准溶液。

对于标准溶液的配制，又分为直接法和标定法两种情况。

直接法是指准确称取一定量的某基准物质，用少量蒸馏水溶解后，定量转移至容量瓶中定容，即直接配成一定浓度的标准溶液。

可以用直接法配制标准溶液的固体试剂必须是组成与化学式完全相符，在保存和称量时其组成和质量稳定不变，而且摩尔质量大的高纯物质，即通常所说的基准物质。常用的基准物质有：Na_2CO_3、$H_2C_2O_4·2H_2O$、$KHC_8H_4O_4$（邻苯二甲酸氢钾）、$K_2Cr_2O_7$、$Na_2C_2O_4$ 等。

在实际工作中，绝大部分物质均不能满足直接法配制标准溶液的条件。例如，常用的氢氧化钠和盐酸标准溶液，由于氢氧化钠易吸收空气中的水分和 CO_2，盐酸易挥发，若直接配制则其准确度差，因此配制它们的标准溶液时需要用标定法。所谓标定法，是指先配制近似浓度的溶液，再用基准物质或另一种已知准确浓度的标准溶液通过滴定来确定其准确浓度。

【实验目的】

1. 学会几种常用的普通溶液的配制方法和直接法配制标准溶液的方法[1]。
2. 掌握量筒、移液管、容量瓶的正确使用方法。
3. 进一步熟练托盘天平、电子天平的使用方法。
4. 巩固试剂取用操作。

【实验任务】

某课题组在研究过程中需要用到一系列溶液，请你帮助他们完成下列溶液的配制任务。

1. 100mL 1mol·L^{-1} NaCl 溶液。
2. 50mL 3mol·L^{-1} H_2SO_4 溶液[2]。

---

[1] 标定法将在实验 32 和实验 33 学习。
[2] 此溶液可用于本实验中 $FeSO_4$ 溶液的配制。

3. 50mL 0.2mol·L^{-1} FeSO$_4$溶液。

4. 50mL 2mol·L^{-1} NaOH溶液。

5. 由已知浓度为 2.0mol·L^{-1} 的 HAc 标准溶液❶配制 50.00mL 0.2000mol·L^{-1} HAc 溶液。

6. 100mL 0.05000mol·L^{-1}的草酸标准溶液。

【方法引导】

观察以上溶液，你能试着从不同角度将它们分类吗？请完成表1-4第2列。

表1-4 溶液的分类情况

溶液类别	溶液序号	配制过程中注意的问题		
		称量	量取	定容
粗略配制				
精确配制				
溶质带结晶水				
溶质有腐蚀性				
溶质易水解				
由液体试剂配制溶液				

思考以下问题，将其填入表1-4第3列相应位置。

① 对于粗略配制和精确配制，从称量（固体）、量取（液体）和定容三个方面考虑，其分别应该选用什么仪器？

② 若溶质带结晶水，在计算过程中要注意什么问题？

③ 若溶质有腐蚀性，在称量过程中要注意什么问题？

④ 若溶质易水解，在溶解过程中要注意什么问题？

⑤ 由液体试剂配制溶液时，在称量过程中与固体试剂有什么区别？

根据以上分析过程尝试归纳总结：解决溶液配制问题的大致思路。以下仅供参考。❷

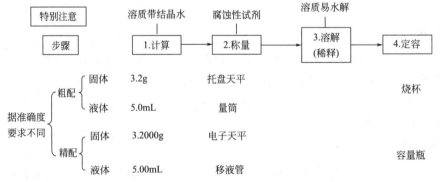

【仪器和试剂】

仪器：托盘天平、电子天平、烧杯、量筒、移液管、容量瓶、玻璃棒、胶头滴管。

---

❶ 准确浓度已由实验准备室标定，4位有效数字。

❷ 以下涉及 3.2g、3.2000g 等数据旨在说明粗配和精配在有效数字保留方面的差异，数字本身并无特指。

试剂：NaCl（s）、NaOH（s）、$FeSO_4 \cdot 7H_2O$（s）、$H_2C_2O_4 \cdot 2H_2O$（s）、HAc（2.0mol·L^{-1}，准确浓度已标定）、H_2SO_4（浓）。

【关键操作】

量筒、移液管、容量瓶的使用。

【操作指南】

量筒、移液管、容量瓶的使用。

1. 量筒

使用条件：量筒是用来量取对体积精确度要求较低的液体的度量仪器。

规格：量筒的规格有 10mL、25mL、50mL 和 100mL 等，实验中应根据欲量取液体的体积，尽量选用能一次量取的最小规格的量筒。

操作要领：量筒不能用作反应容器，也不能加热或放入过热的液体。读数时，视线应与量筒内弯月面的最低点保持水平，否则会引起读数误差（图 1-12）。

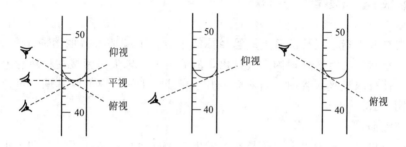

图 1-12　量筒的读数方法

2. 移液管和吸量管❶

使用条件：移液管和吸量管是用于准确移取一定体积液体的量出式仪器，所移取液体的体积通常可准确到 0.01mL。其中移液管用于准确移取固定体积的溶液，例如在滴定分析中准确移取一定体积的溶液，而吸量管主要用于准确移取非固定体积的溶液，例如实验中需控制溶液加入量时一般选用吸量管。

规格：移液管是中间有一膨大部分的细长玻璃管，上端管径处刻有标线，用来指示所能移取的液体体积的准确位置。常用的移液管有 5mL、10mL、25mL 和 50mL 等规格（图 1-13）。

吸量管是具有分刻度的直形玻璃管。常用的吸量管有 1mL、2mL、5mL 和 10mL 等规格（图 1-14）。

操作要领：移液管（吸量管）的使用主要包括洗涤、润洗、吸取溶液、调节液面和放出溶液等步骤。

（1）洗涤

参考实验1。

（2）润洗

用待取液润洗 2～3 次。

---

❶　在进行分析测试研究时，移取少量或微量液体可采用可调式自动移液器（移液枪），具体操作见本实验附注。

图 1-13 移液管　　　　　　　　　　　图 1-14 吸量管

为防止待取液被污染或稀释，先将少量待取液倒入干燥小烧杯中，用滤纸将清洗过的移液管尖嘴内外的水吸干后，插入小烧杯吸取溶液，当吸至移液管容量的 1/3 时，立即用右手食指按住管口，取出移液管，缓慢放平并旋转，使液体将管壁全部润湿。然后将溶液从下端尖口处排入废液杯。反复操作 2~3 次。

（3）吸取溶液

右手大拇指和中指拿住移液管上端管径标线上方，下端插入待取溶液 1~2cm，左手拿洗耳球，呈握拳状，先将洗耳球内空气排出，然后将洗耳球尖口紧接在移液管上口，慢慢松开左手手指，使待取液吸入管内。当液面上升至标线以上时，移开洗耳球，迅速用右手食指堵住管口（图 1-15）。

（4）调节液面

将移液管下口提至液面以上但仍靠在器壁上，微微放松食指，用拇指和中指缓慢转动移液管，使液面缓慢下降至弯月面底部与标线相切时，立即用食指按紧管口使溶液不再流出。

（5）放出溶液

将移液管从容器中取出，用滤纸将其末端外壁的溶液吸干，但不得接触下口。左手拿承接溶液的容器，倾斜约 45°，右手将移液管保持竖直移至承接溶液的容器中，管的下端紧靠承接容器的内壁。松开食指，使溶液沿承接容器内壁流下（图 1-16）。溶液流完后，停留 10~15s 后，拿出移液管。

　　　　　　　　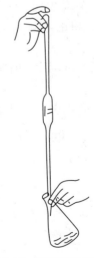

图 1-15 移液管吸取溶液　　　　　　　图 1-16 移液管放出溶液

除在管身标有"吹"字的移液管外,残留在管尖内壁处的少量溶液,不可用外力使其流出,因校准移液管时,已考虑了尖端内壁处保留溶液的体积。

(6) 清洗归位

使用结束后,将移液管洗净,放置在移液管架上。

吸量管的使用方法类同移液管,但在放出溶液时,应该从一个刻度降到另一个刻度,并避免使用末端刻度。

注意事项:移液管(吸量管)不能移取太冷或太热的液体;不能在烘箱里烘干;为避免误差在同一实验中应使用同一移液管(吸量管)。

3. 容量瓶

使用条件:用于配制准确浓度溶液的仪器,包括直接法配制标准溶液或是将准确浓度和体积的浓溶液稀释成准确浓度和体积的稀溶液。

规格:常用的容量瓶有 25mL、50mL、100mL、250mL、500mL、1000mL 等规格。瓶身标有温度、容积和标线(图1-17)。

操作要领:容量瓶的使用主要包括检漏、洗涤、配制溶液等步骤。

(1) 检漏

向容量瓶加水至标线附近,塞紧瓶塞。左手食指顶住瓶塞,右手扶住瓶底,将容量瓶倒置一会儿,观察是否漏水;如不漏水,将瓶塞旋转180°后再次检漏。两次检查均不漏水,方可使用。

图1-17 容量瓶

(2) 洗涤

容量瓶的洗涤与移液管相似,但在用蒸馏水洗净后,不能用待转移的溶液润洗,否则会造成所配溶液浓度偏高。

(3) 配制溶液

① 由固体物质配制标准溶液

a. 称取和溶解。由固体物质配制标准溶液,需先将精确称量的固体试剂放入小烧杯,加适量蒸馏水,搅拌使其溶解(若难溶,可盖上表面皿,稍加热,但必须放冷后才能转移)。

b. 转移。用玻璃棒引流将溶液定量转移至容量瓶中,然后用洗瓶吹洗烧杯壁3~4次,吹洗液按同法转入容量瓶中(图1-18)。

图1-18 定量转移

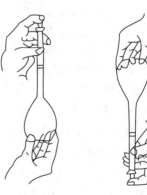

图1-19 容量瓶内溶液充分混匀

c. 定容。加蒸馏水稀释,当稀释至容量瓶容积的2/3时,将容量瓶沿水平方向摇转几周(**注意:勿倒转!为什么?**),使溶液初步混匀。然后,将容量瓶平放在桌子上,继续加蒸馏水至距标线 1~2cm，等待 1~2min，使黏附在瓶颈内壁的溶液流下。最后，改用胶头滴管逐滴加蒸馏水至溶液弯月面与标线相切。

d. 混匀。盖好瓶塞，用左手食指顶住瓶塞，右手手指托住瓶底，倒转容量瓶，使瓶内气泡上升至顶部。如此反复倒转数次，使溶液充分混匀（图 1-19）。

②将准确浓度和体积的浓溶液稀释成准确浓度和体积的稀溶液

用移液管（吸量管）移取一定体积的浓溶液于容量瓶中，然后按①c. 所述的操作方法定容即可。

注意事项：容量瓶只能用于配制溶液，不能长期储存溶液；如果溶质在溶解过程中放热，则要待溶液冷却后再进行转移。

【实验过程】

1. 配制 100mL 1mol·L^{-1} NaCl 溶液

计算：需要 NaCl 固体_____g。

称取：用_____称取。

溶解：在_____中进行（注意：先加适量水，用玻璃棒搅拌，使之完全溶解）。

定容：继续加水稀释至所需体积，该过程在_____中进行。

转入指定试剂瓶，贴签，备用。

2. 配制 50mL 3mol·L^{-1} H$_2$SO$_4$ 溶液

计算：需要浓 H$_2$SO$_4$（相对密度 1.84，浓度 98%）_____mL。❶

量取：用_____量取。

稀释与定容：在_____中进行。

注意：一定要先将浓硫酸沿玻璃棒慢慢加入水中，且边加边搅拌，使产生的热量尽快散去。

转入指定试剂瓶，贴签，备用。

3. 配制 50mL 0.2mol·L^{-1} FeSO$_4$ 溶液

计算：需要 FeSO$_4$·7H$_2$O 固体_____g（注意：带结晶水物质质量的换算）。

称取：用_____称取。

溶解：用_____溶解，在_____中进行。

思考：FeSO$_4$ 易水解，能否直接用水溶解？应该如何做？

定容：加水稀释至所需体积，该过程在_____中进行。

转入指定试剂瓶，贴签，备用。

思考：FeSO$_4$ 易被氧化，在保存时应该如何做？

4. 配制 50mL 2mol·L^{-1} NaOH 溶液

计算：需要 NaOH 固体_____g。

称取：用_____称取（思考：NaOH 有腐蚀性，称量时应注意什么问题？）。

溶解：在_____中进行（**注意：先加适量水，用玻璃棒搅拌，使之完全溶解**）。

定容：继续加水稀释至所需体积，该过程在_____中进行。

---

❶ 若液体试剂的浓度未知，则需先用比重计测量液体的相对密度，从相应表中查出其质量分数，然后进行计算。

摇匀，转入指定试剂瓶，贴签，备用。

5. 由已知准确浓度为 2.0mol·L⁻¹ 的 HAc 溶液配制 50.00mL 0.2000mol·L⁻¹ HAc 溶液

计算：需要 2.0mol·L⁻¹（具体以实验准备室标定的实际浓度为准）的 HAc 溶液_____mL。

量取：用_____量取。

转移：将量取的_____mL 2.000mol·L⁻¹ 的 HAc 溶液直接转移至_____中。

定容：加蒸馏水至标线处，该过程在_____中进行（注意：距标线 1~2cm 时，改用滴管滴加）。

摇匀，转入指定试剂瓶，贴签，备用。

6. 配制 100mL 0.05000mol·L⁻¹ 的草酸标准溶液

计算：需要 $H_2C_2O_4 \cdot 2H_2O$ 固体_____g（注意：带结晶水物质质量的换算）。

称取：用_____称取，采用_____（何种称量方法）。

溶解：在_____中进行（注意：先加适量蒸馏水，用玻璃棒搅拌，使之完全溶解）。

转移：将上述溶液转移至_____中（思考：转移过程中要注意什么问题？）。

定容：继续加蒸馏水至标线处，该过程在_____中进行（注意：距标线 1~2cm 时，改用滴管滴加）。

摇匀，转入指定试剂瓶，贴签，备用。

【思考题】

1. 配制 100mL 0.2mol·L⁻¹ Na_2CO_3 溶液，用托盘天平称取一定量的碳酸钠固体，在容量瓶中定容至 100mL，此操作是否正确？为什么？

2. 用容量瓶配制溶液时，是否需要用待稀释溶液润洗？为什么？

3. 某光度分析中需用 1.79×10^{-3} mol·L⁻¹ 标准铁溶液，计算得知需准确称取 10mg 高纯金属铁，但因其量太小，直接在电子天平上称量误差大。如何解决这一问题？

【附注】

可调式自动移液器（移液枪）

使用条件：移液枪是移液器的一种，常用于分析测试研究中少量或微量液体的移取（图 1-20）。

规格：常用规格有 10~100μL、100~1000μL 和 1000~5000μL 等，不同规格的移液枪配套使用不同大小的枪头。

操作要领：用拇指和食指旋转移液枪上部的旋钮，使数字窗口出现

图 1-20 移液枪

所需容量体积的数字，在移液枪下端插上一个塑料吸头，并旋紧以保证气密，然后四指并拢握住移液枪上部，用拇指按住柱塞杆顶端的按钮，向下按到第一停点，将移液枪的吸头插入待取的溶液中，缓慢松开按钮，吸上液体，并停留 1~2s（黏性大的溶液可加长停留时间），将吸头沿器壁滑出容器，用吸水纸擦去吸头表面可能附着的液体。排液时吸头接触倾斜的器壁，先将按钮按到第一停点，停留 1~2s（黏性大的液体要加长停留时间），再按压到第二停点，吹出吸头尖部的剩余溶液，如果不便于用手取下吸头，则可按下除吸头推杆，将吸头推入废物缸。

实验5　滴定分析基本操作练习

【知识链接】

滴定分析法又叫容量分析法，该方法是将一种已知准确浓度的试剂溶液（标准溶液）用滴定管滴加到被测物质的溶液中，直到所加的试剂与被测物质按化学计量关系定量反应为止。然后根据试剂溶液的浓度和体积及其与被测物的化学计量关系，计算被测物质的含量。

其中，已知准确浓度的试剂溶液称为"滴定剂"；将滴定剂从滴定管加到被测物质溶液中的过程称为"滴定"。在滴定过程中，滴定剂与被测组分按照滴定反应方程式所示计量关系定量地完全反应时称为"化学计量点"，化学计量点的确定往往需要借助于加入的指示剂颜色的改变来实现，指示剂正好发生颜色变化的转变点称为"滴定终点"。滴定终点与化学计量点不一定恰好符合，因此而造成的分析误差称为"终点误差"。

滴定分析简便、快速，在生产实践和科学实验中具有很大的实用价值，它常用于测定常量组分，即被测组分的含量一般在1%以上。

滴定分析法包括酸碱滴定法、配位滴定法、氧化还原滴定法和沉淀滴定法。本实验以盐酸和氢氧化钠互滴为载体练习滴定分析基本操作。

【实验目的】

1. 理解酸碱滴定的原理。
2. 掌握滴定管的洗涤、使用方法以及滴定的基本操作。巩固移液管的使用。
3. 初步掌握酸碱指示剂的选择方法，熟悉甲基橙、酚酞指示剂的使用条件。
4. 掌握滴定终点的正确判断方法。
5. 通过滴定操作练习和实验数据记录，初步养成实事求是的实验态度和良好的实验习惯。

【方法引导】

1. 如何配制500mL 0.1mol·L^{-1} NaOH溶液和500mL 0.1mol·L^{-1} HCl溶液？

由于浓HCl易挥发，固体NaOH易吸收空气中的水分和CO_2，因此不能直接配制准确浓度的HCl和NaOH标准溶液，只能先配制近似浓度的溶液，然后用基准物质标定其准确浓度。因此，配制0.1mol·L^{-1} NaOH溶液和0.1mol·L^{-1} HCl溶液属于粗配溶液，用量筒量取所需体积的HCl和用托盘天平称取固体NaOH，在烧杯中定容即可。由于NaOH具有腐蚀性，称量需在烧杯中进行，而浓HCl易挥发，则需在通风橱中操作。

2. 滴定分析中选择指示剂的原则是什么？

选择指示剂的原则是：

① 指示剂的变色范围或变色点应全部或部分落在突跃范围内，离化学计量点pH越近越好。

② 指示剂变色点应容易观察和辨别。溶液颜色的变化由浅到深容易观察，而由深变浅则不易观察，因此应选择在滴定终点时使溶液颜色由浅变深的指示剂。

3. 0.1mol·L^{-1} NaOH与等浓度的HCl溶液相互滴定，如何选择指示剂和指示剂的变色点？

0.1mol·L^{-1} NaOH溶液滴定等浓度的HCl溶液,理论上化学计量点pH=7.0,滴定的突跃范围为pH=4.3~9.7。

强酸和强碱中和时,尽管酚酞和甲基橙都可以用,但用酸滴定碱时,甲基橙加在碱里,达到化学计量点时,溶液颜色由黄变橙,易于观察,故选择甲基橙。用碱滴定酸时,酚酞加在酸中,达到化学计量点时,溶液颜色由无色变为红色,易于观察,故选择酚酞。

0.1mol·L^{-1} NaOH溶液滴定等浓度的HCl溶液,可选用酚酞(变色范围pH=8.0~9.6,无色~紫红)作指示剂,以酚酞颜色刚变为微红色为好。也可选用酚红(变色范围pH=6.8~8.0,黄~红)、甲酚红(变色范围pH=7.2~8.8,亮黄~紫红)、百里酚蓝或甲酚红-百里酚蓝混合指示剂(变色点pH=8.3,黄~紫)等。

0.1mol·L^{-1} HCl溶液滴定等浓度的NaOH溶液,可选用甲基橙(变色范围pH=3.1~4.4,红~黄)作指示剂,甲基橙指示剂的颜色由黄色刚变为橙色(pH约4.0)为滴定终点。也可选用甲基红(变色范围pH=4.4~6.2,红~黄)、中性红(变色范围pH=6.8~8.0,红~亮黄)或甲基红-亚甲基蓝混合指示剂(变色点pH=5.4,红紫~绿)等。

4. 浓度一定的NaOH和HCl相互滴定时,V_{HCl}/V_{NaOH}体积比应该有什么样的规律?

当浓度一定的NaOH和HCl相互滴定时,所消耗的体积比V_{HCl}/V_{NaOH}应该是固定的。在使用同一指示剂的情况下,改变被滴定溶液的体积,此体积比应基本不变。

5. 如何能更准确地把握滴定终点?

通过观察滴定剂落点处周围颜色改变的快慢判断终点是否临近;临近终点时,要能控制滴定剂一滴一滴地或半滴半滴地加入,至最后一滴或半滴引起溶液颜色的突变或明显变化,立即停止滴定,即为滴定终点。

【仪器和试剂】

仪器:托盘天平、酸式滴定管(50mL)、碱式滴定管(50mL)、量筒(10mL)、锥形瓶(250mL)、移液管(25.00mL)、烧杯。

试剂:HCl(浓)、NaOH(s)、甲基橙溶液(1g·L^{-1})、酚酞溶液(2g·L^{-1})。

【关键操作】

移液管的使用(实验4)、滴定管的使用。

【操作指南】

滴定管的使用

使用条件:滴定管是用于滴定分析中精确测量滴定溶液体积的玻璃仪器,可根据需要连续地放出不同体积的液体,一般分为酸式滴定管和碱式滴定管两种(图1-21)。酸式滴定管的下端有玻璃旋塞开关,用来装酸性、中性或氧化性溶液,不能装碱性溶液;碱式滴定管的下端有一根乳胶管,中间有一个玻璃珠,用来控制溶液的流速,它用来装碱性溶液或无氧化性溶液。

规格:常用的滴定管有10mL、25mL、50mL和100mL等规格,此外还有1~5mL的微量滴定管。它们的最小刻度为0.1mL,读数可估计到0.01mL。滴定管有白色和棕色两种颜色。

操作要领:滴定管的使用主要包括洗涤、涂凡士林(酸式滴

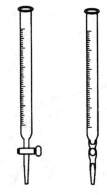

图1-21 酸式和碱式滴定管

定管)、检漏、润洗、装液、排气泡、调零点、滴定和读数等步骤。

(1) 洗涤

按照自来水→洗液→自来水→蒸馏水的顺序进行洗涤,具体操作请参考实验1。

注意:不能用去污粉洗以免划伤内壁,影响体积的准确测量;碱式滴定管用洗液洗时需先去掉乳胶管,用一乳胶头套在滴定管下端,然后再加洗液洗涤,必要时可浸泡一段时间。

(2) 涂凡士林(酸式滴定管)

使用酸式滴定管时,需在旋塞处涂凡士林。做法:把酸式滴定管平放在桌面上,取出活塞,用滤纸将旋塞和塞套内壁擦干。用手指蘸少许凡士林在活塞孔的两头沿圆周涂上薄薄一层(紧靠旋塞孔两旁不要涂,以免堵住旋塞孔)。涂完,把旋塞放回塞套内,向同一方向转动旋塞,直到从外面观察时均匀透明为止(图1-22)。

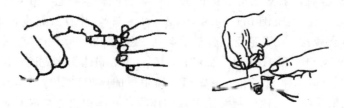

图1-22 酸式滴定管旋塞涂凡士林

用橡皮圈套住旋塞末端,将旋塞固定在塞套内,防止滑出。

(3) 检漏

向滴定管加水至"0.00"刻度线以上,将滴定管固定在滴定管架上2min。仔细观察液面是否下降或滴定管下端有无水珠滴下,酸式滴定管还要观察旋塞两端有无水渗出,然后将旋塞旋转180°后等待2min再观察。

酸式滴定管如有漏水现象,应擦干重涂凡士林。碱式滴定管如漏水,应更换乳胶管或大小合适的玻璃珠。

(4) 润洗

做法:将5~10mL标准溶液直接由试剂瓶加入滴定管。然后两手横持滴定管并慢慢转动,使溶液流遍全管。润洗结束后,打开旋塞(或挤捏玻璃珠),使润洗液从滴定管下端流出。重复润洗2~3次,保证滴定管内的操作溶液浓度不变。

(5) 装液

左手拿滴定管,右手拿试剂瓶,将标准溶液直接由试剂瓶加入滴定管至"0.00"刻度线以上,不要再经过烧杯、漏斗等其它容器(思考:为什么?)。

(6) 排气泡

酸式滴定管有气泡时,右手拿滴定管上部无刻度处并倾斜约30°,左手迅速打开活塞,使溶液冲走气泡。

碱式滴定管有气泡时,左手拇指和食指捏住玻璃珠部位,将乳胶管向上弯曲,并挤压玻璃珠侧面乳胶管,使溶液从管尖喷出,排除气泡(图1-23)。

(7) 调零点

图1-23 碱式滴定管排气泡

气泡排除后,等待1min后,调整液面与"0.00"刻度线相平,即初读数为"0.00mL"。

(8) 滴定

使用酸式滴定管时,塞柄向右,左手从滴定管后向右伸出,拇指在滴定管前,食指和中指在管后,手指略弯曲,轻轻向内扣住旋塞(不要向外用力,以免推出旋塞),并控制旋塞的转动使溶液滴出(图1-24)。

使用碱式滴定管时,左手拇指在前,食指在后,捏住玻璃珠稍上方部位,向右偏上方捏乳胶管(不要捏玻璃珠下方的乳胶管,也不可使玻璃珠上下移动,以免空气进入产生气泡),使溶液从玻璃珠和乳胶管之间的空隙滴出(图1-25)。

图1-24 酸式滴定管的操作　　　　　图1-25 碱式滴定管的操作

滴定最好在锥形瓶中进行,也可在烧杯中进行。若在锥形瓶中进行,用右手的拇指、食指和中指拿住锥形瓶颈,其余两指辅助在下侧,锥形瓶底离滴定台高约2~3cm,滴定管的下端伸入瓶口约1cm。左手控制滴定速度,边滴加溶液,边用右手沿同一方向按圆周摇动锥形瓶,不要前后振动。若在烧杯中进行,则烧杯放在滴定台上,滴定管的下端放在烧杯中心的左后方并伸入烧杯内约1cm,边滴边用右手以玻璃棒按圆周搅拌溶液。

滴定过程中,要注意观察滴落点周围颜色变化。根据颜色变化调整滴定速度。开始时,落点周围没有颜色变化或颜色很快褪去,滴定速度可稍快,每秒3~4滴,但不能流成"水线"。若落点周围出现较大区域颜色变化或颜色较慢褪去,则接近终点,应改为"逐滴加入",加一滴,摇几下,观察颜色变化情况。最后是"半滴操作",即每加半滴溶液就摇动锥形瓶,并用洗瓶吹入少量蒸馏水冲洗锥形瓶内壁使附着的溶液全部流下,直至溶液出现颜色变化并保持半分钟。

(9) 读数

正确读数应遵守下列规则:读数时滴定管应竖直放置;注入或放出溶液时,应静置1~2min后再读数;初读数最好从0.00mL开始;无色或浅色溶液读弯月面最低点,视线应与弯月面水平相切,深色溶液应读取液面上缘最高点。

滴定结束后,滴定管内剩余的溶液应弃去,洗涤后,置于滴定管架上。

【实验过程】

1. NaOH溶液和HCl溶液的配制

(1) 0.1mol·L^{-1} NaOH溶液的配制

用洁净的小烧杯(思考:为什么?)在托盘天平上迅速称取_____g NaOH固体,加入约50mL去除CO_2的蒸馏水溶解,稍冷却后,转移至500mL烧杯中,继续加蒸馏水稀释至500mL,搅拌均匀,然后转移至试剂瓶中,用橡皮塞塞紧。

(2) 0.1mol·L^{-1} HCl溶液的配制

在通风橱中用洁净的量筒量取_____mL浓HCl,加入到500mL烧杯中,用蒸馏水稀释至 500mL，搅拌均匀，然后转移至试剂瓶中，盖上玻璃塞。

2. 滴定管的准备

① 按【操作指南】进行酸式滴定管和碱式滴定管的洗涤和检漏。

② 用 0.1mol·L^{-1} HCl 溶液润洗酸式滴定管 2~3 次，每次 5~10mL 溶液，然后装入 HCl 溶液，排除气泡，调节液面至"0.00"刻度。

③ 用 0.1mol·L^{-1} NaOH 溶液润洗碱式滴定管 2~3 次，每次 5~10mL 溶液，然后装入 NaOH 溶液，排除气泡，调节液面至"0.00"刻度。

3. HCl 溶液滴定 NaOH 溶液

用移液管移取 25.00mL 0.1mol·L^{-1} 的 NaOH 溶液于锥形瓶中，加入 1~2 滴甲基橙指示剂，振荡摇匀。用 0.1mol·L^{-1} HCl 溶液进行滴定（注意练习滴定速度的控制、终点的判断、最后一滴的加入及读数）。观察滴定过程中指示剂颜色变化，溶液由黄色恰变为橙色即为终点（思考：滴定临近终点时加入半滴的操作应如何进行？）。

记录消耗的 HCl 溶液的体积于表 1-5 中。

平行滴定 3 份，计算体积比 V_{HCl}/V_{NaOH}。要求相对平均偏差小于±0.3%。

4. NaOH 溶液滴定 HCl 溶液

用移液管移取 25.00mL 0.1mol·L^{-1} HCl 溶液于锥形瓶中，加入 1~2 滴酚酞指示剂，振荡摇匀。用 0.1mol·L^{-1} NaOH 溶液滴定至溶液由无色恰变为微红色，30s 内不褪色，即为终点。记录消耗的 NaOH 溶液的体积于表 1-6 中。

平行滴定 3 份，计算体积比 V_{NaOH}/V_{HCl}，要求相对平均偏差小于±0.3%。

5. NaOH 和 HCl 溶液体积比的测定❶

从碱式滴定管中分别放出 18.00mL、20.00mL 和 22.00mL 的 NaOH 溶液于锥形瓶中（**注意：放出溶液时一般以每秒滴入 3~4 滴为宜**），加入 1~2 滴甲基橙指示剂，振荡摇匀。分别用 0.1mol·L^{-1} HCl 溶液滴定至溶液由黄色恰变为橙色，即为终点。分别记录消耗的 HCl 溶液的体积于表 1-7（仿照表 1-5，自行设计表格 1-7）中。

平行滴定 3 份，计算体积比 V_{HCl}/V_{NaOH}。

将计算结果与表 1-5 比较。你能得出什么结论？

6. 实验数据记录与处理

表 1-5 HCl 溶液滴定 NaOH 溶液（指示剂_____）

数据记录与计算		实验序号	1	2	3
NaOH 溶液/mL			25.00	25.00	25.00
消耗 HCl 溶液/mL	初读数/mL				
	终读数/mL				
	净用量/mL				
V_{HCl}/V_{NaOH}					
V_{HCl}/V_{NaOH} 平均值					
相对平均偏差/%					

---

❶ 体积比的测定也可以以酚酞为指示剂，用 NaOH 溶液滴定不同体积的 HCl 溶液。若课时允许，也可二者均做。

表 1-6　NaOH 溶液滴定 HCl 溶液（指示剂_____）

数据记录与计算	实验序号	1	2	3
HCl 溶液/mL		25.00	25.00	25.00
消耗 NaOH 溶液/mL	初读数/mL			
	终读数/mL			
	净用量/mL			
V_{NaOH}/V_{HCl}				
V_{NaOH}/V_{HCl} 平均值				
相对平均偏差/%				

表 1-7　NaOH 和 HCl 溶液体积比的测定（指示剂_____）❶

数据记录与计算	实验序号	1	2	3

【思考题】

1. 滴定时选择指示剂的原则是什么？
2. 滴定过程中使用的滴定管和移液管是否需要润洗？锥形瓶是否需要润洗？为什么？

---

❶ 自己设计表格具体内容。

第二部分 物质的分离与提纯

物质的制备与合成、结构测定以及物质性质的研究，通常都需要使用纯度较高的物质，因此物质的分离与提纯成为化学研究的重要任务之一，也是化学实验的一项基本内容。

分离是将混合物中的各组分通过物理或化学方法一一分开，获得纯净组分的过程；提纯是将混合物中的杂质通过物理或化学方法除去而得到所需目标物质的过程，其中杂质不需恢复为原来物质。

1. 物质分离与提纯的原则

在进行物质分离和提纯时，应遵循"三不"原则：不增、不减、不复杂。

（1）不增——不能增加新的杂质

分离提纯后的物质应是纯净物，不能引入其它新杂质。

（2）不减——分离提纯时不减少被提纯的目标物质的质量

保证所加试剂只与杂质反应，而不与目标物质反应。

（3）不复杂——选择分离提纯方法应遵循先简单后复杂的原则

通常先考虑物理方法，再考虑化学方法，保证目标物质与杂质容易分离，实验操作简单易行。

2. 物质分离与提纯的一般思路

进行分离与提纯物质时通常可遵循以下思路：确定混合物的组成→对比分析杂质和目标物性质的差异→根据差异选择分离方法→根据分离方法确定实验装置和仪器→进行实验→检验分离提纯效果。

在选择分离方法之前，首先要分析混合物的组成，明确目标物质和杂质是什么。然后综合考虑目标物质和杂质的状态以及这些物质的性质，对比分析杂质和目标物性质的差异，这是选择分离方法的突破口。根据性质差异选择分离方法时，既可以利用各组分物理性质的不同选择过滤法、（重）结晶法、萃取法、蒸馏法、色谱法等物理方法，也可以根据各组分化学性质的差异选择化学沉淀法、置换法、分解法等进行分离。随后，需要根据所选择的分离方法确定实验装置和仪器，进行实验。

当然，在实际实验过程中，有时候在分离之前需要先将物质进行一定的转化。例如，为了将碘离子从水溶液中分离出来，要先将其转化为碘单质，然后通过萃取分离。

3. 物质分离与提纯的常用方法

常用的分离与提纯方法有过滤法、（重）结晶法、萃取法、蒸馏法、色谱法、化学沉淀法等。无论是何种方法，都是根据目标物质和杂质性质的差异进行分离提纯的。

（1）过滤法

利用物质的溶解性差异，将液体和不溶于液体的固体分离开来的方法，适用于分离液体和不溶性固体混合物。

常用的过滤法包括常压过滤、减压过滤和热过滤三种。

过滤法的核心仪器：漏斗、滤纸。

（2）结晶法

利用溶剂对目标物质和杂质的溶解度不同，可以使目标物质从过饱和溶液中析出，而杂质仍留在溶液中，从而达到提纯的目的。

结晶法适用于分离和提纯在溶剂（通常为水）中溶解度不同的几种可溶性固体的混合物。

结晶法包括蒸发结晶和冷却结晶两种。

蒸发结晶是通过加热蒸发，减少一部分溶剂使溶液达到过饱和而析出晶体。此法主要用于提纯溶解度随温度变化不大的物质，如氯化钠。

冷却结晶是通过降低温度，使溶液冷却达到过饱和而析出晶体。此法主要用于提纯溶解度随温度下降明显减小的物质，如硝酸钾。

将得到的晶体用蒸馏水溶解，再经蒸发（或冷却）、结晶和过滤等步骤，得到更纯的晶体的过程叫重结晶。

（重）结晶法的核心仪器：蒸发皿。

（3）萃取法

利用某物质在互不相溶的溶剂中的溶解度不同，将物质从一种溶剂转移到另一种溶剂中，再利用分液（把两种互不相溶的液体分开的操作）的方法将它们分离开来。萃取法适用于分离在两种溶剂中溶解度相差很大的溶质，如碘水中碘的分离。

萃取法的核心仪器：分液漏斗。

（4）蒸馏法

利用互溶的液体混合物中各组分的沸点不同，将液体混合物加热，使其中的某一组分变成蒸气再冷凝成液体，从而达到分离提纯的目的。

蒸馏法主要适用于分离沸点相差较大的液体混合物。例如，采用蒸馏法将水中难挥发的物质除去。

蒸馏法的核心仪器：圆底烧瓶、蒸馏头、冷凝管、接液管。

（5）色谱法

色谱法是一种利用不同物质在不同相态的选择性分配，以流动相对固定相中的混合物进行洗脱，不同物质沿固定相的迁移速率不同来分离和鉴定物质的方法。

色谱法常见的方法有：纸色谱法、柱色谱法、气相色谱法和高效液相色谱法等。

纸色谱法的核心仪器：滤纸。

（6）化学沉淀法

向混合物中加入某些化学试剂，使它和杂质发生化学反应，生成难溶于水的沉淀，然后利用过滤、离心分离等方法，将杂质与目标物质分离而除去。

根据杂质的不同，可以考虑加入沉淀剂生成氢氧化物沉淀、硫化物沉淀、硫酸盐沉淀等。

以上是常用的物质分离和提纯方法。当然，如果涉及气体样品，则可通过洗气来进行气体的净化。气体净化通常是先除杂质和酸雾，最后除水汽。而不同的杂质，需要根据其具体性质，选用不同的洗涤液。

气体净化的核心仪器：洗气瓶、干燥管、干燥塔。

本部分将通过粗食盐的提纯，海带中碘元素的分离，Fe^{3+}、Cu^{2+}、Mn^{2+} 的分离，水的净化等实验学习化学沉淀法、过滤法、（重）结晶法、萃取法、纸色谱法和离子交换法，其它分离和提纯的方法将在后续课程中学习。

实验6　粗食盐的提纯（化学沉淀法）

【知识链接】

工业上用海水晒盐或用盐湖水、盐井水煮盐，使食盐晶体析出。这样得到的食盐含有较多的杂质，称为粗食盐。

粗食盐是氯碱工业的主要原料，为了保证生产的效率和安全，氯碱生产首先需要除去粗食盐水中的杂质，得到精制食盐水；医药中的生理盐水、实验室中用到的氯化钠、日常生活中的调味品食盐，都是由粗食盐为原料提纯得到的。

本实验的任务是：设法除去粗食盐中的杂质，得到试剂级氯化钠。

【实验目的】

1. 学会利用化学沉淀法进行物质分离提纯的思路和方法。
2. 掌握溶解、普通过滤、减压过滤、蒸发浓缩、烘干等基本操作。
3. 巩固试剂取用、加热等基本操作。
4. 学会在物质分离提纯过程中，定性检验某种物质是否除尽的方法——中间控制检验。
5. 初步形成对物质提纯效果进行检验的意识，了解 Ca^{2+}、Mg^{2+}、SO_4^{2-} 的定性检验。

【方法引导】

要完成实验任务，需要思考并解决以下问题。

1. 粗食盐中含有哪些物质？——确定混合物的组成

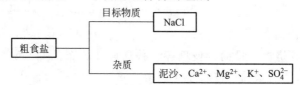

2. 采用何种方法除去杂质？——根据杂质的特点选择合适的分离方法

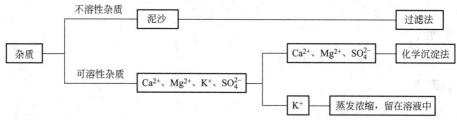

3. 化学沉淀法中，选择沉淀剂的原则是什么？——依据杂质的化学性质，确定合适的沉淀剂

利用化学沉淀法除杂，所选沉淀剂需要能与杂质反应生成沉淀，且沉淀的溶度积要小，同时沉淀剂不与目标物质反应，而且尽量避免引入新的杂质，若不可避免则要保证在后续步骤中将其除尽。氯化钠提纯中沉淀剂的选择见表2-1，请完成此表。

表 2-1　氯化钠提纯中沉淀剂的选择

杂质离子	沉淀剂	反应方程式
Ca^{2+}	Na_2CO_3	
Mg^{2+}	$NaOH$	
SO_4^{2-}	$BaCl_2$	

4. 确定沉淀剂的加入顺序

确定沉淀剂加入顺序的原则：保证过量的沉淀剂能够除去。

本实验中要先加 $BaCl_2$ 溶液，再加 $NaOH$ 和 Na_2CO_3 溶液❶。为什么？

为了进一步理顺实验思路，请分析加入沉淀剂后溶液的变化，完成下列流程图。

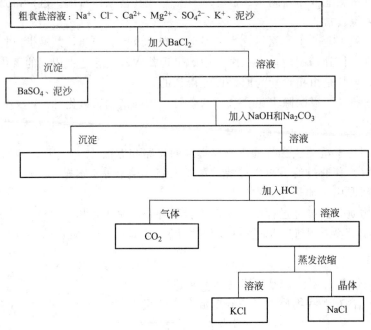

【仪器和试剂】

仪器：托盘天平、烧杯、量筒、玻璃棒、普通漏斗、布氏漏斗、抽滤瓶、循环水真空泵、蒸发皿、表面皿、试管、酒精灯、pH 试纸、滤纸。

试剂：$HCl(2mol·L^{-1})$、$BaCl_2(1mol·L^{-1})$、$Na_2CO_3(2mol·L^{-1})$、$NaOH(2mol·L^{-1})$、$(NH_4)_2C_2O_4$（饱和）、$HAc(6mol·L^{-1})$、镁试剂、粗食盐（s）。

【关键操作】

固体溶解、固液分离、蒸发浓缩。

【操作指南】

1. 固体溶解

无机化学实验中，溶解固体最常用的溶剂是水，溶解过程多在烧杯中进行。溶解前将固体研细，溶解过程中加热、搅拌（若在试管中溶解固体，则利用振荡的方法）等都可以促进溶解。

---

❶ $NaOH$ 和 Na_2CO_3 溶液的加入顺序可互换；也可只加入 Na_2CO_3 溶液，由其水解产生的 OH^- 沉淀 Mg^{2+}，生成 $Mg_2(OH)_2CO_3$ 沉淀。

2. 固液分离

固液分离的常用方法包括：倾析法、过滤法和离心分离法。

（1）倾析法

适用条件：沉淀的相对密度较大或者结晶的颗粒较大，静置后容易沉降至容器底部，可用倾析法进行沉淀的分离。

操作要领：将玻璃棒横放在烧杯嘴上，将静置后的上层清液沿玻璃棒倾入另一烧杯中，实现固液分离（图 2-1）。

（2）过滤法

过滤法是固液分离最常用的方法，包括常压过滤、减压过滤和热过滤三种。

① 常压过滤（又称普通过滤）

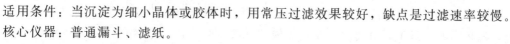

图 2-1 倾析法

适用条件：当沉淀为细小晶体或胶体时，用常压过滤效果较好，缺点是过滤速率较慢。

核心仪器：普通漏斗、滤纸。

操作要领如下。

ⅰ. 滤纸的选择。滤纸按灰分高低分为定性滤纸和定量滤纸；按孔隙大小分为"快速"、"中速"和"慢速"三种；按直径大小分为 7cm、9cm 和 11cm 等。

定性滤纸主要应用于无机定性实验，定量滤纸灰分很低，主要用于重量分析实验。一般而言，细晶形沉淀（如 $BaSO_4$）选用慢速滤纸，粗晶形沉淀（如 $MgNH_4PO_4$）用中速滤纸，胶体沉淀（如 $Fe_2O_3 \cdot nH_2O$）选用快速滤纸。滤纸大小的选择，则需要根据漏斗大小和沉淀量的多少而定，一般滤纸边缘应低于漏斗沿 0.5～1.0cm。

ⅱ. 滤纸的折叠。将滤纸沿圆心对折两次（第二次对折时暂不折死），按三层一层比例将其展开呈圆锥状（图 2-2）。放入漏斗中，若滤纸与漏斗密合不好，则改变第二次对折的角度，直到与漏斗密合为止（此时可将滤纸的折边折死）。为了使滤纸紧贴漏斗，需撕去三层滤纸外面两层的一角。

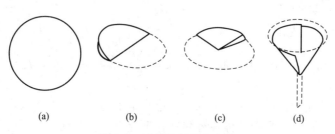

(a)　　(b)　　(c)　　(d)

图 2-2 滤纸的折叠和安放

ⅲ. 滤纸的安放。漏斗固定在漏斗架上，漏斗下面放承接滤液的烧杯，漏斗下端的管口要紧靠烧杯内壁，烧杯上方斜盖一表面皿。将滤纸放入漏斗，用洗瓶加少量水润湿，轻压滤纸赶走气泡。加水至滤纸边缘，使漏斗颈中充满水，形成水柱，以便过滤时由于水柱重力加快过滤速率。若不能形成完整的水柱，可用食指堵住漏斗下口，同时稍掀起滤纸三层的一边，向滤纸和漏斗之间加水，然后轻轻按下掀起的滤纸，赶尽滤纸与漏斗间的气泡，同时慢慢放开手指，即可形成水柱。

ⅳ. 过滤操作。过滤操作的整体顺序是：先转移清液，再转移沉淀，然后洗涤沉淀。

a. 转移清液：采用倾析法。

具体操作：将玻璃棒直立于漏斗中，玻璃棒下端对着滤纸三层的一边（尽可能靠近但不要接触到滤纸)。将静置后的上层清液沿玻璃棒倾入漏斗(此时烧杯嘴要紧靠玻璃棒)。漏斗内液面要低于滤纸边缘,以防止部分沉淀因毛细作用越过滤纸上缘而损失(图2-3)。

上层清液倾入完后,用少量洗涤液吹洗玻璃棒和烧杯壁并进行搅拌,静置后,再按上述操作转移清液。如此重复2~3次,将附着在烧杯壁的沉淀洗下,并对烧杯中的沉淀进行初步洗涤。

注意:每次倾析暂停时,都要小心扶正烧杯,烧杯嘴不离开玻璃棒,待烧杯嘴的最后一滴溶液随着烧杯嘴沿玻璃棒向上移动而靠去后,将玻璃棒收回并放入烧杯中(此时玻璃棒不要靠在烧杯嘴处,因为烧杯嘴处可能有少量沉淀)。

b. 转移沉淀:把沉淀转移到滤纸上。

具体操作:先用少量洗涤液把沉淀搅起,然后立即将悬浮液转移到滤纸上。如此重复几次,尽可能地将沉淀转移到滤纸上。

对于少量残留的沉淀,按图2-4所示的方法转移干净。左手将烧杯倾斜地置于漏斗上方,烧杯嘴朝向漏斗。用食指将玻璃棒横架在烧杯口上,玻璃棒的下端对着滤纸三层的一边。右手持洗瓶冲洗烧杯内壁,使沉淀连同洗涤液一起沿玻璃棒流入漏斗中。

图2-3 过滤

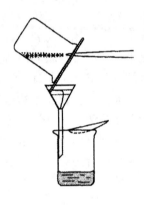

图2-4 残留沉淀的转移

c. 洗涤沉淀:将黏附在滤纸上部的沉淀集中到底部并除去沉淀表面吸附的杂质和残留的母液。

具体操作:将洗瓶吹出的水流,从滤纸上边缘稍下部位开始按螺旋形向下移动,以便沉淀集中到滤纸底部(注意:避免洗涤液骤然冲在沉淀上,使沉淀溅失)(图2-5)。

选用何种洗涤液洗涤沉淀,需根据沉淀的性质而定。

为了提高洗涤效率,应遵循"少量多次"的原则,即每次使用少量洗涤液,多洗几次。

② 减压过滤(又称抽滤、吸滤)

适用条件:大颗粒的沉淀或欲使沉淀干燥可采用减压过滤,减压过滤速度较快,但是沉淀颗粒太小或胶体沉淀不适用此法。

核心仪器:布氏漏斗、抽滤瓶(又称吸滤瓶)、水抽气泵(也可用水真空泵代替)。

操作要领如下。

i. 连接装置(图2-6)。布氏漏斗用来盛放待过滤的混合物,抽滤瓶用来承接滤液,布氏漏斗的斜口应面对抽滤瓶的支管口。水抽气泵起着带走空气,使抽滤瓶内压力减小的作用,抽滤瓶内与布氏漏斗液面上的负压使得过滤速度加快。若要求保留滤液,则需在抽滤瓶和水抽气泵之间装上一安全瓶（注意：安全瓶长管接水抽气泵，短管接抽滤瓶），以防止关闭水抽气泵时自来水回流入抽滤瓶内（此现象称为倒吸或反吸），把溶液弄污。

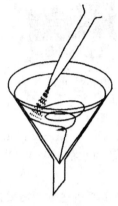

图 2-5　沉淀的洗涤

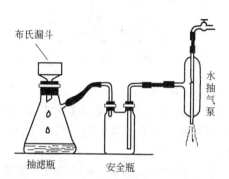

图 2-6　减压过滤装置

ⅱ．滤纸修剪与安放。将滤纸剪成比布氏漏斗内径略小，但又能把全部瓷孔盖住为宜。将剪好的滤纸放入布氏漏斗，用洗瓶吹出少量蒸馏水润湿，然后微开抽气泵使滤纸贴紧在漏斗上。

ⅲ．抽滤。先用倾析法转移溶液（溶液的量不要超过漏斗容量的 2/3），逐渐加大抽滤速率，待溶液快流尽后转移沉淀，将沉淀平铺在滤纸中间部分，继续抽滤至沉淀比较干燥为止。

抽滤过程中，要注意观察抽滤瓶内液面高度，当快达到支管口位置时，需拔掉抽滤瓶上的橡胶管，取下漏斗，从抽滤瓶上口倒出溶液后，再继续抽滤。

洗涤沉淀时，应减小抽滤速率，使洗涤液缓慢通过沉淀，然后再加大抽滤速率，将沉淀抽干。

ⅳ．停止抽滤。抽滤完毕，先拔掉抽滤瓶支管的橡皮管，然后关闭水抽气泵，防止倒吸。

ⅴ．将沉淀转入指定容器。取下漏斗，将漏斗颈口朝上，轻轻敲打漏斗边缘，或用洗耳球在漏斗颈口处用力一吹，使沉淀与漏斗脱离，然后将其放入事先准备好的滤纸或容器内。

③ 热过滤

适用条件：某些溶质在溶液温度降低时，易形成晶体析出，为了除去这类溶液中所含的其它难溶性杂质，需要选用热过滤，防止溶质结晶析出。

核心仪器：热滤漏斗。

操作要领：热滤漏斗内装有热水（水不要太满，以免水加热至沸后溢出），把短颈玻璃漏斗放在热滤漏斗内，加热热滤漏斗侧管（若溶剂易燃，则过滤前务必将火熄灭）以维持溶液的温度（图 2-7）。

快速把热溶液倒入玻璃漏斗，进行过滤。

（3）离心分离法

适用条件：试管反应中得到的少量沉淀与溶液需要分离时，常采用离心分离法。

核心仪器：电动离心机（图 2-8）。

图 2-7　热过滤

图 2-8　电动离心机

操作要领如下。

① 将盛有沉淀的离心试管对称放入离心机的试管套内（若只有一支离心试管中的沉淀需要分离，则在与其对称的位置上放入一支盛有相同质量的水的试管），以保持离心机平衡。

② 盖上离心机顶盖，打开开关，逐渐旋转调速旋钮，使离心机达到所需要的转速。

③ 数分钟后，关闭开关，使离心机自然停止，不可用外力强制其停止转动。

④ 取出离心试管，用洁净的滴管吸出上清液。如果沉淀需要洗涤，则加入洗涤液，用玻璃棒充分搅拌后，重复进行离心分离。

3. 蒸发浓缩

适用条件：为了使溶质从溶液中析出，可以加热溶液，使水分不断蒸发，从而使溶液不断浓缩而析出晶体。

核心仪器：蒸发浓缩常在蒸发皿中进行。

操作要领如下。

① 蒸发皿内液体不能超过容量的 2/3，以防加热过程中液体溅出。如果液体量较多，则可随着水分的蒸发而补充添加液体。

② 根据溶质的热稳定性不同，选择直接加热或者水浴加热。

③ 蒸发浓缩的程度取决于物质的溶解度随温度变化的大小。若溶解度随温度变化很大，如 KNO_3，则浓缩到有少量晶膜出现即可；若溶解度随温度变化适中，如 $CuSO_4$，则需浓缩到液面形成薄层晶膜；若溶解度随温度变化较小，如 $FeSO_4·(NH_4)_2SO_4·6H_2O$，则需浓缩到液面形成较厚晶膜；若溶解度随温度变化很小，如 NaCl，则需浓缩到溶液黏稠呈稀糊状方可。以上做法的目的都在于保证产品质量的前提下尽可能多地提高其产量。

【实验过程】

1. 粗食盐的提纯

(1) 溶解粗食盐

称取 5～10g 粗食盐于 100mL 烧杯中（若颗粒较大，需先研磨），加 20～40mL 水，加热，搅拌，使其溶解。

思考：称取粗食盐的量过少或过多有什么影响？加 20mL 蒸馏水溶解 5g 粗食盐的依据是什么？加水过少或过多有什么影响？

(2) 除去 SO_4^{2-}

① 加入沉淀剂 $BaCl_2$ 溶液

加热溶液至微沸，边搅拌边逐滴加入 1mol·L^{-1} BaCl$_2$ 溶液（约 2～3mL）❶，直至 SO$_4^{2-}$ 沉淀完全。

② 确定 SO$_4^{2-}$ 沉淀完全——中间控制检验法

将烧杯从热源上取下，静置至沉淀沉降后，沿烧杯壁向上层清液中滴加 2 滴 BaCl$_2$ 溶液，观察澄清液中是否出现浑浊现象。若无浑浊，说明 SO$_4^{2-}$ 已沉淀完全；若出现浑浊，则需继续滴加 BaCl$_2$ 溶液，然后再检验，直至上层清液在滴加 BaCl$_2$ 后，不再产生浑浊现象为止。

记录所用 BaCl$_2$ 溶液：_____ mL。

③ 继续加热

继续加热 3～5min，使 BaSO$_4$ 颗粒长大而易于沉降和过滤。

④ 过滤

普通过滤❷，弃去沉淀，滤液移至烧杯中。

少量泥沙等不溶性杂质在该过程中一并过滤除去。

（3）除去 Ca^{2+}、Mg^{2+} 和 Ba^{2+}

① 加入沉淀剂 NaOH 和 Na$_2$CO$_3$ 溶液

将滤液加热至微沸，边搅拌边逐滴加入 1～2mL 2mol·L^{-1} NaOH 和 2～4mL 2mol·L^{-1} Na$_2$CO$_3$ 溶液，至 Ca^{2+}、Mg^{2+} 和 Ba^{2+} 沉淀完全。

注意：整个过程应适时补充适量水，以免 NaCl 析出。

② 确定 Ca^{2+}、Mg^{2+} 和 Ba^{2+} 沉淀完全

用 Na$_2$CO$_3$ 溶液检验，方法同"确定 SO$_4^{2-}$ 沉淀完全"。

记录所用 Na$_2$CO$_3$ 溶液：_____ mL。

③ 过滤

减压过滤，弃去沉淀，滤液移至蒸发皿中。

（4）除去过量的 CO$_3^{2-}$ 和 OH$^-$

向滤液中滴加 2mol·L^{-1} HCl，搅拌，直至溶液 pH 为 4～5（用玻璃棒蘸取滤液在 pH 试纸上检验）。

记录 HCl 用量：_____ mL。

（5）蒸发浓缩

滤液于蒸发皿中加热蒸发，当液面出现晶体时，改用小火加热，并不断搅拌，以免溶液溅出。待蒸发浓缩至稀糊状，停止加热。

注意：切不可将溶液蒸干！为什么？

冷却，减压过滤，尽量将 NaCl 晶体抽干。弃去滤液，晶体移至蒸发皿中。

（6）干燥

将蒸发皿中的氯化钠晶体在石棉网上用小火烘干，此过程需不断搅拌，以防结块。

（7）冷却

称量：_____ g；计算产率：_____%。

2. 产品纯度检验

取粗食盐和提纯后的精食盐各 1g，分别用 5mL 去离子水溶解，对照检验它们的纯度，

---

❶ BaCl$_2$ 用量随粗食盐的量和来源不同而异，应通过实验确定最佳用量，不可过量太多。否则，会浪费试剂和时间以及除去过量 Ba^{2+}。

❷ 从提纯效果上讲，可以选择减压过滤。取决于教学计划中是否需要在此实验中训练普通过滤操作。

完成表 2-2。

表 2-2　粗食盐和精食盐的纯度对比

被检验离子	检验方法	粗食盐溶液的现象	精食盐溶液的现象
SO_4^{2-}	各取 1mL 溶液于试管中,分别加 2 滴 $6mol·L^{-1}$ HCl,再各加 2 滴 $1mol·L^{-1}$ $BaCl_2$ 溶液,若有白色沉淀,则有 SO_4^{2-}		
Ca^{2+}	各取 1mL 溶液于试管中,分别加 3 滴 $6mol·L^{-1}$ HAc①,再各加 3 滴饱和 $(NH_4)_2C_2O_4$ 溶液,若有白色沉淀,则有 Ca^{2+}		
Mg^{2+}	各取 1mL 溶液于试管中,分别加 2 滴 $2mol·L^{-1}$ NaOH,再各加 2 滴"镁试剂"②,若有天蓝色沉淀,则有 Mg^{2+}		

① Mg^{2+} 也产生白色 MgC_2O_4 沉淀,但 MgC_2O_4 溶于 HAc,故加 HAc 以排除 Mg^{2+} 干扰。
② 镁试剂在碱性溶液中呈红色或红紫色,被 $Mg(OH)_2$ 吸附后呈天蓝色,故可用来检验 Mg^{2+}。

【思考题】

1. 本实验在溶解、过滤和蒸发过程中均用到玻璃棒,分别有什么作用?
2. 提纯时能否将泥沙、$BaSO_4$、$CaCO_3$ 等所有沉淀通过一次过滤而一同除去?为什么?
3. 在除去 Ca^{2+}、Mg^{2+}、SO_4^{2-} 时为什么先加 $BaCl_2$ 溶液,然后再加 Na_2CO_3 溶液?反之,是否可以?为什么?
4. K^+ 是在哪一步实验中除去的?查阅资料,画出 KCl 和 NaCl 的溶解度随温度的变化图。

【拓展性实验资源】

粗硫酸铜的提纯

粗硫酸铜中含有不溶性杂质以及 Fe^{2+}、Fe^{3+} 等可溶性杂质离子,设计实验方案将粗硫酸铜提纯。

提示与建议:查阅 $Fe(OH)_3$、$Fe(OH)_2$ 和 $Cu(OH)_2$ 沉淀的 $K_{sp}^{\ominus}$,计算它们开始沉淀和沉淀完全的 pH。计算结果对选择分离方法有什么启示?

概括与提升:将本实验方案与粗食盐提纯进行比较,能发现什么共同规律?

实验 7　海带中碘元素的分离（萃取法）

【知识链接】

海带是一种在低温海水中生长的海藻类植物,含有丰富的碘元素,养殖海带一般含碘 0.3%~0.5%,多的可达 0.7%~1.0%。碘是人体必需的微量元素之一,是合成人体中的重要激素——甲状腺素的主要原料,常食海带能预防甲状腺肿大疾病的发生。

海带中的碘主要以有机碘化物的形式存在,本实验的任务是从海带中提取碘。

【实验目的】

1. 了解从植物中提取某种元素的一般方法。

2. 掌握用萃取法进行物质分离提纯的原理和方法。

3. 掌握灼烧、萃取、分液等操作，进一步巩固溶解、过滤等基本操作。

4. 学会利用氧化还原反应将待分离物质转化成易分离的物质后再进行萃取的方法，体会转化思想在物质分离提纯中的应用。

【方法引导】

要完成实验任务，需要思考并解决以下问题。

1. 怎样把海带中的碘元素转移到水溶液中？——从植物样品中提取某种元素的一般方法。

先将样品高温灼烧灰化，以除去其中的有机物，然后再在残留的灰分中加水或酸，使灰分溶解，经过滤后，滤液用于分离和鉴定。

2. 碘元素在滤液中以什么形式存在？

海带完全灰化后有机碘化物转化为碘化钾、碘化钠等，即碘元素在滤液中主要以 I^- 的形式存在。

3. 怎样从滤液中提取碘？

利用氧化还原反应先将 I^- 氧化成 I_2，再采用萃取法分离。

4. 如何选择萃取剂？

可根据以下三个原则选择萃取剂：①与原溶剂互不相溶；②溶质在萃取剂中的溶解度远大于在原溶剂中的溶解度；③萃取剂与溶质不能发生化学反应。本实验中要将碘水中的碘萃取出来，选择的萃取剂应不溶于水，而且比水更容易溶解碘，因此可选四氯化碳、苯等为萃取剂。

5. 如何将富集在四氯化碳溶液中的碘单质提取出来？

已知：CCl_4 的沸点为 77℃，I_2 单质的沸点为 184℃，因加热时 CCl_4 挥发的同时，I_2 也将受热升华，所以一般不直接采用蒸馏的方法从四氯化碳中回收碘。通常采用反萃取法从碘的四氯化碳溶液中提取碘。

反萃取液为 NaOH 溶液，四氯化碳中的碘单质会与 OH^- 反应生成 I^- 和 IO_3^- 进入水中。分层后，向水层中加入硫酸酸化，可重新生成碘单质。由于碘单质在水中溶解度很小，可沉淀析出，因此直接过滤即能得到碘单质。

【仪器和试剂】

仪器：托盘天平、烧杯、量筒、玻璃棒、普通漏斗、布氏漏斗、抽滤瓶、真空泵、坩埚、坩埚钳、酒精灯、滤纸。

试剂：H_2SO_4（2mol·L^{-1}，6mol·L^{-1}）、H_2O_2（3％）、NaOH（40％）、淀粉溶液（1％）、CCl_4、干海带。

【关键操作】

减压过滤（实验6）、灼烧、浸取、萃取。

【操作指南】

1. 灼烧

适用条件：需要高温下加热固体物质时。

核心仪器：坩埚。

操作要领：将固体物质放入坩埚，将坩埚置于泥三角上，先用小火烘烤坩埚，使坩埚受热均匀，然后加大火焰，根据实验要求控制灼烧温度和时间。停止加热时，要先熄灭酒精灯，然后用先前预热好的干净坩埚钳取下坩埚，置于石棉网上冷却。

注意事项：用氧化焰灼烧，避免使用还原焰，以免在坩埚底结上炭黑；坩埚钳用后应尖端向上平放在石棉网上。

2. 浸取

适用条件：是一种用溶剂浸渍固体混合物以分离可溶组分及残渣的操作。

操作要领：

① 溶剂与固体物料密切接触，使可溶组分转入液相，成为浸出液。

② 浸出液与不溶固体（残渣）的分离。

③ 用溶剂洗涤残渣，回收附着在残渣上的可溶组分。

④ 处理浸出液，得到可溶组分产品。

3. 萃取

适用条件：萃取是指利用溶质在互不相溶的溶剂中溶解度的不同，用一种溶剂把溶质从另一种溶剂中提取出来的方法。适用于分离在两种溶剂中溶解度相差很大的溶质。

核心仪器：分液漏斗。分液漏斗有圆球形、梨形和圆筒形三种形状，可根据需要进行选择（图2-9）。一般来说，分液漏斗的形状越细长，振摇后两液相分层的时间越长，分离越彻底。

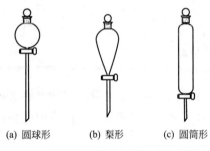

图 2-9　圆球形、梨形、圆筒形分液漏斗

操作要领：萃取操作主要包括分液漏斗的准备、加液、振荡和放气、静置分层、分离等步骤。

(1) 分液漏斗的准备

① 检查分液漏斗的玻璃塞和旋塞是否严密，以防使用过程中漏水。

检漏方法：先向分液漏斗中加少量水，检查旋塞处是否漏水；然后将漏斗倒转，检查玻璃塞是否漏水，确认不漏水方可使用。

② 在旋塞上涂上一薄层凡士林，将其塞进旋塞槽内，旋转数圈使凡士林均匀分布后将旋塞关闭后，再在旋塞芯的凹槽处套上一个直径合适的橡皮圈，以防旋塞在操作过程中松动。

(2) 加液

向分液漏斗中加入被萃取溶液和一定量的萃取溶剂，塞上玻璃塞。

注意：

① 分液漏斗中全部液体的总体积不得超过其容量的3/4。

② 玻璃塞上若有侧槽则必须将其与漏斗上端颈部上的小孔错开。

③ 盛有液体的分液漏斗应正确放在支架上（图2-10）。

(3) 振荡和放气

左手握住分液漏斗上端，其中食指顶住上端玻璃

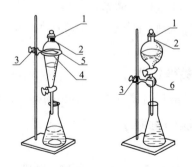

图 2-10　分液漏斗的支架装置
1—小孔；2—玻璃塞上的侧槽；3—持夹；
4—铁圈；5—缠扎物；6—单爪夹

塞，大拇指和中指夹住漏斗上端顶部；右手握住旋塞，其中食指和中指蜷握在旋塞柄上，食指和拇指要握住旋塞柄并能将其自由地旋转（图 2-11）。

将漏斗由外向里或由里向外旋转振摇 3～5 次，使两种不相混溶的液体尽可能充分地混合。

振荡后，将漏斗保持倾斜，下颈导管向上，旋开旋塞，放出蒸气或产生的气体（**注意：不可对着自己和别人！**），使内外压力平衡（图 2-12）。关闭旋塞。

振荡和放气应重复几次。

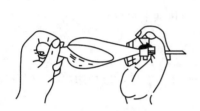

图 2-11　萃取振荡操作

图 2-12　解除漏斗内超压

（4）静置分层

振荡完毕，将漏斗放置在支架上，静置分层。

（5）分离

待两相液体分层明显，界面清晰后，下层液体经旋塞放出，上层液体从上口倒出。

具体操作：先移开玻璃塞，使侧槽对准上口径的小孔。开启旋塞，放出下层液体，收集在适当的容器中（当液层接近放完时要放慢速度，一旦放完则迅速关闭旋塞！）。然后，取下漏斗，将上层液体由漏斗上口倒出，收集到指定的容器中。

（6）合并萃取液

如果一次萃取不能满足分离的要求，可采取多次萃取的方法，以 3～5 次为宜。将每次的萃取液都合并到一个容器中。

【**实验过程**】

1. 海带中碘元素的分离

（1）称取样品

称取 2g 干海带于坩埚中。

（2）灼烧灰化

加热灼烧海带，待海带完全灰化后，冷却，再将灰分转移至小烧杯中。

思考：灼烧的作用是什么？需要哪些仪器？

实验现象：灼烧灰化的过程大约需要_____min，干海带怎样变化_____。

注意：灼烧过程会产生白烟和难闻气味，这一步应在通风橱中进行。

用坩埚钳夹持坩埚，边加热边用玻棒搅拌，以使海带充分灼烧，加快灰化速度。

（3）浸取

向盛有灰分的小烧杯中加入 15mL 蒸馏水，煮沸 2～3min 后过滤，并用约 1mL 蒸馏水洗涤沉淀得浸出液。

浸出液颜色_____。

(4) 氧化及检验

① 氧化

向浸出液中加入 0.5mL 2mol·L^{-1} H_2SO_4 溶液，再加入 1mL 3‰ 的 H_2O_2 溶液。

② 检验

取出少量混合液，用淀粉溶液检验碘单质。

现象：_____。

(5) 萃取分离

将氧化检验后的溶液转入分液漏斗中，加入 2mL CCl_4，充分振荡、静置，待完全分层后，下层液体经旋塞放出，收集于小烧杯中。上层液体从上口倒出。

现象：下层为_____层，呈_____色；上层为_____层，呈_____色。

2. 将碘单质从四氯化碳溶液中提取出来

① 向碘的四氯化碳溶液中逐滴加入适量 40% NaOH 溶液，边加边振荡，直至四氯化碳层不显红色为止（说明碘已完全转移到水相中）。

两相颜色的变化：_____。反应方程式：_____。

② 分液，将水层转移到小烧杯中，并滴加 6mol·L^{-1} 的 H_2SO_4 酸化，可重新生成碘单质。

现象：_____。反应方程式：_____。

③ 过滤，得到碘单质。

【思考题】

1. 能否用酒精代替四氯化碳萃取滤液中的碘？
2. 氧化浸出液时，酸化的作用是什么？
3. 将碘单质从四氯化碳溶液中提取出来，可采用什么方法？

【拓展性实验资源】

农作物的秸秆、草木的根枝茎叶燃烧后剩下的灰分，统称为草木灰。草木灰的主要成分是碳酸钾，是一种农家钾肥。自行设计实验：从草木灰中提取碳酸钾。

实验 8　Fe^{3+}、Cu^{2+}、Mn^{2+} 的分离（纸色谱法）

【知识链接】

色谱法又称为色谱分析、层析法，是分离、提纯和鉴定化合物的重要方法之一。色谱法是一种利用不同物质在不同相态的选择性分配，以流动相对固定相中的混合物进行洗脱，不同物质沿固定相的迁移速率不同来分离和鉴定物质的方法。

色谱法常见的方法有：纸色谱法、柱色谱法、气相色谱法和高效液相色谱法等。

分离 Fe^{3+}、Cu^{2+}、Mn^{2+} 可以采用阳离子系统分析法，也可以采用纸色谱法。本实验任务是采用纸色谱法进行 Fe^{3+}、Cu^{2+}、Mn^{2+} 的分离。

【实验目的】

1. 了解纸色谱法分离和鉴定离子的基本原理。
2. 掌握点样、展开、显色等纸色谱分离的基本操作。
3. 学会计算物质的比移值并进行定性分析。

【方法引导】

要完成本实验，需要考虑以下问题。

1. 纸色谱法的基本原理是什么？

纸色谱法以滤纸为载体，滤纸上吸附的水分为固定相，而含有一定量水的有机溶剂为流动相（称为展开剂）。

将含有几种阳离子的试液滴在滤纸上，待试液干后，让滤纸的底边浸入展开剂中，由于毛细作用，展开剂沿着滤纸上升。因为试样中各离子在有机溶剂和水中的溶解度不同，使它们在滤纸上的迁移速率不同，因此各离子将在滤纸不同位置留下斑点，从而达到各组分分离的目的（图2-13）。

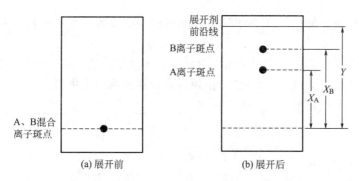

图2-13　A、B离子在滤纸上的展开示意图

各组分的比移值 R_f 等于原点至斑点中心的距离与原点至溶剂前沿的距离的比值。如图2-13所示，A、B离子的比移值分别为：

$$R_f(A) = X_A/Y, \quad R_f(B) = X_B/Y$$

式中，X_A、X_B 分别为原点至A、B离子斑点的距离，Y 为原点至溶剂前沿的距离。

在相同的条件下，物质的比移值 R_f 值是一定的，因而由比移值可以进行物质的定性分析。

分离之后，可以采用适当的方法进行定量测定。如剪下斑点灰化，溶解后用比色法测定其含量。

2. 纸色谱法分离的基本操作有哪些？

纸的准备、点样、展开、显色及定位。

3. 展开后如何确定各斑点的位置？

不同的阳离子有的本身带有颜色，有的无色，展开后不能清晰地看出各斑点的位置，为此需要进行显色。

【仪器和试剂】

仪器：广口瓶、毛细管、量筒、滤纸。

试剂：$FeCl_3$、$CuCl_2$ 和 $MnCl_2$ 的混合液，展开剂（按照体积比丙酮：浓盐酸：水＝90：5：5的比例配制，须临用前配制）、$NH_3·H_2O$（浓）。

【关键操作】

点样、层析、显色。

【实验过程】

1. 点样

取已裁好的滤纸（12cm×1.5cm）一张，于纸条一端2cm处用铅笔画一条横线，并在横线中间画一个"×"，用毛细管蘸取混合液，小心地点在横线的"×"处（称为原点），晾干后再点，重复几次。注意：斑点直径不要超过0.5cm。

2. 展开

在广口瓶中加入10mL展开剂，将点样的滤纸插入广口瓶中，使滤纸下端浸入展开剂约1cm，滤纸上端裹在广口瓶磨口处，注意不要使试液斑点浸入展开剂中。盖紧瓶塞，待展开剂前沿上升到离顶端2cm左右时取出滤纸，立即用铅笔记下溶剂前沿的位置。在空气中风干。

展开后可观察到滤纸表面自上而下有_____的斑痕。

3. 显色

另取一个广口瓶，加入5mL浓氨水，将滤纸放在广口瓶上方，氨熏5min后，即可得到清晰的斑点。

为使观察效果更明显，实验中采用氨熏显色。经过显色反应后，可观察到滤纸表面自上而下有_____的斑痕。（**注意：氨熏实验应在通风橱中进行！**）

请写出各离子与过量氨水反应的方程式_____
_____
_____

所以，从上至下，各斑点分别为_____、_____和_____。

4. 测量比移值

用尺子量出各斑点的中心到原点的距离，再量出溶剂前沿到原点的距离，计算各离子的R_f值。

【思考题】

1. 为什么要用铅笔而不能用钢笔或圆珠笔在滤纸上画原点线？
2. 影响R_f值的因素有哪些？
3. 展开剂中为什么加入盐酸？

【拓展性实验资源】

许多糖果都含有色素而呈现不同的颜色，这些彩色糖果中的色素通常是一种混合物，可以利用纸色谱法进行分离。设计实验利用纸色谱法进行彩色糖果中色素的分离。

实验9 水的净化（离子交换法）

【知识链接】

天然水（如河水、地下水等）中通常含有无机杂质、有机杂质及某些微生物。天然水经过简单的物理、化学方法处理后得到自来水,但自来水中仍含有较多的杂质。因此,自来水经过净化才能得到纯水,净化方法通常有蒸馏法和离子交换法。

离子交换法是使自来水通过离子交换柱(内装阴、阳离子交换树脂)除去水中杂质离子,实现净化的方法。离子交换法净化后的水称为去离子水。

离子交换树脂是一类带有活性基团的网状结构的高分子化合物。在其分子结构中,一部分为树脂的基体骨架,另一部分为由固定离子和可交换离子组成的活性基团。根据活性基团的不同,可将离子交换树脂分为两大类:阳离子交换树脂和阴离子交换树脂。

阳离子交换树脂可与水样中的阳离子进行交换,阴离子交换树脂可与水样中的阴离子进行交换。

【实验目的】

1. 理解离子交换法净化水的原理和方法。
2. 初步掌握树脂装柱、电导率仪的使用等操作。
3. 掌握检验净化后水的纯度的方法,进一步熟悉 Ca^{2+}、Mg^{2+}、SO_4^{2-} 和 Cl^- 的定性鉴定。

【方法引导】

1. 自来水中含有哪些杂质?

自来水中通常含有 Ca^{2+}、Mg^{2+}、Na^+ 等杂质阳离子以及 SO_4^{2-}、CO_3^{2-}、Cl^- 等杂质阴离子。

2. 怎样用离子交换法除去自来水中的杂质离子?

离子交换法是利用离子交换剂与溶液中的离子发生交换反应而实现分离的方法。根据自来水中的杂质类型,既有阳离子又有阴离子,所以要除去自来水中的杂质,需用阳离子交换树脂除去阳离子,用阴离子交换树脂除去阴离子。

3. 离子交换法净水的原理是什么?

离子交换过程是水中的杂质离子先通过扩散进入树脂颗粒内部,再与树脂活性基团中的 H^+ 或 OH^- 发生交换,被交换出来的 H^+ 或 OH^- 又扩散到溶液中去,并相互结合成 H_2O 的过程。

当水样通过阳离子交换树脂时,水中的阳离子与树脂中的 H^+ 交换。例如:

$$2R-SO_3H + Ca^{2+} \rightleftharpoons (R-SO_3)_2Ca + 2H^+$$

当水样通过阴离子交换树脂时,水中的阴离子与树脂中的 OH^- 交换。例如:

$$R-N^+(CH_3)_3OH^- + Cl^- \rightleftharpoons R-N^+(CH_3)_3Cl^- + OH^-$$

H^+ 和 OH^- 即结合生成 H_2O。

4. 离子交换树脂上进行的交换反应是可逆的,如何得到纯度较高的水?

从离子交换反应方程式可见,H^+ 或 OH^- 浓度提高时,不利于交换反应正向进行。所以自来水只经过阳离子交换柱和阴离子交换柱后,往往仍含有少量杂质离子。为了得到纯度较高的水,可再串联一个装有由一定比例的阳、阴离子交换树脂混合的混合离子交换柱,其作用相当于多级交换。

5. 如何检验净化后水的纯度?

可以用电导率仪测定净化后水的电导率,或取水样按照离子鉴定方法检验 Ca^{2+}、Mg^{2+}、SO_4^{2-} 和 Cl^-,将检验结果与净化前的自来水进行对比,根据检验结果得出结论。

【仪器和试剂】

仪器：碱式滴定管、直角玻璃管、直玻璃管、T形管、电导率仪、橡皮塞、玻璃纤维、乳胶管、烧杯、滤纸。

试剂：732型强酸性阳离子交换树脂、717型强碱性阴离子交换树脂、HCl（$3mol \cdot L^{-1}$，$6mol \cdot L^{-1}$）、NaOH（$1mol \cdot L^{-1}$，$2mol \cdot L^{-1}$）、HAc（$6mol \cdot L^{-1}$）、$(NH_4)_2C_2O_4$（饱和）、$BaCl_2$（$1mol \cdot L^{-1}$）、HNO_3（$2mol \cdot L^{-1}$）、$AgNO_3$（$0.1mol \cdot L^{-1}$）、镁试剂（0.1%）、NaCl（$1mol \cdot L^{-1}$）。

【关键操作】

树脂预处理、装柱、树脂再生、电导率仪的使用。

【操作指南】

1. 树脂预处理

阳离子交换树脂的预处理：取适量树脂放于烧杯中，用自来水冲洗树脂以除去其中色素、水溶性杂质及其它夹杂物，直至水澄清无色后，改用纯水浸泡4h。再用$3mol \cdot L^{-1}$ HCl浸泡4h。倾去HCl溶液，用纯水洗至pH=3~4，纯水浸泡备用。

阴离子交换树脂的预处理：将树脂如同上法漂洗和浸泡后，改用$1mol \cdot L^{-1}$ NaOH浸泡4h。倾去NaOH溶液，再用纯水洗至pH=8~9，纯水浸泡备用。

2. 装柱

用离子交换法进行水的净化，需要在离子交换柱中进行。

装柱方法：

① 在交换柱的下端塞入少许润湿的玻璃棉，防止树脂从交换柱的下端漏出。

② 加入纯水至柱子的1/3处，排除柱下部和玻璃棉中的空气。

③ 将前面处理好的湿树脂与纯水一起加入交换柱中，调节活塞使水缓慢流出（水流的速度不能太快，防止树脂露出水面），同时轻敲柱子，使树脂均匀自然沉降。

④ 在树脂层的上面加上一层湿玻璃棉，防止加入溶液时树脂层掀动。

3. 树脂再生

阳离子交换树脂的再生：用自来水漂洗树脂2~3次，倾出水后加入$3mol \cdot L^{-1}$ HCl（浸过树脂面）浸泡约20min，再用$3mol \cdot L^{-1}$ HCl洗涤2~3次，最后用纯水洗至pH=5~6。

阴离子交换树脂的再生：用自来水漂洗树脂2~3次，倾出水后加入$1mol \cdot L^{-1}$ NaOH溶液（浸过树脂面）浸泡约20min，倾去碱液，再用适量$1mol \cdot L^{-1}$ NaOH溶液洗涤2~3次，最后用纯水洗至pH=7~8。

4. 电导率仪（DDS-11A型）的使用

① 预热。接通电源，打开仪器开关，仪器预热约10min（图2-14）。

② 校正。调节"温度"键至25.0℃，按"确定"。调节"电极常数"键使屏幕显示数等于所使用电极常数，按"确定"。电极常数一般由生产厂家给出，标在电极上。

③ 测量。将电极插头插入电极插座，电极用蒸馏水洗净并用待测液冲洗，插入恒温25.0℃的待测溶液中测量。待显示稳定后，仪器显示数值即为测量温度下的电导率，注意电导率读数的单位。

图2-14 DDS-11A型电导率仪

④ 清洗电极，整理仪器。

【实验过程】

1. 树脂预处理

请见操作指南，这一步可在实验准备时完成。

2. 装柱

可用拆除尖嘴的碱式滴定管作离子交换柱，柱下端用乳胶管连接一根 T 形管，T 形管一侧连接一个玻璃旋塞，以方便装柱和取水样。另一侧连接一根乳胶管（乳胶管上夹一个可调节松紧的止水夹）。取预处理好的阳离子交换树脂、阴离子交换树脂以及按 1∶2 的体积比混合的阳离子和阴离子交换树脂，按操作指南中的装柱方法分别装入 1♯、2♯、3♯ 柱中，树脂层的高度分别约为柱的 1/2、2/3、2/3，再将三个离子交换柱串联（注：装柱过程中树脂层中不能有气泡，否则会造成水或溶液断路和树脂层的紊乱）。

安装好的离子交换装置如图 2-15 所示。

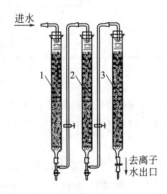

图 2-15　离子交换法净化水
1—阳离子交换柱；2—阴离子交换柱；3—混合离子交换柱

3. 离子交换

进水处接上自来水，使自来水慢慢流过树脂柱，同时打开活塞使水流速率为每分钟 30 滴左右，当流出的水约 100mL 后，分别接取 1♯、2♯、3♯ 管的流出液（离子交换水）进行水质检验。

4. 水质检验

（1）电导率的测定

分别用电导率仪测定净化前的自来水和净化后的去离子水的电导率。将测定结果填入表 2-3，并进行比较，得出结论。

表 2-3　自来水和净化后的去离子水的电导率对比

水样	电导率/$\mu S \cdot cm^{-1}$	结论
自来水		
1♯阳离子交换柱流出水		
2♯阴离子交换柱流出水		
3♯混合离子交换柱流出水		

(2) 杂质离子的检验

分别取净化前的自来水和净化后的去离子水各 1mL，按表 2-4 进行离子检验。将测定结果填入表中，并进行比较，得出结论。

表 2-4　自来水和净化后的去离子水杂质离子对比

被检验离子	检验方法	现象				结论
		自来水	1#阳离子交换柱流出水	2#阴离子交换柱流出水	3#混合离子交换柱流出水	
Ca^{2+}	加 3 滴 6mol·L^{-1} HAc，再加 3 滴饱和$(NH_4)_2C_2O_4$ 溶液。若有白色沉淀，则有 Ca^{2+}					
Mg^{2+}	加 2 滴 2mol·L^{-1} NaOH，再加 2 滴"镁试剂"。若有天蓝色沉淀，则有 Mg^{2+}					
SO_4^{2-}	加 2 滴 6mol·L^{-1} HCl，再加 2 滴 1mol·L^{-1} $BaCl_2$ 溶液。若有白色沉淀，则有 SO_4^{2-}					
Cl^-	加 1 滴 2mol·L^{-1} HNO_3 酸化，再加入 2 滴 0.1mol·L^{-1} $AgNO_3$ 溶液。若有白色沉淀，则有 Cl^-					

5. 树脂再生

树脂使用一段时间失去正常的交换能力后，需进行再生处理。

阳离子交换树脂柱和阴离子交换树脂柱中的树脂可分别按操作指南中的树脂再生方法进行再生处理。

对于混合离子交换柱，可取出交换柱中的树脂，加入适量 1mol·L^{-1} 的 NaCl 溶液，用一支长玻璃棒充分搅拌，阴、阳离子交换树脂因密度不同而分成两层，阴离子树脂在上，阳离子树脂在下。用倾析法将上层阴离子交换树脂倒入烧杯中，重复此操作直至阴、阳离子树脂完全分离为止。将剩下的阳离子树脂倒入另一烧杯中。再按操作指南中的树脂再生方法进行再生处理。

【思考题】

1. 离子交换法制备去离子水的原理是什么？
2. 用电导率仪检验水纯度的依据是什么？

第三部分 常用物理量及常数的测定

化学中经常会涉及一些常用的物理量及常数,如相对分子质量、摩尔气体常数、反应速率常数、化学平衡常数、解离度、溶度积常数和稳定常数等,这些物理量及常数在化学动力学和化学热力学研究中都占有非常重要的地位,它们的数值多数都可以通过实验的方法测定,一种常数的测定可采用的方法往往不止一种。

本部分将涉及气体密度法测定相对分子质量、置换法测定摩尔气体常数、利用平衡时各物质的浓度测定 $I_3^- \rightleftharpoons I_2 + I^-$ 的平衡常数、pH法测定醋酸解离度和解离平衡常数、化学反应速率常数和活化能的测定、硫酸铜晶体结晶水含量的测定以及分光光度法测定配合物的稳定常数七个实验。

力图通过这些实验,使大家体会物理量和常数测定实验的一般设计思路,学习实验室常用的测定方法,体会定量研究的方法对研究和学习化学的重要作用。同时,通过实验加深对理论概念及公式的理解,掌握或巩固滴定管、移液管、容量瓶、启普发生器、电子天平、酸度计、分光光度计、恒温水浴振荡器、气压计、温度计、秒表等有关仪器设备的使用方法,熟悉其应用范围、测量精度及注意事项,并提高对数据进行记录、分析和处理的能力。

尽管不同的物理量或常数的测定方法不同,甚至同一常数也有几种不同的测定方法。但是常数测定实验的一般设计思路是:找出测定该常数所依据的公式→确定测定的原理→明确公式中所需要测定的物理量→确定每个物理量的测定或计算方法→设计实验方案→选取合适的实验试剂和仪器装置→进行实验→数据记录和处理→误差分析。在实验过程中,要注意体会这种设计思路,以便举一反三,灵活运用于其它常数的测定。

实验10 二氧化碳相对分子质量的测定
(气体相对密度法)

【知识链接】

相对分子质量是描述物质性质的一个重要参数,是进行相关计算和研究的基础。对某种物质的相对分子质量的测定,可以根据物质的种类和性质采用不同的方法,如凝固点降低法、沸点升高法、膜渗透压法、质谱法、黏度法、凝胶渗透色谱法等。

对于二氧化碳这类气体小分子,在实验室中常用气体相对密度法来近似测定其相对分子质量。相对密度是指物质的密度与参考物质的密度在各自规定的条件下之比,经常以空气作为参考物质。

【实验目的】

1. 理解气体相对密度法测定相对分子质量的原理和方法。
2. 初步学会启普发生器的组装和使用，进一步巩固称量操作。
3. 了解气体的净化和干燥的原理和操作。
4. 加深理解理想气体状态方程式和阿伏伽德罗定律。
5. 初步掌握误差的计算以及进行误差分析的思路。

【方法引导】

1. 气体相对密度法测定 CO_2 气体相对分子质量的原理是什么？

由理想气体状态方程式 $pV=nRT=\dfrac{mRT}{M}$，可得：在 p、V、T 相同时，不同气体的质量（m）之比等于其相对分子质量（M）之比。

因此，在同温同压条件下，相同体积的 CO_2 气体和空气的相对分子质量之比应等于其质量之比，即：

$$\frac{M_{CO_2}}{M_{空气}}=\frac{m_{CO_2}}{m_{空气}} \tag{3-1}$$

已知空气的平均相对分子质量 $M_{空气}$ 为 29.0，若能设法得到相同体积的 CO_2 和空气的质量，便可由式（3-1）计算出 CO_2 气体的相对分子质量为：

$$M_{CO_2}=\frac{m_{CO_2}}{m_{空气}}\times 29.0$$

2. 如何称量相同体积的 CO_2 气体和空气的质量？

对气体质量的称量，首先要考虑如何收集气体。在普通实验室条件下，比较简单方便的方法可以考虑将其收集到一个固定体积的容器中，例如带橡皮塞的锥形瓶或碘量瓶。

然后，分别称量充满空气的具塞锥形瓶的质量和充满二氧化碳气体的具塞锥形瓶的质量，则 $m_{CO_2}=m_{CO_2+锥形瓶}-m_{锥形瓶}$，$m_{空气}=m_{空气+锥形瓶}-m_{锥形瓶}$。

3. 不含气体的锥形瓶的质量如何得到？

此步是该实验的难点之一。考虑到在一般实验室条件下，空的容器称量时得到的质量通常都是空气加容器的质量 $m_{空气+容器}$，因此只要得到锥形瓶中空气的质量 $m_{空气}$，就能求出锥形瓶的质量 $m_{锥形瓶}$。

4. 如何得到锥形瓶中空气的质量 $m_{空气}$？

空气的质量可由理想气体状态方程式换算求得：

$$m_{空气}=\frac{p_{空气}VM_{空气}}{RT} \tag{3-2}$$

式（3-2）中，$M_{空气}$ 和 R 已知，$p_{空气}$ 和 T 可以由气压计和温度计测得。关键是空气的体积 $V_{空气}$ 如何得到。在这里，空气的体积实际上就是锥形瓶的容积 V。

为了求出锥形瓶的容积 V，可将具塞锥形瓶内充满水并称量，其质量记为 $m_{水+锥形瓶}$。将 $m_{水+锥形瓶}$ 与充满空气的具塞锥形瓶质量 $m_{空气+锥形瓶}$ 之间的差值近似视作锥形瓶中水的质量 $m_{水}$。然后根据 $V=\dfrac{m_{水}}{\rho_{水}}$，用水的质量除以水的密度 $1.00\text{g}\cdot\text{cm}^{-3}$，便可计算得到锥形瓶的容积 V。

5. 如何确定锥形瓶中的 CO_2 气体已收集满？

重复进行二氧化碳气体收集和称量操作，直至前后两次称量的质量恒定（最大差值不超过 2mg），则说明 CO_2 气体收集满。

6. 如何净化收集到的 CO_2 气体？

气体的净化需要根据杂质成分选用不同的试剂。本实验中大理石与盐酸的反应过程中会有 H_2S、酸雾、水蒸气等一些杂质气体产生，因此在收集之前可分别通过 $CuSO_4$ 溶液、$NaHCO_3$ 溶液及无水 $CaCl_2$ 将杂质除去。

【仪器和试剂】

仪器：启普发生器、洗气瓶、干燥管、具塞磨口锥形瓶、电子天平、托盘天平、铁架台、铁夹、数字式气压计、温度计、玻璃管、橡皮管。

试剂：$HCl(6mol·L^{-1})$、$CuSO_4(1mol·L^{-1})$、$NaHCO_3(1mol·L^{-1})$、大理石、无水 $CaCl_2$。

【关键操作】

称量操作（实验 3）、启普发生器的组装和使用、气体的净化和干燥。

【操作指南】

1. 启普发生器的组装和使用

（1）适用条件

颗粒状或块状固体与液体反应不需要加热制备气体时，可选用启普发生器作为反应装置，如制备 CO_2、H_2、H_2S 等。

（2）构造

启普发生器的构造如图 3-1 所示。

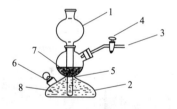

图 3-1 启普发生器
1—球形漏斗；2—葫芦形容器；
3—导气管；4—玻璃旋塞；
5—玻璃棉；6—液体出口；
7—固体；8—液体

（3）操作要领

启普发生器的使用通常包括组装、气密性检验、试剂加入、气体发生和后处理几个环节。

① 组装

将葫芦形容器放在桌面上，将液体出口的塞子塞紧，在球形漏斗颈部磨砂处涂上一薄层凡士林，插入容器球体上口，转动几次使凡士林涂抹均匀装置严密。将导气管的玻璃旋塞涂好凡士林后插入容器气体出口塞紧。

② 气密性检验

打开导气管的玻璃旋塞，将水从球形漏斗上口注入，当水充满半球体时，关闭玻璃旋塞，继续加水至水面上升至球形漏斗的球体内时停止。静置，若液面不下降说明气密性良好。

③ 试剂加入

首先将容器球体下部与半球体的连接位置缠上玻璃棉或放置带孔的橡皮垫圈（思考：为什么？）。然后将固体试剂由气体出口加入，加入的固体试剂不超过容器球体部分的 1/3 以防剧烈反应冲出液体。液体试剂从球形漏斗上口加入。

试剂添换：固体试剂量减少或液体变稀时，需要进行试剂添加或更换。

固体添换时，关闭导气管旋塞，使液面下降至不接触固体，塞紧球形漏斗上口，取下导气管塞子，从容器的气体出口处添换固体。

液体添换时，可塞紧球形漏斗上口，拔下容器下端液体出口的塞子，使液体缓慢流出后，塞紧液体出口，从球形漏斗上口添加液体。

④ 气体发生

打开旋塞，容器球体部分压力减小，液体便上升至固体部位，从而发生反应产生气体。当关闭旋塞时，容器球体部分随反应气体增多而压力增大，使液面下降脱离固体，从而使反应停止。再次打开旋塞，又可产生气体。

⑤ 后处理

使用结束后，液体试剂回收或转入指定容器，固体试剂洗净回收。仪器洗净后，在各磨砂口处夹上纸条以防久置黏结无法打开。

2. 气体的净化与干燥

通常使用洗气瓶（图 3-2）、U 形管或干燥管（图 3-3）盛装吸收物质或干燥剂进行净化或干燥。液体（如 $CuSO_4$ 溶液、浓硫酸）装在洗气瓶内，固体（如无水 $CaCl_2$）装在 U 形管或干燥管内。

图 3-2 洗气瓶　　　　　　　　　图 3-3 U 形管和干燥管

【实验过程】

1. 称量充满空气的锥形瓶的质量

在电子天平上准确称量出一个洁净干燥的具塞磨口锥形瓶的质量，记为 m_1（m_1＝具塞锥形瓶质量＋空气的质量）。将称量结果记录于表 3-1。

2. 制取二氧化碳气体

按图 3-4 组装好实验仪器，加入相应的试剂。其中图 3-4 中的磨口锥形瓶即为上述称量过的锥形瓶。由于二氧化碳气体的密度略大于空气密度，所以需将玻璃导管插入锥形瓶底部。

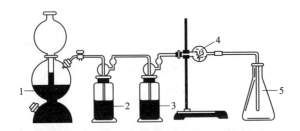

图 3-4　CO_2 气体发生、净化和收集装置

1—大理石＋盐酸；2—$CuSO_4$ 溶液；3—$NaHCO_3$ 溶液；4—无水 $CaCl_2$；5—磨口锥形瓶

打开启普发生器的旋塞开关，大理石与盐酸发生反应，产生的气体经过净化和干燥之后进入锥形瓶，大约 5min 后，慢慢取出玻璃导管，马上将锥形瓶口塞住，关闭启普发生器

旋塞。

3. 称量充满二氧化碳的锥形瓶的质量

将收集有 CO_2 的具塞锥形瓶在电子天平上准确称量，记为 m_2（m_2＝具塞锥形瓶质量＋二氧化碳的质量）。

重复进行二氧化碳气体收集和称量操作，直至前后两次称量的质量恒定（思考：为什么？），本实验通常要求最大差值不超过 2mg。将称量结果记录于表 3-1。

4. 测定锥形瓶的容积

向锥形瓶内加满水，塞上塞子。在托盘天平上称量加满水的具塞锥形瓶的质量，记为 m_3（m_3＝具塞锥形瓶质量＋水的质量）。计算锥形瓶的容积，将称量和计算结果记录于表 3-1。

5. 实验数据记录与处理

表 3-1　二氧化碳相对分子质量的测定

室温 T/K		
气压 p/Pa		
具塞锥形瓶＋空气的质量 m_1/g		
最后两次称量具塞锥形瓶＋CO_2 的质量/g		
具塞锥形瓶＋CO_2 的平均质量 m_2/g		
具塞锥形瓶＋水的质量 m_3/g		
锥形瓶的容积 V/cm³		
锥形瓶内空气的质量 $m_{空气}$/g		
具塞锥形瓶的质量 m_4/g		
CO_2 的质量 m_{CO_2}/g		
CO_2 的相对分子质量 M_{CO_2}		
相对误差		

【思考题】

1. 针对实验结果，分析误差产生的可能原因是什么？

2. 为什么充满水的具塞锥形瓶的质量可在托盘天平上称量，而其它的则需在电子天平上称量？

3. 锥形瓶的容积除了实验中所用的测量方法外，你还能想到什么方法？

实验 11　摩尔气体常数的测定

【知识链接】

摩尔气体常数（R）又称为理想气体常数，是化学热力学公式中常用的一个物理常数。理想气体状态方程式 $pV=nRT$，严格意义上只适用于理想气体，实际气体的 R 与压力、温度及气体种类有关，但对于温度不太低、压力不太大的实际气体仍可近似应用。摩尔气体常数可通过实验，依据理想气体状态方程式及道尔顿分压定律来近似测定。

【实验目的】

1. 掌握摩尔气体常数测定的原理和方法，体会实验设计的基本思路。
2. 进一步理解理想气体状态方程式和道尔顿分压定律的应用。
3. 初步掌握测量气体体积的操作，巩固电子天平的使用。

【方法引导】

1. 如何测得气体的摩尔常数？

根据理想气体状态方程式 $pV=nRT$，可得摩尔气体常数：

$$R=\frac{pV}{nT}$$

因此，将一定物质的量（n）的某气体视为理想气体，若能在一定的温度（T）和压力（p）下，测得其体积（V），则可求出气体常数 R。

2. 选用何种气体进行测量？

从理论上讲，选用任何气体测量其在一定的温度（T）和压力（p）下的体积（V），然后利用理想气体状态方程得出的摩尔气体常数都是相同的。但是在实际实验中，需要选取制备原料廉价易得、制备方法简单且易于用排水法收集的气体，因为用排水法收集便于用量气管准确测量气体体积。

另外，制备反应最好不需要加热，这样制得的气体温度与室温能很快达到一致，气体温度较为准确，产生误差较小。

鉴于此，本实验选择以氢气作为测量对象。此时有：

$$R=\frac{p_{H_2} V_{H_2}}{n_{H_2} T}$$

接下来的关键是设法收集一定量的 H_2，测定 n_{H_2}、p_{H_2}、V_{H_2} 和 T。

3. 如何制备和收集氢气？

利用活泼金属与稀酸反应可制备氢气，其中活泼金属可以是镁条或铝箔，稀酸可以是稀硫酸或稀盐酸。

由于本实验需要测量产生氢气的准确体积，所以可选用精密度较高的度量仪器作为收集容器，利用排水法来收集。

4. 氢气的物质的量和体积如何测得？

气体的物质的量无法通过实验直接测得，但是可以通过气体的质量和摩尔质量求得：

$$n=\frac{m}{M}$$

因此若能测得气体的质量，再通过摩尔质量就可求出其物质的量。气体质量的测定方法要根据具体的实验反应装置或气体收集装置来确定。

有时通过一些间接的方式来求 n 也很简便。例如，本实验中 H_2 的物质的量 n_{H_2} 可以通过将确定质量的镁条（或铝箔）与过量的稀酸作用，产生一定物质的量的氢气，然后根据镁条的质量和摩尔质量求得。

$$n_{H_2}=n_{Mg}=\frac{m_{Mg}}{M_{Mg}}$$

气体体积的测量也需要先确定其实验装置及气体本身的性质。本实验中 H_2 的体积 V_{H_2} 可利用精密度较高的度量仪器通过排水法来收集,然后根据度量仪器中水的体积的变化来求得。

5. 氢气的压力和温度如何测得?

温度可以由温度计直接测量;H_2 的压力可以由气压计测出大气压 p,然后根据道尔顿分压定律 $p_{H_2}=p-p_{H_2O}$ 求得。❶

【仪器和试剂】

仪器:长颈漏斗、大试管、量气管、电子天平、气压计、铁架台、十字头、铁夹、铁圈、单孔橡皮塞、胶管。

试剂:H_2SO_4(3mol·L^{-1})、镁条。

【关键操作】

气密性检验、氢气体积的测量。

【操作指南】

1. 气密性检验

将量气管上口与大气相通,由漏斗加水至量气管内液面略低于上端"0"刻度,上下移动漏斗以赶尽气泡,然后将量气管口塞上,空试管口塞紧。将漏斗向下移动一段距离,然后固定漏斗位置,若量气管中水面随之稍微下降后不再发生移动,则说明装置不漏气。否则应检查各连接处是否密封良好,调整至不漏气为止。

2. 氢气体积的测量

气密性检查良好的情况下,使量气管口不与大气相通,漏斗和量气管内液面相平,记录量气管内液面在反应前后的读数,读数时须保证温度与室温一致。两次读数之差即为产生氢气的体积。

【实验过程】

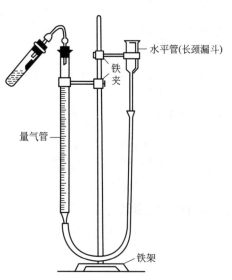

图 3-5 摩尔气体常数测定装置

1. 镁条打磨和称量

截取一小段镁条,用砂纸打磨光亮,除尽表面的氧化膜,擦拭干净,在电子天平上准确称量(思考:为什么?)80~100mg 镁条❷,再将其等分为 3 段,分别准确称量。将称量结果记录于表 3-2。

2. 组装仪器

将清洗干净的仪器(注意量气管要保证洗净后内壁不挂水珠)进行组装(图 3-5)。

3. 检验气密性

按照【操作指南】1. 由漏斗加水至量气管内液面略低于"0"刻度,赶尽气泡,检查各相关部位气密性。

4. 加入镁条和稀硫酸

将称量好的其中一段镁条蘸少量水使其沾到大试管内壁,用漏斗加 5mL 3mol·L^{-1} 稀

---

❶ p_{H_2O} 为实验温度下水的饱和蒸气压,可查表。

❷ 镁条不要过重,以免产生的氢气超过量气管的容积。

H_2SO_4 到试管内（切勿使酸沾在试管壁上）。再次检查装置是否漏气。若不漏气，当漏斗和量气管内水面相平时，记录量气管内的起始液面读数 V_1，填入表 3-2。

5. 测量氢气的体积

将漏斗下移一段距离（不低于 5mL）处，固定。抬高大试管底部，使镁条与稀硫酸接触开始反应。同时降低漏斗位置，使两液面大体水平，反应结束后，冷却到室温（思考：为什么？），观察两水面相平时量气管内水面的读数，1~2min 后，再次观察液面位置，若两次读数相差不超过 0.01mL，记下液面读数 V_2。记录室温 T 和大气压力 p。填入表 3-2。

表 3-2 摩尔气体常数的测定

实验序号	1	2	3
镁条质量 m_{Mg}/g			
反应前量气管内液面读数 V_1/mL			
反应后量气管内液面读数 V_2/mL			
氢气体积 V_{H_2}/mL			
室温 T/K			
大气压 p/Pa			
室温时水的饱和蒸气压 p_{H_2O}/Pa			
氢气分压 p_{H_2}/Pa			
摩尔气体常数 R	平均值：		
相对误差			

将大试管取下，清洗干净，取已称量的另一段镁条沾到大试管内壁，再按上述步骤重复实验两次。

6. 数据记录与处理

摩尔气体常数文献值是 $8.314 J·K^{-1}·mol^{-1}$，将实验结果与文献值进行比较，分析误差产生的可能原因。

【思考题】

1. 为什么反应前要将镁条打磨干净？
2. 为什么测定氢气体积读数时，量气管内液面要和漏斗内液面相平？
3. 为什么在反应前要将漏斗降低，反应时随管内液面下降，漏斗相应移动？

【拓展性实验资源】

查阅资料设计一套实验室测量摩尔气体常数的其它实验装置。

实验 12 $I_3^- \rightleftharpoons I_2 + I^-$ 平衡常数的测定

【知识链接】

平衡常数是化学反应在一定条件下，正逆反应速率相等，各物质浓度不再改变，反应达到化学平衡状态时的一个常数。对它的测定可根据反应体系的状态及性质采取化学方法或物理方法来进行。

化学方法可在一定条件下利用化学反应测定平衡时各物质的浓度，进而推算出平衡常数。物理方法可测出平衡时的物理量如压力、体积、吸光度、旋光率、折射率或电导率等，利用这些物理量与各物质浓度之间的关系，进而推求平衡常数。

对于 $I_3^- \rightleftharpoons I_2 + I^-$ 反应的平衡常数，实验室中比较简便的化学测定方法是通过滴定法来得到各物质的平衡浓度，但应注意避免影响平衡的各种因素的干扰。

【实验目的】

1. 理解用滴定法测定 $I_3^- \rightleftharpoons I_2 + I^-$ 平衡常数的原理和方法。
2. 掌握平衡时 $[I^-]$、$[I_2]$ 和 $[I_3^-]$ 测定的实验思路，并能灵活运用。
3. 加深对平衡常数含义的理解，熟悉化学平衡的影响因素。
4. 进一步熟练滴定操作，巩固滴定管、移液管和吸量管的使用。

【方法引导】

1. 测定 $I_3^- \rightleftharpoons I_2 + I^-$ 平衡常数的原理是什么？

反应 $I_3^- \rightleftharpoons I_2 + I^-$ 在一定温度下达到平衡时，其平衡常数：

$$K = \frac{a_{I^-} \cdot a_{I_2}}{a_{I_3^-}} = \frac{\gamma_{I^-} \cdot \gamma_{I_2}}{\gamma_{I_3^-}} \cdot \frac{[I^-][I_2]}{[I_3^-]}$$

式中，a 为活度；γ 为活度系数。

在离子强度不大的溶液中 $\frac{\gamma_{I^-} \cdot \gamma_{I_2}}{\gamma_{I_3^-}} \approx 1$，此时

$$K \approx \frac{[I^-][I_2]}{[I_3^-]} \tag{3-3}$$

因此，若能测得平衡时溶液中 I^-、I_2 和 I_3^- 的浓度 $[I^-]$、$[I_2]$ 和 $[I_3^-]$，则代入式（3-3）便可求算出平衡常数 K。

2. 如何测定反应 $I_3^- \rightleftharpoons I_2 + I^-$ 达到平衡时溶液中的 $[I^-]$、$[I_2]$ 和 $[I_3^-]$？

首先需要在一定温度下将已知浓度的 KI 溶液与过量的固体 I_2 混合并进行充分振荡，使反应达到平衡，过量的 I_2 固体充分沉降。

然后取上层清液，用 $Na_2S_2O_3$ 标准溶液进行滴定：$2S_2O_3^{2-} + I_2 \rightleftharpoons S_4O_6^{2-} + 2I^-$。此时可测得的是 I_2 和 I_3^- 的总浓度，即根据 $Na_2S_2O_3$ 标准溶液的用量可求出 $[I_2] + [I_3^-]$ 的值。

其中，I_2 的平衡浓度 $[I_2]$ 可以通过测定相同温度下过量 I_2 与水达到平衡时溶液中 I_2 的浓度来近似代替。因此，I_3^- 的平衡浓度 $[I_3^-]$ 便可求得。

对于 $[I^-]$ 的求算，因为 I_3^- 由 I^- 转化而来，所以平衡时 I^- 的浓度 $[I^-]$ 应等于反应前 I^- 的起始总浓度 $c_0(KI)$ 减去 I_3^- 的平衡浓度 $[I_3^-]$。

3. 移取溶液和滴定操作时如何尽量避免 I_2 的挥发？

可以选择使用碘量瓶盛放固体 I_2，并随时塞好瓶塞；吸取 I_2 试样中的上层清液后应尽快滴定，因此在取样之前要做好滴定操作准备；滴定过程中，特别是滴定一开始由于溶液中有大量 I_2 存在，因此不要过于剧烈地摇动锥形瓶。

【仪器和试剂】

仪器：量筒、吸量管、移液管、碘量瓶、碱式滴定管、锥形瓶、洗耳球、恒温水浴振荡

器、托盘天平、研钵。

试剂：KI（0.0100 mol·L^{-1}、0.0200 mol·L^{-1}）、Na$_2$S$_2$O$_3$标准溶液（0.0050 mol·L^{-1}）、淀粉溶液（0.2%）、I$_2$（s）。

【关键操作】

移液管、吸量管的使用（实验4）、滴定操作（实验5）。

【实验过程】

1. $I_3^- \rightleftharpoons I_2 + I^-$ 平衡的建立

用量筒分别量取80mL 0.0100 mol·L^{-1}的KI溶液注入1号干燥碘量瓶、80mL 0.0200mol·L^{-1}的KI溶液注入2号干燥碘量瓶。向两只碘量瓶中均加入0.5g研细的I$_2$固体，塞上瓶塞，在恒温水浴振荡器上振荡30min使反应达到平衡，然后静置10min使过量的I$_2$固体充分沉降。

2. 平衡时溶液中I$_2$和I$_3^-$总浓度的测定

用吸量管移取1号碘量瓶中的上清液10.00mL（**注意：防止将下层固体吸出！**），加入锥形瓶中，再加入40.00mL蒸馏水，用0.0050mol·L^{-1} Na$_2$S$_2$O$_3$标准溶液进行滴定。当滴定至淡黄色时，加入4mL 0.2%淀粉溶液，溶液呈蓝色，继续滴定至蓝色恰好消失时，记录所消耗的Na$_2$S$_2$O$_3$溶液的体积，将结果填入表3-3。

表3-3 $I_3^- \rightleftharpoons I_2 + I^-$ 平衡常数的测定

碘量瓶编号		1	2	3
上清液体积/mL		10.00	10.00	50.00
Na$_2$S$_2$O$_3$标准溶液消耗体积/mL	Ⅰ			
	Ⅱ			
	平均体积			
Na$_2$S$_2$O$_3$标准溶液的浓度/mol·L^{-1}		0.0050		
平衡时I$_2$和I$_3^-$的总浓度/mol·L^{-1}				—
平衡时I$_2$浓度/mol·L^{-1}				
平衡时I$_3^-$浓度/mol·L^{-1}				—
反应前I$^-$的起始总浓度/mol·L^{-1}				—
平衡时I$^-$浓度/mol·L^{-1}				—
平衡常数K				—
	平均值			—

平行滴定两份。

再用吸量管移取2号碘量瓶上清液10.00mL，用同样的方法平行滴定两份。记录所消耗的Na$_2$S$_2$O$_3$溶液的体积，计算I$_2$和I$_3^-$的总浓度，将结果填入表3-3。

3. I$_2$与H$_2$O平衡的建立

用量筒量取200mL蒸馏水注入3号碘量瓶，再向其中加入0.5g研细的I$_2$固体，塞上瓶塞，在恒温水浴振荡器上振荡30min使反应达到平衡，然后静置10min使过量的I$_2$固体充分沉降。

4. 平衡时溶液中 I_2 浓度的测定

用移液管移取 3 号碘量瓶上清液 50.00mL，按照【实验过程】2. 相同的方法，用 0.0050mol·L^{-1} $Na_2S_2O_3$ 标准溶液进行滴定。平行滴定两份。记录所消耗的 $Na_2S_2O_3$ 溶液的体积，计算 I_2 的浓度，将结果填入表 3-3。

5. 实验数据记录与处理

常温下该反应平衡常数理论值为 $1.5×10^{-3}$，将测定结果与理论值进行比较，分析出现差异的原因。

【思考题】

1. 实验中 I_2 是否需要用分析天平称取？为什么？量取溶液时有的用量筒，有的用移液管或吸量管，为什么？
2. 本实验中固体 I_2 和 KI 溶液反应时，如果 I_2 的量不够，对结果有影响吗？为什么？
3. 本实验中对 I_2 的平衡浓度作了近似处理，这样会对平衡常数 K 有何影响？

实验 13　醋酸解离度和解离平衡常数的测定（pH 法）

【知识链接】

HAc 的解离度（α）是 HAc 在水溶液中达到解离平衡时已解离的浓度与起始浓度之比，HAc 的解离平衡常数（$K_a^{\ominus}$）是 HAc 在水溶液中达到解离平衡时，[H^+] 与 [Ac^-] 的乘积与 [HAc] 之比。二者都能反映出 HAc 的解离程度大小，不同之处在于：一定温度下，HAc 的解离度随其浓度减小而增大，HAc 的解离平衡常数与 HAc 的起始浓度无关。

解离平衡常数是衡量弱电解质解离程度大小的特征常数。通过实验测定弱酸解离平衡常数的大小对于认识和应用弱酸的性质有重要意义。

测定弱酸解离度和解离平衡常数的方法有 pH 法、电导率法等。本实验采用 pH 法，该法通过仪器来测定，不影响化学平衡，方法简便，准确度较高。

【实验目的】

1. 理解 pH 法测定弱酸解离度和解离平衡常数的基本原理和方法。
2. 初步掌握酸度计的使用方法。
3. 进一步熟练滴定操作和溶液的配制操作。
4. 进一步巩固对弱电解质的解离度和解离平衡常数的含义及其关系的认识。

【方法引导】

1. pH 法测定 HAc 解离度和解离平衡常数的原理是什么？❶

HAc 解离度和解离平衡常数都与 HAc 的解离平衡有关，因此需要从 HAc 的解离平衡入手进行考虑。一定温度下，弱电解质 HAc 在水溶液中达到解离平衡时：

---

❶ 注意体会与实验 12 测定思路的不同之处。

$$HAc \rightleftharpoons H^+ + Ac^-$$

在浓度比较低、离子强度不大的溶液中，HAc 的解离平衡常数为：

$$K_a^{\ominus} \approx \frac{[H^+][Ac^-]}{[HAc]} \tag{3-4}$$

设 HAc 溶液的起始浓度为 c_0，则在溶质只有 HAc 时，忽略水的解离，有：

$$[H^+]=[Ac^-], [HAc]=c_0-[H^+]$$

将其代入到式（3-4）中，可得：

$$K_a^{\ominus} \approx \frac{[H^+][Ac^-]}{[HAc]} = \frac{[H^+]^2}{(c_0-[H^+])}$$

当 $\alpha < 5\%$ 时，

$$c_0 - [H^+] \approx c_0, \quad K_a^{\ominus} \approx \frac{[H^+]^2}{c_0}$$

HAc 的解离度为：

$$\alpha = \frac{[H^+]}{c_0} \times 100\%$$

因此，若测得一定浓度（c_0）的 HAc 溶液的 pH，即可求出 $[H^+]$，进而可求出解离度 α 和解离平衡常数 $K_a^{\ominus}$。

2. 如何通过实验证明一定温度下 HAc 的解离度 α、解离平衡常数 $K_a^{\ominus}$ 与 HAC 溶液起始浓度 c_0 的关系？

$K_a^{\ominus}$ 是温度的函数，温度一定，$K_a^{\ominus}$ 一定，与 HAc 溶液的起始浓度 c_0 无关。而 HAc 的解离度 α 与 c_0 有关，一定温度下，c_0 越小，HAc 的解离度 α 越大。为了证明这一点，需要配制一系列不同浓度的 HAc 溶液进行实验，根据实验结果得出结论。

3. 影响本实验中 HAc 解离度 α 和解离平衡常数 $K_a^{\ominus}$ 的求算结果的关键因素有哪些？

由于 HAc 的解离度 α 和解离平衡常数 $K_a^{\ominus}$ 是通过测定一定浓度的 HAc 溶液的 pH 而间接求算出的，所以为了保证求算结果的准确，实验所用的 HAc 溶液的浓度和溶液的 pH 测定一定要准确。

4. 如何保证 HAc 溶液的浓度准确？

准确浓度的 HAc 溶液不能直接配制，需要用标定法配制。也就是说，需要先配制近似浓度的 HAc 溶液，然后以酚酞为指示剂，用已知准确浓度的 NaOH 标准溶液标定出 HAc 溶液的准确浓度。然后将该标定好的准确浓度的 HAc 溶液稀释得到一系列不同浓度的 HAc 溶液。

5. 为保证 pH 测定准确，本实验需要选用何种仪器测量 pH？

溶液的 pH 可以利用 pH 试纸或 pH 计来测量，pH 试纸测定相对较为粗略。由于本实验是通过测定 HAc 溶液的 pH 而求得 HAc 的 α 和 $K_a^{\ominus}$ 的，所以为了保证求算结果的准确，需要用 pH 计来准确测量溶液的 pH，而不能用 pH 试纸。

【仪器和试剂】

仪器：碱式滴定管、锥形瓶、移液管、吸量管、容量瓶、烧杯、酸度计（pH 计）。

试剂：HAc（0.2 mol·L^{-1}）、NaOH 标准溶液（0.2 mol·L^{-1}）❶、酚酞指示剂（2 g·L^{-1}）。

---

❶ 准确浓度已标定，4 位有效数字。

【关键操作】

滴定操作（实验 5）、溶液的配制（实验 4）、酸度计的使用。

【操作指南】

酸度计的使用（pHS-3C 型，上海雷磁）

1. 适用条件

酸度计用于准确测量液体的酸碱度值。

2. 操作要领

实验室广泛使用的 pHS-3C 型酸度计是一种精密数字显示酸度计，由主机和复合电极组成（图 3-6）。主机上有五个按键，分别是：pH/mV 双功能键、定位键、斜率键、温度键和确认键。电极为 E-201-C 型 pH 复合电极。它的使用主要包括以下步骤。

（1）开机准备

图 3-6　pHS-3C 型酸度计

将多功能电极架插入多功能电极架插座中，并拧好。将 pH 复合电极安装在电极架上，将电极下端的电极保护套拔下，并拉下上端的橡皮套使其露出上端小孔。用蒸馏水清洗电极，滤纸吸干。打开仪器开关，预热 30min。

（2）标定

在测量之前，首先对 pH 计进行标定或校准。标定有一点标定和两点标定法，通常采用更为精确的两点标定法。具体步骤如下。

① 按"pH/mV"键选择进入 pH 测量状态，将清洗过的电极插入 pH＝6.86 的标准缓冲溶液中。

② 用温度计测量当前标准缓冲溶液温度，按"温度△"或"温度▽"键调节使温度显示为被测溶液的温度，按"确认"键完成设置。按"pH/mV"键可放弃设置，返回测量状态。

③ 待 pH 读数稳定后，按"定位"键，仪器提示"Std YES"字样，按"确认"键，仪器自动识别并显示当前温度下的标准溶液 pH（6.86pH）。按"确认"键即完成一点标定（斜率为 100%），返回测量状态。若想放弃标定，可按"pH/mV"键退出，返回测量状态。

若使用非常规标准缓冲溶液，则在最后一次"确认"前按"定位△"或"定位▽"键调节显示值，使 pH 显示为该温度下该标准溶液的 pH，然后按"确认"键完成标定。

④ 若需两点标定，可继续下面操作：再次用蒸馏水清洗电极，然后将电极插入 pH＝4.00 或 pH＝9.18 的标准缓冲溶液中，按"温度△"或"温度▽"将温度设定为与被测溶液温度相同。待读数稳定后按"斜率"键，仪器提示"Std YES"字样，按"确认"键，仪器自动识别并显示当前温度下的标准溶液 pH（4.00pH 或 9.18pH）。按"确认"键即完成两点标定，返回测量状态。

注意：标定的标准缓冲溶液一般第一次用 pH＝6.86 的溶液，第二次用接近被测溶液 pH 的缓冲溶液，如被测溶液为酸性时，缓冲溶液应选 pH＝4.00；如被测溶液为碱性时则选 pH＝9.18 的缓冲溶液。一般情况下，24h 内仪器不需再标定。

（3）测量 pH

① 被测溶液与定位溶液温度相同时，用蒸馏水清洗电极头部，再用被测溶液清洗一次。把电极浸入被测溶液中，用玻璃棒搅拌使溶液均匀，在显示屏上读出溶液的 pH。

②被测溶液与定位溶液温度不同时，用蒸馏水清洗电极头部，再用被测溶液清洗一次。用温度计测出被测溶液的温度值，按"温度"键，使仪器显示为被测溶液温度值，然后按"确认"键。把电极浸入被测溶液中，用玻璃棒搅拌使溶液均匀，在显示屏上读出溶液的pH。

3. 注意事项

① 仪器的输入端必须保持干燥清洁。仪器不使用时，将Q9短路插头插入插座，防止灰尘及水蒸气侵入。电极表面受污染时，需进行处理。

② 电极在测量前必须用已知pH的标准缓冲溶液进行定位校准，此过程需保证缓冲溶液的可靠性。

③ 取下电极保护套后，应避免电极的敏感玻璃泡与硬物接触。

④ 第一次使用或长期不用的pH电极，使用前须在 3mol·L^{-1} KCl溶液中浸泡24h。测量结束，及时套上电极保护套，电极套内放少量 3mol·L^{-1} KCl溶液以保持电极球泡的湿润。

【实验过程】

1. HAc溶液浓度的标定❶

用移液管移取 25.00mL 0.2mol·L^{-1} HAc溶液于锥形瓶中，加入1~2滴酚酞指示剂，振荡摇匀。用 0.2mol·L^{-1} NaOH标准溶液滴定至溶液由无色恰变为微红色，30s内不褪色，即为终点。记录消耗的NaOH溶液的体积，计算HAc溶液的准确浓度。

平行测定三次。将结果填入表3-4。

表3-4 HAc溶液浓度的标定

数据记录与计算	实验序号	1	2	3
HAc溶液的体积/mL		25.00	25.00	25.00
NaOH溶液的浓度/mol·L^{-1}				
消耗NaOH溶液的体积/mL	初读数			
	终读数			
	净用量			
HAc溶液的浓度/mol·L^{-1}				
HAc溶液的浓度平均值/mol·L^{-1}				

2. 准确配制一系列不同浓度的HAc溶液

将上述已标定出准确浓度的HAc溶液分别用移液管或吸量管移取 25.00mL、5.00mL 和 2.50mL 于三个100mL的容量瓶中，然后加蒸馏水稀释至刻度，摇匀。分别计算HAc溶液的准确浓度。将计算结果填入表3-5。

3. 测定不同浓度HAc溶液的pH

将【实验过程】1. 进行浓度标定的HAc溶液和【实验过程】2. 配制的三份HAc溶液分别取适量加入四只编号为1~4的洁净、干燥的小烧杯中，按浓度由小到大的顺序（思考：为什么？），依次用pH计测定其pH。将测定结果填入表3-5。

---

❶ 若课时较少且之前已练习过滴定操作，HAc溶液浓度的标定可由实验准备室完成。

表 3-5　实验数据记录与计算（室温＿＿＿＿＿℃）

烧杯编号	1	2	3	4
HAc 溶液浓度/mol·L^{-1}				
HAc 溶液的 pH				
HAc 溶液中[H$^+$]/mol·L^{-1}				
HAc 溶液的解离度 α				
HAc 溶液的解离平衡常数 $K_a^\ominus$	平均值：			

4. 数据记录及结果处理

298K 时 HAc 的解离平衡常数 $K_a^\ominus$ 文献值为 1.76×10^{-5}，将实验结果与此进行对比，分析出现差异的原因。

【思考题】

1. 在一定温度下，不同浓度的 HAc 溶液的解离平衡常数是否相同？解离度是否相同？
2. 测定醋酸溶液 pH 时，若先测浓度高的溶液，再测浓度低的溶液，会有什么影响？

【拓展性实验资源】

查阅资料了解测定醋酸解离度和解离平衡常数的其它方法并与本实验加以比较。

实验 14　化学反应速率常数和活化能的测定

【知识链接】

反应速率常数 k 是化学动力学中的一个重要物理量，它表示反应物为单位浓度时的反应速率。在一定的温度下，对于一个确定的反应体系，它是一个常数，与浓度无关。一般地，不同的反应体系，其反应速率常数不相同。另外，温度和催化剂会影响反应速率常数的大小。

活化能 E_a 用来定义一个化学反应发生所需要克服的能量障碍。化学反应速率与活化能的大小密切相关，其它条件相同时，活化能越低，反应速率越快。而催化剂之所以能够加快反应速率正是因为它能降低反应的活化能。

若能通过控制不同的变量条件，测定出某反应的速率，依据反应速率方程，即可求得反应速率常数和活化能。本实验的任务是以 $K_2S_2O_8$ 与 KI 的反应为研究对象，测定该反应室温时的速率常数 k 和不加催化剂时反应的活化能 E_a。

【实验目的】

1. 通过 $K_2S_2O_8$ 与 KI 反应掌握测定反应的速率常数和活化能的原理和方法，体会实验设计的基本思路和测定 $S_2O_8^{2-}$ 浓度变化的方法。
2. 进一步掌握控制变量的科学方法和利用作图、作表进行数据的表达和处理的方法。
3. 加深浓度、温度和催化剂对化学反应速率影响的理解。
4. 学会秒表的使用，进一步熟练量筒的使用。

【方法引导】

1. 测定 $K_2S_2O_8$ 与 KI 反应的速率常数 k 的原理是什么？

因为在反应的速率方程中会涉及速率常数 k，所以可以从反应的速率方程入手考虑。

反应 $K_2S_2O_8+3KI = 2K_2SO_4+KI_3$ 的速率方程为：

$$v=kc_{S_2O_8^{2-}}^m c_{I^-}^n \tag{3-5}$$

式中，v 为瞬时速率；c 为瞬时浓度；k 为反应速率常数；$m+n=$ 反应级数。

若 c 为初始浓度，则 v 为初始速率。这样，由式（3-5）可知，取一定初始浓度的 $K_2S_2O_8$ 溶液和 KI 溶液，若能得到初始速率 v_0 和 m、n 值，便可求出反应速率常数 k。

2. 如何得到反应的初始速率 v_0 值？

通过实验可以测定的是一段时间 Δt 内的平均速率 $\bar{v}$。若 Δt 时间内 $S_2O_8^{2-}$ 浓度的改变为 $\Delta c_{S_2O_8^{2-}}$，则平均速率为：

$$\bar{v}=\frac{-\Delta c_{S_2O_8^{2-}}}{\Delta t}$$

如何在平均速率 $\bar{v}$ 和初始速率 v_0 之间建立联系呢？

假如使 $K_2S_2O_8$ 溶液和 KI 溶液的初始浓度比 Δt 时间内反应掉的 $\Delta c_{S_2O_8^{2-}}$ 大得多，则当反应 Δt 时间后剩余的 $K_2S_2O_8$ 和 KI 浓度与初始时相差不大，此时初始速率 v_0 可近似地用平均速率 $\bar{v}$ 来表示，即：

$$v=kc_{S_2O_8^{2-}}^m c_{I^-}^n \approx \frac{-\Delta c_{S_2O_8^{2-}}}{\Delta t}$$

这样，得到初始速率 v_0 的关键就是得到 Δt 时间内反应掉的 $K_2S_2O_8$ 的浓度 $\Delta c_{S_2O_8^{2-}}$。

3. 如何测得 Δt 时间内反应掉的 $K_2S_2O_8$ 的浓度 $\Delta c_{S_2O_8^{2-}}$ 呢？

Δt 可以由秒表准确测量。Δc 可以通过直接测量浓度或间接测量与浓度有关的物理化学性质，如压力、电导率、颜色等随时间的变化来确定。

对于 $K_2S_2O_8$ 溶液和 KI 溶液的反应，难以直接测定 $S_2O_8^{2-}$ 浓度的变化。但是如果向反应体系中加入一定量的已知浓度的 $Na_2S_2O_3$ 溶液和淀粉溶液，则在反应 $K_2S_2O_8+3KI = 2K_2SO_4+KI_3$ 进行的同时，还会发生如下反应：

$$2S_2O_3^{2-}+I_3^- = S_4O_6^{2-}+3I^-$$

此反应几乎瞬间完成，而 $K_2S_2O_8$ 和 KI 的反应则慢得多。因此，当加入的 $Na_2S_2O_3$ 和 I_3^- 反应完全耗尽后，$K_2S_2O_8$ 和 KI 继续反应生成的 I_3^- 才会与淀粉反应而呈现蓝色。

若用秒表记录从开始反应到出现蓝色的时间 Δt，则这段时间内 $S_2O_3^{2-}$ 浓度的改变值 $\Delta c_{S_2O_3^{2-}}$ 就是 $Na_2S_2O_3$ 的起始浓度。而由两个反应式的化学计量比可得：$\Delta c_{S_2O_8^{2-}}=\dfrac{\Delta c_{S_2O_3^{2-}}}{2}$。

4. 如何确定 m、n 值？

对速率方程 $v=kc_{S_2O_8^{2-}}^m c_{I^-}^n$，两边分别取对数可得：$\lg v=m\lg c_{S_2O_8^{2-}}+n\lg c_{I^-}+\lg k$。

一定温度下，设计一组实验，保持 c_{I^-} 不变，改变 $c_{S_2O_8^{2-}}$，以 $\lg v$ 对 $\lg c_{S_2O_8^{2-}}$ 作图，得到的直线斜率即为 m。同理，设计另一组实验，保持 $c_{S_2O_8^{2-}}$ 不变，改变 c_{I^-}，以 $\lg v$ 对 $\lg c_{I^-}$ 作图，得到的直线斜率即为 n。

在设计实验确定 m、n 值时，进行变量控制非常重要。例如，在确定 m 值时，除了保证 c_{I^-} 不变外，由于温度和催化剂会影响反应速率常数 k 的大小，所以尚需要保证温度相同，均不使用催化剂。

5. 在确定 m、n 值的一系列实验中，当 $c_{S_2O_8^{2-}}$ 或 c_{I^-} 改变时，如何保证反应溶液的总体积和离子强度相同？

当 $c_{S_2O_8^{2-}}$ 降低时，可以向反应体系中加入相应体积的与 $K_2S_2O_8$ 相同浓度的 K_2SO_4 溶液；当 c_{I^-} 降低时，可以加入相应体积的与 KI 相同浓度的 KNO_3 溶液。

综上所述，一定温度下，通过改变反应物 $S_2O_8^{2-}$ 或 I^- 的初始浓度，测定反应时间 Δt，计算得到不同浓度下的初始反应速率 v_0，进而可以确定反应速率常数 k。

6. 如何测定反应的活化能 E_a？

根据阿累尼乌斯公式 $k = A e^{-E_a/RT}$，两边分别取对数可得：

$$\ln k = -\frac{E_a}{RT} + \ln A$$

若测得不同温度 T 时反应的速率常数 k 值，则以 $\ln k$ 对 $\dfrac{1}{T}$ 作图，直线斜率即等于 $-\dfrac{E_a}{R}$，由此可求得反应活化能 E_a。

【仪器和试剂】

仪器：量筒、烧杯、大试管、秒表、温度计、电热套或磁力加热搅拌器。

试剂：$K_2S_2O_8$（0.20 mol·L^{-1}）、KI（0.20 mol·L^{-1}）、$Na_2S_2O_3$（0.010 mol·L^{-1}）、淀粉溶液（0.4%）、K_2SO_4（0.20 mol·L^{-1}）、KNO_3（0.20 mol·L^{-1}）。

【关键操作】

量筒的使用、秒表的使用。

【操作指南】

秒表的使用❶

适用条件：秒表适用于需准确测量时间的实验。

操作要领：计时开始时，用手握住表体，用食指按下柄头，启动秒表。需停表时，再次按下柄头即可。若需进行下一次计时，则第三次按下柄头，表针即返回零点，恢复原始状态。

读数时要注意分清秒针和分针的位置，实验室常用的秒表通常可准确到 0.1s。

【实验过程】

1. 反应速率常数 k 的测定

（1）确定反应的初始速率 v_0

室温下，分别用量筒量取 20.0mL 0.20 mol·L^{-1} 的 KI 溶液、8.0mL 0.010 mol·L^{-1} 的 $Na_2S_2O_3$ 溶液和 2.0mL 0.4% 的淀粉溶液，加入烧杯中，混合均匀。用另一量筒量取 20.0mL 0.20 mol·L^{-1} 的 $K_2S_2O_8$ 溶液，迅速（思考：为什么？）倒入上述烧杯中混合液的同时，按动秒表计时，搅拌溶液并注意观察现象，当溶液中刚出现蓝色时按停秒表，记录反应时间。

相同温度条件下，保持 $Na_2S_2O_3$ 溶液的用量不变，分别改变 $K_2S_2O_8$ 溶液和 KI 溶液的

---

❶ 此处介绍的是机械秒表的使用。实验中也可根据情况使用电子秒表或手机秒表计时。

用量（见表 3-6，注意体会变量控制的思想），即在混合溶液总体积 50.0mL 不变的情况下，分别改变 $K_2S_2O_8$ 和 KI 的起始浓度，重复上面的操作，分别记录反应时间。将相关数据填入表 3-6 并进行处理。

表 3-6　浓度对反应速率的影响（室温 _____ ℃）

实验编号		I	II	III	IV	V
量取试剂体积/mL	0.20mol·L⁻¹ $K_2S_2O_8$ 溶液	20.0	10.0	5.0	20.0	20.0
	0.20mol·L⁻¹ KI 溶液	20.0	20.0	20.0	10.0	5.0
	0.010mol·L⁻¹ $Na_2S_2O_3$ 溶液	8.0	8.0	8.0	8.0	8.0
	0.4%淀粉溶液	2.0	2.0	2.0	2.0	2.0
	0.20mol·L⁻¹ K_2SO_4 溶液	0	10.0	15.0	0	0
	0.20mol·L⁻¹ KNO_3 溶液	0	0	0	10.0	15.0
混合后反应物的起始浓度/mol·L⁻¹	$K_2S_2O_8$					
	KI					
	$Na_2S_2O_3$					
反应时间 Δt/s						
Δt 时间内 $S_2O_8^{2-}$ 的浓度变化 $\Delta c_{S_2O_8^{2-}}$/mol·L⁻¹						
反应速率 $v_0 \approx \bar{v} = \dfrac{-\Delta c_{S_2O_8^{2-}}}{\Delta t}$						

思考：实验 II～V 加入 K_2SO_4 溶液或 KNO_3 溶液的目的是什么？

通过以上实验，浓度如何影响化学反应速率？你的结论：_____。

（2）确定 m、n 值

根据表 3-6 中数据，以 $\lg v$ 对 $\lg c_{S_2O_8^{2-}}$ 作图，得到的直线斜率即为 m。同理，以 $\lg v$ 对 $\lg c_{I^-}$ 作图，得到的直线斜率即为 n。将数据处理结果记录于表 3-7。

表 3-7　m、n 值的确定及反应速率常数的求算

实验编号		I	II	III	IV	V
$\lg v$						
$\lg c_{S_2O_8^{2-}}$						
$\lg c_{I^-}$			—	—		
m						
n						
反应级数（$m+n$）						
反应速率常数 k	平均值：					

（3）求算反应速率常数 k

将 m、n、v 值代入反应速率方程 $v = k c_{S_2O_8^{2-}}^m c_{I^-}^n$，则可求得反应速率常数 k。相关计算数据记录于表 3-7。

2. 反应活化能 E_a 的测定

（1）测得不同温度 T 时反应的速率常数 k 值

按表 3-6 中实验Ⅳ的用量将 KI 溶液、$Na_2S_2O_3$ 溶液、KNO_3 溶液和淀粉溶液加入一只小烧杯中,将 $K_2S_2O_8$ 溶液加入一支大试管中,将它们同时放在高于室温 10℃的恒温水浴中进行加热。当温度达到高于室温 10℃时,将大试管中的 $K_2S_2O_8$ 溶液迅速倒入小烧杯中,同时按动秒表计时,当溶液中刚出现蓝色时按停秒表,记录反应时间。

同样的方法再测定高于室温 20℃时的反应时间,记录于表 3-8。

表 3-8 温度对反应速率的影响

实验编号	Ⅳ	Ⅵ	Ⅶ
反应温度/K			
反应时间 Δt/s			
反应速率 v/mol·L^{-1}·s^{-1}			
反应速率常数 k			
ln$k$			
反应的活化能 E_a/kJ·mol^{-1}			

(2) 根据【实验过程】1. 求算反应速率和速率常数,将计算结果填入表 3-8。
通过以上实验,温度如何影响化学反应速率?你的结论:_____。
(3) 求算反应的活化能 E_a

以表 3-8 中 ln$k$ 对 $\dfrac{1}{T}$ 作图,根据直线斜率等于 $-\dfrac{E_a}{R}$,求出反应活化能 E_a,记录于表 3-8。

【思考题】

1. 如何设计实验证明催化剂对反应速率的影响?
2. 本实验中反应速率表达式是以 $S_2O_8^{2-}$ 的浓度变化来推导的,如果采用 I^- 的浓度变化来推导,反应速率常数 k 是否相同?为什么?
3. 是否经过了 Δt 时间溶液变蓝后,$K_2S_2O_8$ 和 KI 的反应就结束了?

【拓展性实验资源】

查阅资料,尝试利用 Origin 软件对本实验数据进行处理,将数据处理结果进行对比。

实验 15 硫酸铜晶体结晶水含量的测定

【知识链接】

很多离子型的盐类从水溶液中析出时,常含有一定量的结晶水。例如 $CuSO_4·5H_2O$、$FeSO_4·7H_2O$。这些结晶水在存在形式上通常可分为配位水、阴离子水和晶格水,它们在晶体中的稳定情况不同,受热时脱去的难易程度不同。

$CuSO_4·5H_2O$ 是一种蓝色固体,俗称胆矾。$CuSO_4·5H_2O$ 中四个水分子与 Cu^{2+} 以配位键结合,而第五个水分子则通过氢键同时与硫酸根及配位水相连。因此,$CuSO_4·5H_2O$ 受热逐步地脱水:

$$CuSO_4 \cdot 5H_2O \xrightarrow[-2H_2O]{102℃} CuSO_4 \cdot 3H_2O \xrightarrow[-2H_2O]{150℃} CuSO_4 \cdot H_2O \xrightarrow[-H_2O]{250℃} CuSO_4$$

受热脱水后的无水硫酸铜（$CuSO_4$）为白色粉末，具有很强的吸水性，吸水后变成蓝色。

硫酸铜可用作媒染剂、农业杀虫剂、饲料添加剂以及用于镀铜工业等。本实验的任务是测定硫酸铜晶体中结晶水的含量。

【实验目的】

1. 了解结晶水合物中结晶水含量测定的原理和方法。
2. 掌握研磨、沙浴加热、干燥器的使用等操作，巩固酒精喷灯和电子天平的使用。
3. 理解恒重操作的含义和方法。
4. 体会反应条件的控制对于定量测定实验的重要性，进一步树立控制反应条件的意识。

【方法引导】

1. 测定硫酸铜晶体中结晶水含量的原理是什么？

设硫酸铜晶体的化学式为 $CuSO_4 \cdot xH_2O$，要求其中结晶水的含量，关键是求出 x 值。而要求 x 值，则可从硫酸铜晶体受热脱水后各物质之间的定量关系入手。

把一定量（设为 m_1）的硫酸铜晶体加热，使之完全脱水，然后称量无水硫酸铜的质量（设为 m_2）。则 $m_1 - m_2$ 即为结晶水的质量。

根据 $CuSO_4 \cdot xH_2O \longrightarrow CuSO_4 + xH_2O$，可得 $\dfrac{m_2}{M_{CuSO_4}} : \dfrac{m_1 - m_2}{M_{H_2O}} = \dfrac{1}{x}$

据此可计算得出 x 值，从而得出硫酸铜晶体的化学式及其结晶水含量。

2. 影响本实验成功与否的关键因素有哪些？

① 由于结晶水的含量需要通过 m_1 和 m_2 计算得出，所以硫酸铜晶体和无水硫酸铜质量的称量要准确。

② 硫酸铜晶体加热脱水要完全。

3. 如何保证硫酸铜晶体和无水硫酸铜的质量称量准确？

① 使用电子天平进行称量。

② 盛放硫酸铜晶体的坩埚和盛放无水硫酸铜的坩埚要质量相同，为此需要对坩埚进行恒重操作。

③ 脱水后的硫酸铜白色粉末和坩埚要放在干燥器里冷却，否则硫酸铜会从空气中吸收水分而使称量的 m_2 偏大（相当于未完全脱水）。

4. 如何确定硫酸铜晶体已经脱水完全？

① 从颜色上看，要由加热前的蓝色晶体完全变为白色粉末，且不再有水蒸气逸出时方可停止加热，而不能是浅蓝色。

② 通过将盛有无水硫酸铜的坩埚重复加热、冷却、称量，直至两次称量之差很小（本实验要求 $\Delta m \leqslant 1mg$），则说明脱水完全。

5. 如何控制反应条件使硫酸铜晶体充分脱水？

① 加热前将硫酸铜晶体充分研磨，以防止加热时硫酸铜晶体溅失，同时有利于硫酸铜晶体失去结晶水。因为若颗粒太大，会使得颗粒内部的结晶水难以失掉。

② 加热过程中应缓慢升温且使硫酸铜晶体受热均匀，有利于充分脱水。为此，需用沙浴加热。由于硫酸铜晶体脱去最后一个结晶水成为无水硫酸铜的温度在 250℃ 左右，而温度

过高无水硫酸铜又会分解生成氧化铜，影响实验结果。所以，本实验控制沙浴加热温度在260～280℃之间。

【仪器和试剂】

仪器：坩埚、坩埚钳、泥三角、干燥器、电子天平、研钵、沙浴盘、酒精喷灯、温度计（300℃）、药匙、沙子。

试剂：$CuSO_4 \cdot xH_2O$（s）。

【关键操作】

研磨、称量(实验3)、热浴(沙浴)间接加热、干燥器的使用。

【操作指南】

1. 研磨

适用条件：研钵主要用于研碎固体物质或进行固体物质的混合。

类型：常用的为瓷质研钵，也有玻璃、铁或玛瑙制品。实验中需根据被研磨固体的性质和硬度选用不同材质的研钵。

操作要领：放入固体量不宜超过研钵容积的1/3。大块固体只能先压碎再研磨，不能用研杵直接捣碎。易爆物质只能轻轻压碎，不能研磨。

2. 热浴间接加热

当被加热的物质需要受热均匀或者需要保持一定的加热温度时，可选用特定热浴间接加热。

常用的热浴有水浴、甘油浴、石蜡浴、沙浴等，它们所适用的温度各不相同（表3-9）。

表3-9　热浴间接加热适用温度

常用热浴	水浴	甘油浴	石蜡浴	沙浴
适用温度	100℃以下	150℃以下	200℃以下	400℃以下

（1）水浴

适用条件：被加热物质要求受热均匀，且温度不超过100℃时。

核心仪器：水浴锅。

操作要领：用灯具把水浴锅中的水加热（水浴锅内盛水量不超过其容积的2/3），利用水浴锅中的热水或水蒸气来加热器皿。水浴锅上可放置大小不同的圆环，用以承载不同规格的器皿（图3-7）。实验室常用大烧杯代替水浴锅加热（图3-8）。也可以用数显恒温水浴锅进行水浴加热，其控温精度更高（图3-9）。

图3-7　水浴锅加热

图3-8　用烧杯代替水浴锅加热

图3-9　恒温水浴锅

（2）油浴

适用条件：被加热物质要求受热均匀，且加热温度通常要求在100～250℃之间时。油的种类不同，油浴所能达到的最高温度不同，因此需根据实验温度需要选择油浴用油。甘油浴和石蜡浴都是常用的油浴。

核心仪器：油浴锅。

操作要领：类似于水浴加热，只需用甘油或石蜡等代替水浴中的水。使用油浴时要小心，防止外溢或油温过高，引起失火。

（3）沙浴

适用条件：被加热物质要求缓慢升温（或散热）且受热均匀，加热温度要求在400℃以下时。

核心仪器：沙浴盘。

操作要领：将细沙均匀地铺在一只铁盘内，被加热的器皿半埋入沙中，用煤气灯加热沙盘。沙浴的特点是加热温度较水浴和油浴高，但是升温比较缓慢，停止加热后，散热也比较缓慢。也可以用沙浴加热板代替沙浴盘。

3. 干燥器的使用

适用条件：常用以保存坩埚、称量瓶及需干燥存放的试样等，以防吸收空气中的水分。

仪器结构：干燥器是一种具有磨口盖子的厚质玻璃器皿，磨口处涂有一层薄而均匀的凡士林，使之能更好地密合；中部有一个有孔洞的活动瓷板，用以放置装有需干燥存放的试剂的容器；底部放有干燥剂，比如无水氯化钙或变色硅胶（图3-10）。

操作要领如下。

① 开启干燥器时，应用左手朝里按住干燥器的下部，右手握住盖上的圆顶朝外平推器盖（图3-11），盖子必须倒置在桌面上。放入物体后，应及时加盖。加盖时类似开启操作，握住盖上的圆顶平推器盖至盖严。

图 3-10　干燥器

图 3-11　干燥器的开启方法

② 加入干燥剂时，首先将干燥器擦干净，然后将干燥剂通过纸筒装入干燥器的底部（图3-12），干燥剂不可放得太多（一般不超过干燥器下室的一半），以免沾污存放的物品。

③ 放入干燥器的物质，不可太热。较热的物体放入干燥器中后，应在短时间内将干燥器盖子打开1~2次，以免内部压力降低，难以打开。

④ 搬移干燥器时，要用双手，并用拇指按住盖子，以防盖子滑落打碎（图3-13）。

图 3-12　装干燥剂

图 3-13　干燥器的搬移

【实验过程】

1. 恒重坩埚

将一洁净的坩埚（含坩埚盖）置于泥三角上，小火烘干后，用氧化焰灼烧至红热。将坩埚冷却至略高于室温，用洁净干燥的坩埚钳将其移入干燥器中冷却至室温。（思考：热坩埚放入干燥器后，应如何操作？）

取出坩埚，用电子天平称量。记录数据：$m_{坩1}=$_____g。

重复以上加热、冷却和称量操作，直至坩埚恒重（两次称量之差≤1mg）。记录数据：$m_{坩2}=$_____g；$m_{坩3}=$_____g。

2. 称量坩埚和硫酸铜晶体的质量

将硫酸铜晶体研细，称取1.0～1.2g（设为m_1）加入上述恒重的坩埚中，铺成均匀的一层。在电子天平上称量坩埚和硫酸铜晶体的总质量。记录数据：$m_{总1}=$_____g，则硫酸铜晶体的质量 $m_1=$_____g。

3. 硫酸铜晶体脱水

将装有硫酸铜晶体的坩埚置于沙浴盘中，使坩埚体积的3/4均埋入沙中，再在靠近坩埚的沙浴中插入温度计，其末端与坩埚底部大致处于同一水平位置。

酒精喷灯加热沙浴至220℃左右，再慢慢升温至280℃左右，调节酒精喷灯火焰以控制沙浴温度在260～280℃之间。当加热至蓝色晶体全部变为白色粉末，且不再有水蒸气逸出时停止加热（约需15min以上）。

用干净的坩埚钳将坩埚放入干燥器中冷却至室温。（思考：为什么不能直接在空气中冷却？）

4. 称量坩埚和无水硫酸铜的质量

从干燥器内取出冷却后的坩埚，在电子天平上称量坩埚和无水硫酸铜粉末的质量。

记录数据：$m_{总2}=$_____g，则无水硫酸铜的质量 $m_2=$_____g。

5. 再次加热、冷却和称量

把【实验过程】4. 称量后的盛有无水硫酸铜的坩埚再依次进行沙浴加热、干燥器冷却和称量。

记录数据：$m'_{总2}=$_____g，则无水硫酸铜的质量 $m'_2=$_____g。

计算两次称量之差 $\Delta m=m_2-m'_2=$_____g。

若 $\Delta m>1$mg，则再次重复沙浴加热、干燥器冷却和称量，直至恒重（$\Delta m \leqslant 1$mg）。

6. 试剂回收和数据处理

将坩埚中的无水硫酸铜回收至指定容器。

根据实验数据，计算 $CuSO_4 \cdot xH_2O$ 中的 x 值，求算结晶水的含量。将求算结果与 $CuSO_4 \cdot 5H_2O$ 进行对比，分析误差产生的原因。

【思考题】

1. 分析以下操作将如何影响 $CuSO_4 \cdot xH_2O$ 中的 x 值。

(1) 晶体未完全变为白色粉末即停止加热。

(2) 两次称量质量相差大于0.1g。

(3) 加热时间过长，部分变黑。

(4) 加热过程中有少量晶体溅出。

(5) 称量前坩埚不干燥。

(6) 脱水后的硫酸铜白色粉末和坩埚直接在空气中冷却。

2. 该实验为什么以两次称量之差不超过1mg作为"恒重"的标准?

实验16 磺基水杨酸合铁(Ⅲ)配合物稳定常数的测定

【知识链接】

磺基水杨酸（HO—C₆H₃(SO₃H)(COOH)，$C_6H_3SO_3H \cdot OH \cdot COOH$）简式为 H_3R，可以与 Fe^{3+} 形成稳定的配合物。形成的配合物的组成和颜色随溶液 pH 的不同而改变。在 pH=2~3 时，形成紫红色的配合物；在 pH=4~9 时，形成红色的配合物；在 pH=9~11 时，形成黄色的配合物。

根据朗伯-比尔定律 $A=\varepsilon bc$ 可知，当波长 λ、溶液的温度 T 及比色皿的厚度 b 均一定时，溶液的吸光度 A 只与有色配离子的浓度 c 成正比。通过吸光光度法测定 pH=2~3 时，一系列磺基水杨酸与铁(Ⅲ)离子摩尔浓度之和保持不变，改变两种溶液的摩尔浓度相对量配成的溶液中磺基水杨酸合铁(Ⅲ)紫红色配位化合物的浓度，采用等摩尔连续变化法，可以求出配离子的组成和稳定常数。

【实验目的】

1. 初步了解采用分光光度法测定配合物稳定常数的原理和方法。
2. 学习用图解法处理实验数据的方法。
3. 初步掌握分光光度计、比色皿的使用，了解分光光度计的构造。
4. 进一步熟悉吸量管、容量瓶的使用

【方法引导】

等摩尔连续变化法测定配合物稳定常数的原理是什么？

等摩尔连续变化法是保持每份溶液中金属离子浓度（c_M）和配体浓度（c_R）之和保持不变（即总物质的量不变），改变两种溶液的相对量，配制一系列溶液并测定每份溶液吸光度的方法。以每份溶液吸光度 A 为纵坐标，以摩尔分数 $n_M/(n_M+n_R)$ 为横坐标，得到如图 3-14 所示的等摩尔系列图。

将曲线两边的直线部分延长相交于 E 点，E 点对应的吸光度值 A_1 最大。由 E 点对应的

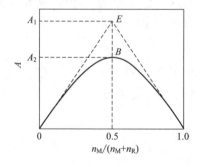

图 3-14 等摩尔系列图

摩尔分数值,可计算配离子中金属离子与配位体的物质的量之比,即可确定配离子的组成。当完全以 MR_n 形式存在时,E 点 MR_n 浓度最大,对应吸光度值为 A_1。但实际溶液中配合物会有部分解离,其实际浓度要稍低一些,实验测得的最大吸光度值对应于 B 点的 A_2。则配离子的解离度为:

$$\alpha = \frac{A_1 - A_2}{A_1}$$

而配离子的稳定常数 $K_稳$ 可由下列平衡式导出:

$$ML_n \rightleftharpoons M + nL$$

起始浓度　　　　　c　　　　　　0　　　　　0
平衡浓度　　　　$c-c\alpha$　　　　$c\alpha$　　　$nc\alpha$

$$K_稳 = \frac{[ML_n]}{[M][L]^n} = \frac{c(1-\alpha)}{c\alpha(nc\alpha)^n} = \frac{1-\alpha}{n^n c^n \alpha^{n+1}}$$

式中,c 为 B 点或 E 点所对应的金属离子的浓度;α 为解离度。

当 $n=1$ 时,$K_稳 = 1-\alpha/c\alpha^2$。

【仪器和试剂】

仪器:7200 型分光光度计、1cm 比色皿、吸量管、比色管、容量瓶(100mL)、擦镜纸。

试剂如下。

Fe^{3+} 标准溶液 (0.001mol•L^{-1}):准确称取 0.4822g 的分析纯 $NH_4Fe(SO_4)_2$•12H_2O,置于烧杯中,用 0.01mol•L^{-1} $HClO_4$ 溶液溶解后转移至 100mL 容量瓶中,用 0.01mol•L^{-1} $HClO_4$ 溶液定容至刻度,得到浓度为 0.01mol•L^{-1} 的 Fe^{3+} 储备液。用时再用 0.01mol•L^{-1} $HClO_4$ 溶液稀释 10 倍即可。

磺基水杨酸溶液 (0.001mol•L^{-1}):准确称取 0.2542g 的磺基水杨酸置于烧杯中,用 0.01mol•L^{-1} $HClO_4$ 溶液溶解后转移至 100mL 容量瓶中,用 0.01mol•L^{-1} $HClO_4$ 溶液稀释至刻度,得到浓度为 0.01mol•L^{-1} 的磺基水杨酸储备液。用时再用 0.01mol•L^{-1} $HClO_4$ 溶液稀释 10 倍即可。

$HClO_4$ 溶液 (0.01mol•L^{-1}):移取 2.2mL 70% 的 $HClO_4$ 溶液稀释至 2500mL。

【关键操作】

分光光度计的使用。

【操作指南】

分光光度计的使用❶

适用条件:分光光度计是用于测定溶液吸光度,进而得出待测样品浓度的仪器(图 3-15)。

操作要领:分光光度计的使用通常包括以下步骤。

(1) 仪器预热

接通电源,打开电源开关,仪器预热 20min。将黑体、装有参比液及被测样品的比色皿放入吸收池架中,关闭样品室盖子。

图 3-15　7200 型分光光度计

---

❶ 以 7200 型分光光度计为例,关于分光光度计的其它介绍请见本实验附注部分。

(2) 设定波长

转动波长旋钮，把所需波长调至刻度线处对齐。

(3) 调 "0％T"

按 "MODE" 键，使 "透射比（T）" 灯亮，将黑体置于光路中。按 "0％T" 键，使其显示为 "0.00"，即 $T=0.00$。

(4) 调 "100％T" 或 "0A"

将参比液拉至光路中，按 "MODE" 键，使 "吸光度（A）" 灯亮，按 "100％T" 键，使其显示为 "0.00"，即 $A=0.00$。

(5) 测定吸光度

将待测液拉入光路中，在显示屏上读出溶液的吸光度值。

(6) 数据处理

通过测定系列标准溶液和待测溶液的吸光度，绘制 A-c 标准曲线，根据未知溶液的吸光度值，从标准曲线上找出对应的浓度值，还原为待测样品中的浓度。

(7) 还原仪器

仪器使用完毕，取出比色皿，洗净晾干。关闭电源开关，拔下插头，复原仪器。盖上防尘罩，登记仪器使用情况。

【实验过程】

实验通过加入一定量的 $HClO_4$ 控制溶液 pH 在 2～3 之间。形成的磺基水杨酸合铁（Ⅲ）配离子在 500nm 处有最大吸收。

1. 系列溶液的配制

取 11 支 25mL 比色管，洗净烘干，按表 3-10 中的顺序和用量加入试剂，搅拌均匀，得到系列溶液。

表 3-10 系列溶液的配制及吸光度测定

编号	0.01mol·L^{-1} HClO$_4$ 溶液	0.001mol·L^{-1} Fe^{3+} 溶液	0.001mol·L^{-1} 磺基水杨酸溶液	吸光度 A	摩尔分数
1	10.00	10.00	0		
2	10.00	9.00	1.00		
3	10.00	8.00	2.00		
4	10.00	7.00	3.00		
5	10.00	6.00	4.00		
6	10.00	5.00	5.00		
7	10.00	4.00	6.00		
8	10.00	3.00	7.00		
9	10.00	2.00	8.00		
10	10.00	1.00	9.00		
11	10.00	0	1.00		

2. 吸光度的测定

采用可见分光光度计在 500nm 处，用 $b=1cm$ 的比色皿，以蒸馏水为参比进行系列混合物溶液的测定，得到吸光度，并计算摩尔分数。将测量和计算结果填入表 3-10。

3. 实验数据的处理

以吸光度 A 为纵坐标,摩尔分数为横坐标,绘制曲线,将曲线两边的直线部分延长相交于 E 点,确定 A_1 和 A_2 值,计算解离度及稳定常数。

【思考题】

1. 若入射光不是单色光,能否准确测出配合物的组成和稳定常数?
2. 实验中每份溶液的 pH 是否一样?若不一样会对结果产生什么影响?
3. 使用分光光度计需要注意哪些操作?

【附注】

分光光度计简介

分光光度计是利用分光光度法对物质进行定量定性分析的仪器。

分光光度计采用一个可以产生多个波长的光源,通过系列分光装置,从而产生特定波长的光源,光源透过测试的样品后,部分光源被吸收,计算样品的吸光值,从而转化成样品的浓度。样品的吸光值与样品的浓度成正比。

常用的波长范围:200～400nm 为紫外光区;400～760nm 为可见光区;2.5～25μm 为红外光区。根据光源的波长范围,分光光度计分为紫外分光光度计、可见光分光光度计(或比色计)、红外分光光度计或原子吸收分光光度计。

无机及分析化学实验中通常使用可见光分光光度计,主要由光源、单色器、吸收池、检测器和显示器五部分构成。其光学系统如图 3-16 所示。

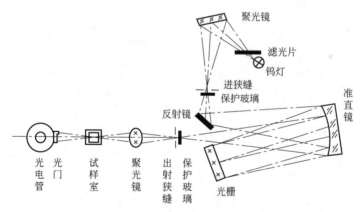

图 3-16 7200 型分光光度计光学系统图

钨灯发出的复合光经过聚光透镜后会聚在入射狭缝上,入射光经凹面光栅(由外部波长步进电机转动会带动光栅转动,从而改变色散后的光谱在出射狭缝口的位置)、出射狭缝后,变成单色光。单色光经由出射透镜,透过样品池,到达接收器光电池。光电池将光信号转换为电信号,经放大处理后,在显示器上显示吸光度、透射比等。

使用分光光度计应注意以下事项:

① 比色皿透明面朝向入射光,手拿毛玻璃面。

② 比色皿应用蒸馏水洗净,然后用待测溶液润洗 2～3 次再装液。如果是系列溶液,应按照由稀到浓的顺序装液测定。

③ 被测溶液一般装至比色皿高度的 3/4 处。装好后应用滤纸吸去比色皿外部液体,再用擦镜纸轻轻擦拭。

④ 实验完毕比色皿要洗净、晾干。清洗比色皿时，一般先用水冲洗，再用蒸馏水洗净。如比色皿被有机物沾污，可用盐酸－乙醇混合洗涤液（1∶2）浸泡片刻，再用水冲洗。不能用碱溶液或氧化性强的洗涤液洗比色皿，以免损坏。也不能用毛刷清洗比色皿，以免损伤它的透光面。忌用碱液和强氧化性洗涤剂洗涤。

⑤ 每改变波长，需要重新用黑体校正透光率为"0"和参比液校正吸光度为"0"。

⑥ 绘制标准曲线时，应作平滑连续线，该线不一定通过各点，但应尽可能使不在线上的点均匀分布在线的两侧，且与线临近即可。

第四部分 物质的制备

科学研究和工农业生产都离不开物质的制备，物质的制备实验是大学化学实验中的重要类型之一。无机化合物的种类繁多，制备方法也多种多样。本部分主要涉及转化法（实验17 硝酸钾的制备）、复盐的制备方法（实验18 莫尔盐的制备）、纳米材料的制备方法（实验19 微乳液法制备硫化镉纳米粒子）、固体碱熔氧化法（实验20 高锰酸钾的制备）、配合物的制备方法［实验21 三氯化六氨合钴(Ⅲ)的制备］、制备反应条件的探究与控制（实验22 碱式碳酸铜的制备）。

本部分旨在通过几个典型的无机化合物的制备实验，使大家在学习不同类型的物质制备方法的基础上，熟悉制备无机化合物的一般思路，掌握实验方案设计的基本原则，同时学习产品提纯和纯度检验的常用方法，并训练和巩固实验操作技能。

尽管不同化合物的制备方法不同，但是物质制备实验通常均要经历以下环节。

1. 选择原料

根据目标产物的组成选择原料，同时要考虑原料是否廉价易得等因素。例如，制备高锰酸钾，需选择含锰元素且自然界中易获得的软锰矿（主要成分为 MnO_2）为原料。

2. 确定反应原理，设计制备路线

原料确定后，应根据原料性质设计制备路线。设计制备路线的基本原则如下。

（1）可行性

实验原理、实验操作程序和方法科学合理，安全可行。

（2）简约性

实验方案简单易行，完成实验所用时间较短，副反应较少，产物容易分离。

（3）绿色化

"绿色化学"要求设计安全的、对环境友好的制备路线，降低对人类健康和环境的危害，减少废弃物的产生和排放。

3. 选择反应装置

根据反应物状态和反应条件选择反应装置，尽可能采用简单的实验装置。

4. 控制反应条件

对反应过程中的条件进行控制是保证制备反应成功的关键。通常可从以下方面入手考虑：原料用量及配比、反应温度、加热方式、反应介质条件、催化剂等。还需要考虑反应过程中的注意问题、反应终点的判断、后处理等。

5. 分离提纯产品

产品分离提纯常用的方法有：过滤、离心分离、蒸发结晶、重结晶等。

6. 产品纯度检验

产品纯度检验可以采用以下方法：利用离子的定性鉴定检验产品中是否含有杂质离子（如实验 17 硝酸钾的制备）；利用目视比浊法或目视比色法确定所制备产品的等级（如实验 17 硝酸钾的制备和实验 18 莫尔盐的制备）、利用滴定法测定所制备产品的纯度（如实验 20 高锰酸钾的制备）。

在接下来的制备实验中，大家要注意体会制备无机化合物的一般思路。在该思路指导下学习物质制备的具体方法，会达到事半功倍的效果。

实验 17　硝酸钾的制备（转化法）

【知识链接】

硝酸钾是一种重要的工业原料，是制造火柴、烟火药、黑火药、玻璃的原料，还可以作为食品防腐剂和农作物的复合肥料，应用非常广泛。硝酸钾的制备方法有很多种，主要有复分解法、合成法、溶剂萃取法、中和法、硝土制取法等。其中复分解法是将硝酸钠和氯化钾经复分解反应制得硝酸钾和氯化钠，也称转化法。此法工业应用较多，是工业硝酸钾主要的生产方式。

本实验的任务是采用转化法制备硝酸钾，并利用重结晶法对硝酸钾粗产品进行提纯。

【实验目的】

1. 学习利用各种易溶盐在不同温度时溶解度的差异来制备易溶盐的原理和方法。
2. 理解重结晶的基本原理，认识重结晶提纯物质的适用条件。
3. 掌握甘油浴加热、重结晶、热过滤等基本操作。
4. 进一步熟练溶解、加热、蒸发浓缩、减压过滤等基本操作。
5. 熟悉对物质提纯效果进行检验的思路，树立对物质提纯效果进行检验的意识。

【方法引导】

1. 转化法制备硝酸钾的原理是什么？

工业上常采用转化法制备 KNO_3 晶体，其原料为 $NaNO_3$ 和 KCl。其反应为：

$$NaNO_3 + KCl \rightleftharpoons KNO_3 + NaCl$$

（1）观察表 4-1，试说明反应物和生成物的溶解度随温度的变化趋势是什么？

表 4-1　几种盐在不同温度下的溶解度　　单位：$g \cdot (100g\ H_2O)^{-1}$

盐 \ $t/°C$	0	10	20	30	40	60	80	100
$NaNO_3$	73	80	88	96	104	124	148	180
KCl	27.6	31.0	34.0	37.0	40.0	45.5	51.1	56.7

续表

盐 \ t/°C	0	10	20	30	40	60	80	100
NaCl	35.7	35.8	35.0	36.3	36.6	37.3	38.4	39.8
KNO_3	13.3	20.9	31.6	45.8	63.9	110.0	169	246

由表 4-1 数据可知，NaCl 的溶解度随温度变化不大，而 $NaNO_3$、KCl 和 KNO_3 在高温时具有较大或很大的溶解度。温度降低时，$NaNO_3$ 和 KCl 的溶解度明显降低，而 KNO_3 的溶解度则急剧下降。

（2）为什么可以利用 $NaNO_3$ 和 KCl 的反应制备 KNO_3？

在 $NaNO_3$ 和 KCl 的混合溶液中，同时存在 Na^+、K^+、NO_3^- 和 Cl^- 四种离子。根据表 4-1 中几种盐的溶解度随温度的变化趋势可知，若将一定浓度的 $NaNO_3$ 和 KCl 混合溶液加热浓缩，由于 NaCl 的溶解度随温度升高增加很小，因此随着加热浓缩的进行，将有 NaCl 晶体析出。而此时 KNO_3 的溶解度随温度升高增大很多，浓缩过程中不会析出。利用 KNO_3 和 NaCl 的溶解度随温度变化而变化的程度不同，趁热过滤，即可将 NaCl 晶体除去。然后，将滤液冷却至室温，即可析出目标产物 KNO_3 晶体。

2. 制备过程中如何控制反应条件？

（1）反应温度：如何确定反应温度？

根据表 4-1 的数据可知，在高温时 KNO_3 的溶解度增加很多，达不到饱和，不析出；而 NaCl 的溶解度增加很少，随浓缩、溶剂的减少，NaCl 将会析出，所以升高温度有利于反应的进行。而反应体系为含有盐的水溶液，在常压下水的沸点是 100°C，由于水中含有很多盐类，所以其沸点应高于 100°C，因此可使加热温度维持在 120°C 左右，以使溶液保持微沸状态。

（2）加热方式：采用什么加热方式加热？

加热方法包括直接加热、热浴间接加热、固体物质的灼烧。此反应要求受热均匀而且要维持在一定的范围内，因此需采用热浴间接加热的方式。根据本实验所需温度应采用甘油浴加热。

3. 硝酸钾粗产品中含有少量氯化钠杂质，如何除去？

KNO_3 粗产品通过重结晶提纯，可除去 NaCl，得到纯度更高的 KNO_3。

4. 如何检验提纯后的 KNO_3 的纯度？

本实验制备的产品中主要杂质是 NaCl，可以通过定性检验所得 KNO_3 产品中是否含有 Cl^-，说明其中是否含有 NaCl。另外，还可采用目视比浊法进行产品质量等级的评定。❶

【仪器和试剂】

仪器：托盘天平、烧杯、量筒、硬质试管、三脚架、铁架台、铁夹、热滤漏斗、布氏漏斗、抽滤瓶、真空泵、瓷坩埚、温度计（200°C）、石棉网、蒸发皿、试管、酒精灯、滤纸。

试剂：HNO_3（2mol·L^{-1}）、$AgNO_3$（0.1mol·L^{-1}）、水、甘油、$NaNO_3$(s)、KCl(s)。

---

❶ 目视比浊法的相关内容请见【拓展性实验资源】。

【关键操作】

蒸发浓缩（实验6）、减压过滤（实验6）、热过滤（实验6）、热浴间接加热（实验15）、重结晶。

【操作指南】

重结晶

结晶是提纯或分离固体物质的重要方法。结晶法包括蒸发结晶和冷却结晶两种，在实际应用中需根据需要灵活选择。

蒸发结晶是指通过蒸发溶液，减少一部分溶剂，使溶液达到饱和而析出晶体的方法。此法主要用于提纯溶解度随温度改变而变化不大的物质，如氯化钠。

冷却结晶是指通过降低温度使溶液冷却达到饱和而析出晶体的方法。此法主要用于提纯溶解度随温度下降明显减小的物质，如硝酸钾。

若第一次结晶得到的晶体纯度不符合要求，可将所得晶体溶于少量溶剂中制成热浓溶液，然后再进行蒸发（或冷却）、结晶、过滤，如此反复的操作称为重结晶。

重结晶适用于提纯杂质含量在5%以下的固体化合物，杂质含量过多，常会影响提纯效果，需经过多次重结晶才能使产品纯度合乎要求。

【实验过程】

1. KNO_3 粗产品的制备

反应原料：$NaNO_3$ (s, 11g)，KCl (s, 8g)，水 (20mL)。

计算两种反应物的物质的量：$NaNO_3$ _____ mol，KCl _____ mol，其物质的量比为 _____。

思考：加20mL水溶解的依据是什么？

反应装置：硬质试管。

反应条件：甘油浴加热120℃。

甘油浴的制作：用一只500mL的烧杯盛甘油至约烧杯容积的3/4。

反应过程如下。

(1) 固体溶解

将原料 $NaNO_3$、KCl和水依次加入一支硬质试管中，置于甘油浴中加热至沸并不断搅拌，使固体溶解。

注意：试管中的液面要在甘油浴的液面之下。

(2) 蒸发浓缩

继续加热、搅拌，使溶液蒸发浓缩。

注意：控制温度不要使甘油受热分解，产生刺激性的丙烯醛。

反应终点：当溶液蒸发浓缩至原来体积的2/3，试管中有晶体析出时（析出的晶体为_____），停止蒸发浓缩。

后处理：趁热用热滤漏斗过滤（注意：事先准备好！）。滤液盛于小烧杯中自然冷却，随着温度的下降，即有结晶析出（析出的晶体为_____），水浴烘干后称重。

产品外观_____，质量_____，产率_____。

2. KNO_3 粗产品的提纯（重结晶法）

(1) 配制热浓溶液

取 0.2g 粗产品留作纯度检验,将剩余粗产品加入小烧杯中,再加入大约粗产品质量 2 倍的蒸馏水(思考:加入蒸馏水量的依据是什么?)。

加热、搅拌,至晶体全部溶解后停止加热。

(2) 冷却结晶

将上述溶液冷却至室温。

(3) 过滤

将完全冷却至室温的溶液减压过滤,得到纯度较高的 KNO_3 晶体。水浴烘干,称量。

产品质量为_____。

3. 纯度检验

分别取 0.1g 粗产品和 0.1g 重结晶后的产品加入两支小试管中,再各加入 3mL 蒸馏水配成溶液。向溶液中分别滴加 1 滴 $2mol·L^{-1}HNO_3$ 酸化,再各滴加 2 滴 $0.1mol·L^{-1}AgNO_3$ 溶液,观察现象,进行对比(重结晶后的产品溶液应为澄清)。

【思考题】

1. 为什么硝酸钾制备反应的温度要控制在 120℃?
2. 使用甘油浴时应该注意什么问题?
3. 制备 KNO_3 晶体时,为什么要采用热过滤?如果用普通过滤会发生什么现象?

【拓展性实验资源】

利用目视比浊法评定 KNO_3 产品质量等级

目视比浊法是将样品配成溶液,在一定条件下,与含有一定量杂质离子的系列标准溶液进行比浊,以确定杂质含量范围的方法。如果样品溶液的浊度不高于某标准溶液,则认为样品中杂质含量低于该标准溶液对应的含量限度,这种分析方法称为限量分析。[1]

利用 KNO_3 样品溶液中 Cl^- 与 $AgNO_3$ 形成沉淀使溶液呈现的浊度与标准溶液浊度的对比,即可确定产品质量等级。

查阅资料,自行设计利用目视比浊法评定 KNO_3 产品质量等级的实验方案。

实验 18 莫尔盐的制备(复盐的制备方法)

【知识链接】

莫尔盐,是硫酸亚铁铵 $FeSO_4·(NH_4)_2SO_4·6H_2O$ 的俗名,是一种浅蓝绿色的无机复盐。能溶于水,几乎不溶于乙醇。莫尔盐是一种重要的化工原料,用于制药、印染及聚合物催化等方面。

一般亚铁盐在空气中易被氧化,但形成复盐后就比较稳定,不易被氧化。所以硫酸亚铁铵在化学分析中可作为基准物质,用来直接配制亚铁离子标准溶液或标定未知浓度溶液。

---

[1] 与目视比浊法类似的限量分析法还有目视比色法,见实验 18

【实验目的】

1. 了解复盐的一般特征及其制备原理，掌握莫尔盐的制备方法。
2. 进一步熟练水浴加热、蒸发、结晶、减压过滤等基本操作。
3. 掌握无机物制备的投料、产量、产率的有关计算。
4. 了解利用目视比色法检验产品质量等级的方法，树立对制备产品的纯度进行检验的意识。

【方法引导】

实验之前需要思考以下问题：制备硫酸亚铁铵的原理是什么？制备过程中如何控制反应条件以提高产率和产品纯度？如何检验产品纯度？

1. 确定制备路线

硫酸亚铁铵是一种复盐，由硫酸亚铁和硫酸铵组成，表 4-2 为硫酸亚铁、硫酸铵和硫酸亚铁铵在水中的溶解度。

表 4-2　几种盐的溶解度　　　　　　　　单位：g·(100g H_2O)$^{-1}$

盐 \ t/℃	10	20	30	40	50	70
$FeSO_4·7H_2O$	20.5	26.5	33.2	40.2	48.6	56.0
$(NH_4)_2SO_4$	73.0	75.4	78.0	81.0	84.5	91.9
$FeSO_4·(NH_4)_2SO_4·6H_2O$	18.1	21.2	24.5	27.8	31.3	38.5

(1) 观察表 4-2，你能发现什么规律？

由表 4-2 数据可知，在一定温度范围内，硫酸亚铁铵的溶解度比组成它的每一组分的溶解度都小。这是复盐的特点。

鉴于这一点，如果蒸发浓缩硫酸亚铁和硫酸铵的混合溶液，则冷却后首先析出的是硫酸亚铁铵晶体。

(2) 能否直接用硫酸亚铁和硫酸铵反应来制备硫酸亚铁铵？为什么？需要如何做？

因为硫酸亚铁溶于水易水解且容易被氧化，所以不能直接用硫酸亚铁和硫酸铵反应来制备硫酸亚铁铵。

本实验采用的制备路线为：将铁屑与稀硫酸反应制备硫酸亚铁溶液，再向该溶液中加入硫酸铵，使其全部溶解。然后加热浓缩混合溶液，冷却至室温，析出的晶体便是硫酸亚铁铵复盐。反应方程式如下：

$$Fe + H_2SO_4 = FeSO_4 + H_2\uparrow$$

$$FeSO_4 + (NH_4)_2SO_4 + 6H_2O = FeSO_4·(NH_4)_2SO_4·6H_2O$$

2. 制备过程中反应条件的控制

(1) 制备硫酸亚铁过程中，如何控制反应温度、硫酸浓度、加水量和反应终点？

反应温度的控制：铁屑与稀硫酸反应制备 $FeSO_4$，温度不宜过低，否则反应太慢；但也不宜过高，否则反应过于剧烈，同时还会生成溶解度较小的白色 $FeSO_4·H_2O$。适宜的反应温度为 60℃。

硫酸浓度的控制：硫酸浓度不宜太小或太大。浓度小，反应慢；浓度大，易产生 Fe^{3+}、SO_2 等，使溶液出现黄色。硫酸浓度以 $3mol·L^{-1}$ 为宜。

水量的控制：实验过程中要适时补充一定量的蒸馏水，以免 $FeSO_4$ 结晶析出。当然水量也不能过多，否则后期蒸发浓缩需要时间太长。水量控制在 $15\sim20\,mL\cdot(g\ Fe)^{-1}$ 为宜。❶

反应终点的控制：反应时间不能过长，否则容易生成黄色的胶态 $Fe(OH)SO_4$，导致最终的产品带有黄色。

（2）制备硫酸亚铁铵时，对溶液的酸碱性有什么要求？

制备过程中溶液必须保持较强的酸性（pH＝1～2）。若溶液的酸度过低，则 Fe^{2+} 容易发生水解和氧化。

3. 产品纯度检验

本实验制备的产品中主要杂质是 Fe^{3+}，产品质量的等级常以 Fe^{3+} 含量的多少来衡量。因此可采用目视比色法进行产品质量等级的评定。

目视比色法是将样品配成溶液，在一定条件下，与含有一定量杂质离子的系列标准溶液进行比色，以确定杂质含量范围的方法。如果样品溶液的颜色不深于某标准溶液，则认为样品中杂质含量低于该标准溶液对应的含量限度，这种分析方法称为限量分析。❷

利用本实验样品溶液中 Fe^{3+} 与 KSCN 形成血红色配离子 $[Fe(NCS)_n]^{3-n}$ 颜色与标准溶液颜色的深浅对比，即可确定产品质量等级。

【仪器和试剂】

仪器：托盘天平、烧杯、量筒、玻璃棒、布氏漏斗、抽滤瓶、真空泵、吸量管、比色管、蒸发皿、表面皿、温度计、酒精灯、滤纸。

试剂：$H_2SO_4(3\,mol\cdot L^{-1})$、$KSCN(1.0\,mol\cdot L^{-1})$、铁屑、$(NH_4)_2SO_4(s)$、乙醇。

【关键操作】

水浴加热（实验15）、减压过滤（实验6）、蒸发浓缩（实验6）、结晶（实验17）。

【实验过程】

1. 硫酸亚铁的制备

原料：铁屑（2.0g）、稀硫酸（10mL $3\,mol\cdot L^{-1}$）。

计算两种反应物的物质的量：铁屑_____mol，H_2SO_4_____mol。

反应装置：烧杯。

反应条件：60℃水浴加热。

反应过程：称取 2.0g 铁屑放于 100mL 烧杯中，加入 $3\,mol\cdot L^{-1}$ 稀硫酸 10mL，60℃水浴加热。

观察现象_____。

反应终点：至不再有气泡产生。

后处理：趁热减压过滤，保留滤液，滤液转移至蒸发皿中。向滤液中滴加 1～2mL $3\,mol\cdot L^{-1}\ H_2SO_4$，防止 Fe^{2+} 在 pH 相对较高的情况下水解和被氧化。

注：①由于铁屑中的杂质在反应中会产生一些有毒气体，因此需在通风橱中进行。

②反应过程中应适时加入少量蒸馏水，以补充被蒸发的水分，防止 $FeSO_4$ 晶体析出。

---

❶ 参考陈煜.《硫酸亚铁铵的制备》实验教学内容探讨.化学教与学，2010（12）：74。

❷ 与目视比色法类似的限量分析法还有目视比浊法，见实验17。

2. 硫酸亚铁铵的制备

反应原料：$FeSO_4$ 溶液（由【实验过程】1. 现制）、$(NH_4)_2SO_4$（s）。

如何确定 $(NH_4)_2SO_4$ 的用量？

根据 $FeSO_4$ 的理论产量 _____ g，按 $n[FeSO_4]:n[(NH_4)_2SO_4]=1:1$ 计算所需 $(NH_4)_2SO_4$ 固体 _____ g。

反应装置：蒸发皿。

反应条件：水浴加热。

反应过程：称取所需的 $(NH_4)_2SO_4$ 固体，加入到上面制得的 $FeSO_4$ 溶液中，水浴加热溶解并蒸发浓缩。

反应终点：至表面出现薄层晶膜为止。

后处理：待自然冷却至室温后，减压过滤。然后，用少量乙醇洗涤，用滤纸吸干晶体表面的母液。把晶体转移至表面皿上晾干。观察晶体的颜色及形状、称重。

产品外观 _____，产品质量 _____，产率 _____。

注：整个过程要使溶液 pH 保持在 1～2，若 pH 偏大，则加 $3mol·L^{-1} H_2SO_4$ 调节。

3. 产品检验（目视比色法）

称取 1.0g 产品，放入 25mL 比色管中，用 15mL 不含氧的蒸馏水（将蒸馏水用小火煮沸 5min 以除去所溶解的氧，盖好表面皿，冷却后使用）溶解，加入 1.0mL $3.0mol·L^{-1}$ H_2SO_4 和 1.0mL $1.0mol·L^{-1}$ KSCN 溶液，再加入不含氧的蒸馏水将溶液稀释至 25mL，摇匀。

观察溶液颜色并与三种标准溶液❶进行比较，确定产品的等级。

【思考题】

1. 计算硫酸亚铁铵的产率时，应以哪种物质为基准？
2. 能否将最后产物 $FeSO_4·(NH_4)_2SO_4·6H_2O$ 直接放在蒸发皿内加热干燥？为什么？
3. 为什么在检验产品中 Fe^{3+} 含量时，一定要用不含氧的蒸馏水溶解产品？

【拓展性实验资源】

明矾的制备

明矾是含有结晶水的硫酸钾和硫酸铝的复盐，化学式 $K_2SO_4·Al_2(SO_4)_3·24H_2O$。明矾可用作净水剂和食品膨化剂，还可用于制备铝盐、媒染剂和造纸等。根据莫尔盐的制备原理设计制备明矾的实验方案。

【附注】

标准溶液的配制

分别量取 $0.100mg·L^{-1}$ 的 Fe^{3+} 标准溶液 0.50mL、1.00mL、2.00mL 于 3 个 25mL 比色管中，再各加入 1.0mL $3mol·L^{-1} H_2SO_4$ 和 1.0mL $1.0mol·L^{-1}$ KSCN 溶液，最后用不含氧的蒸馏水稀释至刻度，摇匀，配成如下所示的不同等级的标准溶液。

① 含 Fe^{3+} 0.05mg（符合Ⅰ级试剂）。

② 含 Fe^{3+} 0.10mg（符合Ⅱ级试剂）。

③ 含 Fe^{3+} 0.20mg（符合Ⅲ级试剂）。

---

❶ 标准溶液的配制请见【附注】。

实验 19　微乳液法制备硫化镉纳米粒子
（纳米材料的制备方法）

【知识链接】

纳米材料是指由极细颗粒构成，特征维度尺寸在纳米级（1～100nm）的固体材料。这不仅是一个尺度标准，更重要的是固体物质的尺寸减小到该尺度时，其某些物理、化学性质可能发生突变，因而具有与传统固体材料不同的物性。纳米材料由于具有量子尺寸效应、小尺寸效应、宏观量子隧道效应，而在电、磁、光、催化和化学等方面有着巨大的应用潜能。

硫化镉纳米材料禁带宽度为 2.41eV，是一种重要的纳米半导体材料。硫化镉纳米粒子在太阳能转化、光电子化学电池、光催化和生物检测等方面具有广泛的应用，成为纳米材料合成领域的研究热点之一。

纳米材料的制备方法有很多种，如：固相法、气相法、液相法等。其中液相法又包括沉淀法、微乳液法、水热法、溶胶-凝胶法和喷雾法等。

微乳液法是一种重要的液相制备纳米材料的方法，它具有制备条件温和、实验操作简单、产率较高以及目标产物粒度均匀、粒径较小等优点。本实验的任务是采用微乳液法制备硫化镉纳米粒子。

【实验目的】

1. 了解纳米的概念及纳米材料的制备方法。
2. 掌握 W/O 微乳液法制备硫化镉纳米粒子的原理和操作。
3. 练习磁力搅拌操作，进一步熟练溶液配制等基本操作。
4. 通过常规 CdS 和纳米 CdS 的对比制备，体会反应条件的不同对反应产物的影响，树立控制和优化反应条件的意识。

【方法引导】

1. 什么是微乳液？

若两种或两种以上互不相溶液体经混合乳化后，分散液滴的直径在 5～100nm 之间，则该体系称为微乳液。微乳液是外观透明或半透明且呈分散状态的热力学稳定的均相体系。

微乳液通常由表面活性剂、助表面活性剂、溶剂和水（或水溶液）组成，分为油包水型（透明的水滴在油中，W/O）和水包油型（油滴在水中，O/W）两种类型。

2. 微乳液法制备纳米粒子的原理是什么？

两种互不相溶的连续介质被表面活性剂双亲分子分割成微小空间形成微型反应器，其大小可控制在纳米级范围，反应物在体系中反应生成固相粒子。由于微乳液能对纳米材料的粒径和稳定性进行精确控制，限制了纳米粒子的成核、生长、聚结、团聚等过程，从而形成的纳米粒子包裹有一层表面活性剂，并有一定的凝聚态结构，微乳液作为"微型反应器"，是制备纳米粒子的理想场所。

W/O 型微乳液制备纳米微粒最直接的方法是将含有反应物 A、B 的两个组分完全相同的微乳液溶液相混合，两种微乳液的液滴通过碰撞融合，在含不同反应物的微乳液滴之间进行物质交换，产生晶核，然后逐渐长大，形成纳米粒子。

3. 微乳液法制备纳米粒子的关键是什么？

① 微乳液体系的选择要适当。只有选择合适的油相种类及含量、表面活性剂的种类及含量、助表面活性剂的种类及链长等，才能制备出所需的纳米材料。

② 微乳液体系选定后，还须考虑的影响因素有：水与表面活性剂的物质的量比、助表面活性剂的用量、溶液 pH、反应物浓度和反应温度等。

4. 为什么常规 CdS 沉淀和 CdS 纳米粒子的颜色不同？

常规 CdS 的制备是采用 $CdCl_2$ 和 Na_2S 的溶液反应，而制得橙黄色沉淀。

微乳液法制备 CdS 纳米粒子是将含有反应物 $CdCl_2$、Na_2S 的两个组分完全相同的微乳液相混合，两种微乳液的液滴通过碰撞融合，在含不同反应物的微乳液滴之间进行物质交换，产生晶核，然后逐渐长大，形成黄色 CdS 纳米粒子。

【仪器和试剂】

仪器：磁力搅拌器、试管、烧杯、量筒、托盘天平。

试剂：正己烷、1-戊醇、蒸馏水、$CdCl_2$（0.012mol·L^{-1}）、Na_2S（0.012mol·L^{-1}）、十六烷基三甲基溴化铵（CTAB）。

【关键操作】

溶液配制（实验 4）、磁力搅拌。

【操作指南】

磁力搅拌

图 4-1 磁力搅拌器

适用条件：磁力搅拌适用于黏稠度不很大的液体或固液混合物的混匀操作，或者加热搅拌同时进行的操作，尤其适用于需要长时间搅拌或加热搅拌的合成反应。

核心仪器：磁力搅拌器（图 4-1）。一般磁力搅拌器有搅拌和加热两个作用，搅拌可使反应物混合均匀；加热可加快反应速度或者蒸发速度。搅拌和加热可同时开启。

操作要领：将容器置于磁力搅拌器上，将反应物加入容器中，并将搅拌子沿器壁小心放入容器中（防止液体溅出）。打开开关，慢慢调节转速至所需（若需同时加热，则打开加热开关，调节加热温度）。搅拌结束后将转速和温度调至最低，关闭开关。

【实验过程】

1. 常规硫化镉的制备

反应原料：$CdCl_2$（0.012mol·L^{-1}）1mL、Na_2S（0.012mol·L^{-1}）1mL。

反应装置：试管。

反应条件：室温。

反应过程：取 1mL $CdCl_2$ 溶液和 1mL Na_2S 溶液于试管中混合。

观察现象：试管中有_____颜色沉淀生成，放置一会，有何变化_____。

2. 纳米硫化镉的制备[1]

反应原料：正己烷 12.0mL、1-戊醇 3.0mL、CTAB 0.60g、$CdCl_2$（$0.012\ mol \cdot L^{-1}$）0.6mL、Na_2S（$0.012\ mol \cdot L^{-1}$）0.6mL。

反应装置：100mL 烧杯、磁力搅拌器。

反应条件：室温。

反应过程：首先分别制备含有 $CdCl_2$ 和 Na_2S 的微乳液 A 和 B，然后将二者混合反应。

（1）微乳液 A 的制备

在 100mL 烧杯中分别加入 12.0mL 正己烷、3.0mL 1-戊醇和 0.60g CTAB，并用磁力搅拌器搅拌。然后向烧杯中加入 0.6mL $0.012\ mol \cdot L^{-1}$ $CdCl_2$ 溶液，搅拌混匀。

注意：由于 CTAB 在有机溶剂中的溶解度较低，烧杯中的混合物会略有浑浊，但这并不影响实验。

观察，记录加入 $CdCl_2$ 溶液后的实验现象：_____。

（2）微乳液 B 的制备

在 100mL 烧杯中分别加入 12.0mL 正己烷、3.0mL 1-戊醇和 0.60g CTAB，并用磁力搅拌器搅拌。然后向烧杯中加入 0.6mL $0.012\ mol \cdot L^{-1}$ Na_2S 溶液，搅拌混匀。

观察，记录加入 Na_2S 溶液后的实验现象：_____。

（3）微乳液的制备

将 A、B 两份微乳液混合并磁力搅拌，即得到含有硫化镉纳米粒子的微乳液。

观察，记录现象：_____，并比较与常规 CdS 的不同。

【思考题】

1. 请说明制备微乳液时所用的正己烷、1-戊醇、CTAB 的作用分别是什么？
2. 为什么 CTAB 不在正己烷中溶解？
3. 微乳液法制备纳米粒子有哪些特点？

【拓展视野】

微乳液法制备的 CdS 纳米粒子的表征方法简介

1. 紫外-可见吸收光谱

由于量子限域效应，当纳米晶体的尺寸与材料的波尔激子半径相当时，纳米颗粒的光学吸收峰会发生蓝移现象。

2. X 射线衍射（XRD）

XRD 是确定纳米晶体结构的有效研究手段，可用于晶体结构分析、物相定性分析、物相定量分析、晶粒大小分析、结晶度分析、宏观应力和微观应力分析等。

3. 扫描电子显微镜（SEM）

SEM 可用于观察纳米粒子的形貌和尺寸等表面结构特征。

4. 透射电子显微镜（TEM）

TEM 可得到样品内部的精细结构。

---

[1] 本实验参考 Winkelmann K，Noviello T，Brooks S. Preparation of CdS Nanoparticles by first-year undergraduates. Journal of Chemical Education，2007，84（4）：709-710.

实验20 高锰酸钾的制备
（固体碱熔氧化法）

【知识链接】

高锰酸钾（$KMnO_4$），俗称灰锰氧、PP粉，紫黑色针状晶体，是实验室和工业生产中广泛使用的一种强氧化剂，其氧化能力受pH影响显著，在酸性溶液中氧化能力最强。

由于$KMnO_4$在酸性介质和室温条件下，能定量地氧化Fe^{2+}、H_2O_2等具有还原性的物质，因此可用作滴定剂进行容量分析，即高锰酸钾滴定法[1]。在医药上，$KMnO_4$可用作杀菌消毒剂和除臭剂等。$KMnO_4$还可用于水质检验中测定化学需氧量（COD）。

由于$KMnO_4$在实验室、化工和医药等方面应用广泛，需求量大，因此它被大规模生产。$KMnO_4$的制备一般是以软锰矿（主要成分为MnO_2）为主要原料，采用固体碱熔氧化法制备。

本实验的任务即是采用碱熔法制备高锰酸钾。

【实验目的】

1. 了解碱熔法制备高锰酸钾的原理和方法。
2. 掌握熔融、浸取操作，进一步熟练蒸发浓缩、减压过滤、重结晶、启普发生器的使用等基本操作。
3. 掌握锰的各种价态之间的转化关系。
4. 了解草酸滴定法检验高锰酸钾纯度的方法。

【方法引导】

1. 如何确定高锰酸钾的制备路线？

$KMnO_4$中Mn元素处于最高氧化数，因此制备$KMnO_4$的基本思路是选用合适的氧化剂将低氧化数的锰氧化。常见的低氧化数锰的化合物有Mn(Ⅱ)盐、MnO_2和MnO_4^{2-}盐。其中，MnO_2是自然界存在的软锰矿的主要成分。因此，$KMnO_4$一般是以软锰矿为主要原料，采用固体碱熔氧化法制备。具体制备反应原理如下。

将MnO_2在强氧化剂$KClO_3$（也可用KNO_3或O_2代替）存在下与氢氧化钾加热熔融，制得绿色的K_2MnO_4熔块。

$$3MnO_2 + KClO_3 + 6KOH \Longrightarrow 3K_2MnO_4 + KCl + 3H_2O$$

然后，将K_2MnO_4溶于水可发生歧化反应生成$KMnO_4$：

$$3MnO_4^{2-} + 2H_2O \Longrightarrow MnO_2\downarrow + 2MnO_4^- + 4OH^-$$

在碱性或近中性介质中，歧化反应趋势较小。为了使歧化反应顺利进行，可向反应体系中通入CO_2气体或加入HAc等弱酸。本实验采用的方法是通入CO_2气体。[2]

$$3K_2MnO_4 + 2CO_2 \Longrightarrow MnO_2\downarrow + 2KMnO_4 + 2K_2CO_3$$

产物经减压过滤除去MnO_2沉淀后，将滤液蒸发浓缩即可析出$KMnO_4$晶体。

---

[1] 关于高锰酸钾滴定法的相关实验请见实验40。
[2] 工业上更多地采用电解锰酸钾的方法制备高锰酸钾。由于电解需要的电极材料镍片较贵，且电解时间较长，因此学生实验一般不用此法。

2. 制备过程中如何控制反应条件？

（1）MnO_2 熔融氧化需在什么装置中进行？

由于熔融反应是在高温碱性介质中进行的，所以熔融氧化 MnO_2 需在铁坩埚中进行，并用铁棒搅拌。

为什么不宜用瓷坩埚和玻璃棒？

不宜用瓷坩埚是因为在高温碱性介质中，瓷坩埚易被腐蚀。搅拌用铁棒而不用玻璃棒，是因为熔融物黏度大玻璃棒易折断，且高温下玻璃棒易被 KOH 腐蚀。

（2）K_2MnO_4 歧化反应过程中如何控制通入 CO_2 气体量？

通入 CO_2 气体量不能太少，要保证使 K_2MnO_4 歧化完全。但通 CO_2 量也不能过多，否则溶液的 pH 较低，溶液中会生成大量的 $KHCO_3$，而 $KHCO_3$ 的溶解度比 K_2CO_3 小得多，在溶液蒸发浓缩时，$KHCO_3$ 会和 $KMnO_4$ 一起析出。

（3）对锰酸钾歧化后的产物进行减压过滤时要注意什么问题？

因为 $KMnO_4$ 具有强氧化性，能把滤纸氧化，而自身被还原。所以减压过滤应用玻璃砂芯漏斗而不能用滤纸。

3. 如何检验 $KMnO_4$ 产品的纯度？

$KMnO_4$ 产品中的主要杂质是 K_2CO_3。由于 $KMnO_4$ 本身具有较深的颜色，所以不适宜通过鉴定是否含有 CO_3^{2-} 来检验产品纯度。

可利用 $KMnO_4$ 的氧化性，用 $KMnO_4$ 溶液滴定草酸标准溶液，通过消耗的 $KMnO_4$ 溶液的体积，计算确定产品纯度。

【仪器和试剂】

仪器：托盘天平、电子天平、铁坩埚、坩埚钳、泥三角、铁棒、研钵、烧杯、玻璃棒、玻璃砂芯漏斗、抽滤瓶、真空泵、蒸发皿、表面皿、启普发生器、酒精灯、酒精喷灯、锥形瓶、酸式滴定管、容量瓶、洗瓶、滤纸、烘箱。

试剂：MnO_2(s)、$KClO_3$(s)、KOH(s)、大理石、$H_2C_2O_4 \cdot 2H_2O$(s，基准试剂)、HCl($6mol \cdot L^{-1}$)、H_2SO_4($1mol \cdot L^{-1}$)。

【关键操作】

熔融、浸取（实验7）、减压过滤（实验6）、蒸发浓缩（实验6）、重结晶（实验17）、启普发生器的使用（实验10）、滴定操作（实验5）。

【操作指南】

熔融

适用条件：将常温下呈固体的物质加热到一定温度后熔化，成为液态（熔融状态）。

核心仪器：坩埚、酒精灯（酒精喷灯）。

【实验过程】

1. 锰酸钾溶液的制备

反应原料：$KClO_3$（s，2.5g）、KOH（s，5.2g）、MnO_2（s，3g）。

反应装置：铁坩埚（铁棒搅拌）。

反应条件：先酒精灯小火加热熔融，再酒精喷灯强热。

反应过程：将 $KClO_3$ 和 KOH 固体加入铁坩埚中，用铁棒搅拌混合均匀。将铁坩埚放在泥三角上，用坩埚钳夹紧，小火加热。待混合物熔融后，将 3g MnO_2 固体分数次小心加入铁坩埚中，并不断搅拌。随着反应的进行，熔融物的黏度逐渐增大，此时应用力搅拌，防止熔体结块或黏附在坩埚壁上。待反应物干涸后，强热 5min。

得到的产品为：＿＿＿＿＿＿，产品外观：＿＿＿＿＿＿。

后处理：浸取。

待盛有熔融物的铁坩埚冷却后，用铁棒尽量将熔块捣碎，并将其连同铁坩埚一起侧放于盛有 100mL 水的 250mL 烧杯中，小火加热、搅拌，直至熔融物全部溶解。取出铁坩埚。

浸取液为：＿＿＿＿＿＿，浸取液颜色：＿＿＿＿＿＿。

2. 由锰酸钾制备高锰酸钾

（1）CO_2 的制备

反应原料：大理石、HCl（6mol·L^{-1}）。

反应装置：启普发生器。

反应过程：组装启普发生器，检查气密性；分别加入大理石和盐酸；慢慢打开活塞，使盐酸与大理石接触，以产生二氧化碳气体。

（2）锰酸钾的歧化

反应原料：【实验过程】1. 制备的 K_2MnO_4 溶液、【实验过程】2.（1）制备的 CO_2。

反应装置：启普发生器＋烧杯（图 4-2）。

反应过程：趁热向盛有浸取液的烧杯中通 CO_2 气体至锰酸钾全部歧化。

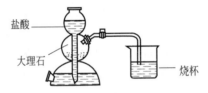

图 4-2　锰酸钾的歧化装置

反应终点：至锰酸钾全部歧化。

判断方法：用玻璃棒蘸取溶液于滤纸上，若滤纸上只有紫红色而无绿色痕迹，则说明歧化完全。

后处理：减压过滤，弃去滤渣。将滤液转移至蒸发皿中，蒸发浓缩至表面开始析出晶膜为止，自然冷却析出晶体。减压过滤，得高锰酸钾粗产品。

注：此处减压过滤需用玻璃砂芯漏斗而不能用滤纸，为什么？

3. 高锰酸钾粗产品提纯（重结晶）

将制得的高锰酸钾粗产品按 1:3 的质量比与水混合，小火加热溶解。趁热过滤，将滤液冷却结晶。减压过滤，得到高锰酸钾晶体。

将晶体转移到表面皿中，用玻璃棒将晶体分散、平铺。置于烘箱中，在 80℃下烘干，冷至室温后称重，计算产率。

产品外观：＿＿＿＿＿＿，产品质量：＿＿＿＿＿＿，产率：＿＿＿＿＿＿。

4. 纯度检验（草酸滴定法）

精确称取 0.8g 左右所制得的 $KMnO_4$ 产品，溶解并定容于 250mL 的容量瓶中，摇匀，备用。

精确称取 0.08g 左右草酸晶体于锥形瓶中，加入少量蒸馏水使之溶解，再加 25mL 1mol·L^{-1} H_2SO_4 酸化。慢慢加热至 75～85℃。

趁热用配制的 $KMnO_4$ 溶液滴定草酸溶液,至溶液呈微红色且 30s 不褪色,即为终点。记录消耗的 $KMnO_4$ 溶液的体积,平行测定三份,计算得出 $KMnO_4$ 产品的纯度。

【思考题】

1. 为使 K_2MnO_4 发生歧化反应,需要通入 CO_2 气体,能否用 HCl 代替 CO_2?为什么?可以用哪种物质代替 CO_2?

2. K_2MnO_4 发生歧化反应生成 $KMnO_4$,最大转化率为多少?还可以采用何种方法制备 $KMnO_4$ 以提高转化率?

【拓展性实验资源】

查阅资料,了解分光光度法检验 $KMnO_4$ 产品纯度的方法。

实验 21 三氯化六氨合钴(Ⅲ)的制备
(配合物的制备方法)

【知识链接】

在一般情况下,Co(Ⅱ)盐($[Co(H_2O)_6]^{2+}$)比 Co(Ⅲ)盐($[Co(H_2O)_6]^{3+}$)稳定。而在配位化合物中,Co(Ⅲ)的配合物却比 Co(Ⅱ)的配合物稳定。所以通常可先用适当的配体取代 $[Co(H_2O)_6]^{2+}$ 水合配离子中的水分子形成 Co(Ⅱ)配合物,然后用 H_2O_2 或空气中的氧气等氧化剂将 Co(Ⅱ)配合物氧化以制备 Co(Ⅲ)的配合物,即利用水溶液中的取代反应和氧化还原反应制备 Co(Ⅲ)配合物。

氯化钴(Ⅲ)的氨配合物有多种,包括橙黄色晶体三氯化六氨合钴(Ⅲ)$[Co(NH_3)_6]Cl_3$、砖红色晶体三氯化五氨一水合钴(Ⅲ)$[Co(NH_3)_5(H_2O)]Cl_3$、紫红色晶体二氯化一氯五氨合钴(Ⅲ)$[Co(NH_3)_5Cl]Cl_2$ 等。它们的制备条件各不相同,以活性炭为催化剂时,主要产物是橙黄色的三氯化六氨合钴(Ⅲ),若无活性炭存在,则主要产物是紫红色的二氯化一氯五氨合钴(Ⅲ)。

本实验的任务是制备橙黄色的 $[Co(NH_3)_6]Cl_3$ 晶体,它是合成其它一些 Co(Ⅲ)配合物的原料。

【实验目的】

1. 理解利用水溶液中的取代反应和氧化还原反应制备配合物的一般思路。
2. 掌握三氯化六氨合钴(Ⅲ)配合物的制备原理和方法。
3. 了解配合物的形成对 Co^{2+} 稳定性的影响。
4. 进一步巩固水浴加热、减压过滤等基本操作。

【方法引导】

1. 确定制备反应路线

(1) 能否直接用 Co(Ⅲ)盐制备三氯化六氨合钴(Ⅲ)?

由电极电势 $\varphi^{\ominus}(Co^{3+}/Co^{2+})=1.84V$ 可知,Co(Ⅲ)在水溶液中很不稳定,具有强氧化性,容易将水氧化放出氧气。而 Co(Ⅱ)在水溶液中是稳定的,一般钴盐都是以 Co^{2+} 存在于水溶液中的。所以不能直接用 Co(Ⅲ) 盐制备 $[Co(NH_3)_6]Cl_3$。可由 Co(Ⅱ) 盐,如 $CoCl_2 \cdot 6H_2O$ 为原料制备。

(2) 如何确定以 $CoCl_2 \cdot 6H_2O$ 为原料制备 $[Co(NH_3)_6]Cl_3$ 的反应路线?

由电极电势 $\varphi^{\ominus}[Co(NH_3)_6^{3+}/Co(NH_3)_6^{2+}]=0.10V$ 可知,$[Co(NH_3)_6]^{2+}$ 不稳定,易被氧化,而 $[Co(NH_3)_6]^{3+}$ 则很稳定。所以可先用 NH_3 取代 $[Co(H_2O)_6]^{2+}$ 配离子中的 H_2O 形成 $[Co(NH_3)_6]^{2+}$,然后用适当的氧化剂将 $[Co(NH_3)_6]^{2+}$ 氧化,即可得到 $[Co(NH_3)_6]^{3+}$。即利用水溶液中的取代反应和氧化还原反应制备 $[Co(NH_3)_6]Cl_3$。

(3) 在取代反应中,都需要哪些物质参与反应?其作用分别是什么?

除 $CoCl_2 \cdot 6H_2O$ 外,还需氨和氯化铵参与反应。氨的作用是提供配体,以取代 $[Co(H_2O)_6]^{2+}$ 配离子中的 H_2O。氯化铵的作用是:

① 防止形成 $Co(OH)_2$ 沉淀。当有铵盐存在时将抑制 $NH_3 \cdot H_2O$ 的解离,即抑制 OH^- 的产生,从而达不到 $Co(OH)_2$ 的溶度积而形成 $[Co(NH_3)_6]^{2+}$。

② 提供产物所需的 NH_3。

(4) 将 $[Co(NH_3)_6]^{2+}$ 氧化为 $[Co(NH_3)_6]^{3+}$,选用何种氧化剂?

可选用 H_2O_2 或空气中的氧气等作为氧化剂。本实验选用 H_2O_2,其优点在于:一方面操作简单;另一方面,H_2O_2 作为氧化剂的还原产物是 H_2O,不会给反应体系引入新的杂质。

制备反应方程式为:

$$2CoCl_2 + 2NH_4Cl + 10NH_3 + H_2O_2 \xrightarrow{\text{活性炭}} 2[Co(NH_3)_6]Cl_3 + 2H_2O$$

2. 反应条件的控制

(1) 关于催化剂

在制备氯化钴(Ⅲ)的不同氨合物时,有的需要催化剂有的不需要。以活性炭作为催化剂时,主要产物才是 $[Co(NH_3)_6]Cl_3$。所以本实验需要用活性炭作催化剂。此外,活性炭还能吸附 H_2O_2,以保证 H_2O_2 在溶液中的浓度不降低,以便 H_2O_2 顺利地将 $[Co(NH_3)_6]^{2+}$ 氧化为 $[Co(NH_3)_6]^{3+}$。

(2) 关于反应温度的控制

① 加 H_2O_2 前,需降温处理,一是防止其分解,二是使反应温和地进行。

② H_2O_2 溶液加入后,水浴加热至 $60°C$ 并恒温约 $20min$,这是为了提高反应速率,保证 $[Co(NH_3)_6]^{2+}$ 氧化为 $[Co(NH_3)_6]^{3+}$ 反应完全。$[Co(NH_3)_6]^{2+}$ 是外轨型配合物,$[Co(NH_3)_6]^{3+}$ 是内轨型配合物,要使外轨向内轨转型,速率比较慢,需持续较长时间。

【仪器和试剂】

仪器:托盘天平、锥形瓶、烧杯、试管、滴管、酒精灯、布氏漏斗、抽滤瓶、真空泵、滤纸、温度计、研钵。

试剂:H_2O_2 (6%)、HCl (浓)、$NH_3 \cdot H_2O$ (浓)、蒸馏水、$CoCl_2 \cdot 6H_2O$ (s)、NH_4Cl (s)、活性炭。

【关键操作】

固体溶解(实验6)、水浴加热(实验15)、减压过滤(实验6)。

【实验过程】

1. 利用水溶液中的取代反应制备 $[Co(NH_3)_6]Cl_2$

反应原料：$CoCl_2·6H_2O$（3g）外观_____、NH_4Cl（2g）外观_____、蒸馏水（3.5mL）。

反应条件：以活性炭（0.1g）作为催化剂。

反应装置：100mL 锥形瓶。

反应过程：将 3g 研细的 $CoCl_2·6H_2O$ 固体、2g NH_4Cl 固体和 3.5mL 蒸馏水加入到 100mL 锥形瓶中，小火加热溶解。然后加入 0.1g 研细的活性炭。用水冷却，加入 9mL 浓氨水。

观察现象：_____；此时生成的是_____。

2. 利用氧化还原反应制备 $[Co(NH_3)_6]Cl_3$

反应原料：$[Co(NH_3)_6]Cl_2$（【实验过程】1. 所制备）、H_2O_2（6%）、HCl（浓）。

反应条件：水浴加热。

反应装置：100mL 锥形瓶。

反应过程：将【实验过程】1. 得到的溶液进一步冷却至 10℃ 以下。用滴管逐滴加入 9mL 6% H_2O_2 溶液，水浴加热至 60℃，恒温 20min，并适当搅拌。取出锥形瓶，依次用冷水、冰水冷却，即有沉淀生成。减压过滤，弃去滤液。

观察现象：_____；沉淀是_____。

注意：加 H_2O_2 时，要逐滴加入，不可太快（思考：为什么?）。

后处理：将沉淀转入小烧杯中，加入 20mL 沸水溶解，并加入 1mL 浓 HCl。待沉淀溶解后趁热减压过滤，保留滤液（此步滤去的沉淀为_____）。

将滤液转入洁净的锥形瓶中，慢慢加入 2mL 浓 HCl，即有橙黄色晶体析出。冰水冷却，减压过滤。晶体用少许乙醇洗涤，减压过滤。滤纸吸干，称重。

产品外观_____，产品质量_____，产率_____。

【思考题】

1. 实验过程中两次加入浓盐酸的作用分别是什么？第二次为什么需要慢慢加入？
2. 影响本实验制备产品质量的关键因素有哪些？

【拓展性实验资源】

查阅资料，设计实验方案以确定所制备的配合物的组成。

实验 22　碱式碳酸铜的制备
（制备反应条件的探究与控制）

【知识链接】

碱式碳酸铜是矿物宝石孔雀石的主要成分，也是久置于潮湿空气中的铜表面所生成的绿锈（俗称铜绿）的主要成分。碱式碳酸铜的组成并不唯一，如 $2CuCO_3·Cu(OH)_2$ 为孔雀蓝色、$CuCO_3 \cdot Cu(OH)_2$ 为孔雀绿色。碱式碳酸铜不溶于水和乙醇，溶于酸、氨水和氰化物，对热不稳定，加热至 220℃时分解。

碱式碳酸铜可用于制造铜化合物、有机合成催化剂，还可应用于烟火、颜料、农作物杀菌剂生产等方面。

本实验的任务是制备孔雀绿色的碱式碳酸铜，化学式为 $CuCO_3 \cdot Cu(OH)_2$，或写作 $Cu_2(OH)_2CO_3$。实验内容包括制备条件的探究和产品制备两部分。

【实验目的】

1. 掌握制备碱式碳酸铜的影响因素及其制备原理。
2. 学会探究反应物的配比、反应温度等因素对制备产物影响的一般思路和方法，熟悉控制变量的科学方法。
3. 进一步巩固水浴加热、减压过滤等基本操作。
4. 体会反应条件控制对于制备反应的重要性，树立控制和优化反应条件的意识。
5. 提高独立进行实验设计的能力。

【方法引导】

1. 确定制备路线——采用哪些原料可以制备碱式碳酸铜？

从碱式碳酸铜组成上看，可以利用铜盐和碳酸盐溶液进行反应制备碱式碳酸铜。其中，铜盐可以选用 $CuSO_4$、$Cu(NO_3)_2$，碳酸盐可以选用 Na_2CO_3、$NaHCO_3$ 和 NH_4HCO_3。

本实验选用硫酸铜溶液和碳酸钠溶液反应来制备。反应方程式为：

$$2CuSO_4 + 2Na_2CO_3 + H_2O == Cu_2(OH)_2CO_3 \downarrow + CO_2 \uparrow + 2Na_2SO_4$$

2. 反应条件的控制

在反应条件控制方面，首先要明确碱式碳酸铜的制备受哪些因素影响，这是控制反应条件的前提。另外，还需要解决如何考量反应条件的"合适性"的问题，这是优化反应条件的保障。

(1) 碱式碳酸铜的制备受哪些因素的影响？

反应物的种类、反应物的浓度、反应物的配比、反应体系的 pH、加料顺序和反应温度等因素都会对碱式碳酸铜的质量产生影响。

本实验主要探究反应物的配比和反应温度对碱式碳酸铜质量的影响，从而确定最佳反应条件。❶

(2) 如何考量制备碱式碳酸铜的反应条件的"合适性"？

可以通过观察制备反应所生成的碱式碳酸铜沉淀的颜色、数量、颗粒大小和生成沉淀的速度来综合考虑。生成的碱式碳酸铜沉淀的颜色为绿色，数量多，颗粒大，生成速度较快，则为合适的反应条件。

3. 如何设计实验探究反应物的配比对反应产物的影响？

首先要注意控制变量，即保证除反应物的配比之外的其它影响因素（如反应温度、加料顺序等）相同，然后将不同比例的 $CuSO_4$ 溶液和 Na_2CO_3 溶液混合反应，通过分析生成沉淀的颜色、数量、颗粒大小等，确定合适的原料配比。

由反应方程式可见，$CuSO_4$ 和 Na_2CO_3 反应的物质的量之比为 1∶1，因此需要分别设计 $n(CuSO_4) : n(Na_2CO_3) = 1 : 1$、>1∶1 和 <1∶1 几种情况进行实验。例如：可设置

---

❶ 其它因素对碱式碳酸铜制备的影响请利用【拓展性实验资源】完成。

CuSO₄ 和 Na₂CO₃ 的物质的量之比分别为 2∶1、3∶2、1∶1、2∶3、1∶2，通过实验初步确定以上配比哪种更合适。为了确定更准确的反应物配比，接下来可以根据初步确定的配比，再设计不同的配比进行实验。例如，假如实验初步确定 $n(CuSO_4):n(Na_2CO_3)=1:1$ 为最佳配料比，则接下来就可设计 $n(CuSO_4):n(Na_2CO_3)=0.8:1$、$1:1$、$1:1.2$ 再进行实验。

4. 如何设计实验探究反应温度对反应产物的影响？

思路同上，同样需要控制除反应温度之外的其它影响因素（如反应物配比、加料顺序等）相同，然后用最合适的原料配比在不同温度下进行反应，通过分析生成沉淀的颜色、数量、颗粒大小等，得到合适的反应温度。

可选择室温到 100℃ 之间不同的温度进行实验。例如：可在室温、50℃、75℃、100℃ 进行实验，初步确定合适的温度。接下来根据初步确定的温度，再设计不同的温度进行实验。例如，假如实验初步确定 75℃ 为合适的温度，则接下来就可设计 70℃、75℃、80℃ 再进行实验，以确定最佳温度。

【仪器和试剂】

仪器：托盘天平、烧杯、量筒、试管、布氏漏斗、抽滤瓶、真空泵、水浴锅、吸量管、表面皿、温度计、酒精灯、烘箱、玻璃棒、滤纸。

试剂：$CuSO_4 \cdot 5H_2O(s)$、$Na_2CO_3(s)$、$BaCl_2(1mol \cdot L^{-1})$、蒸馏水。

【关键操作】

溶液配制（实验 4）、水浴加热（实验 15）、减压过滤（实验 6）。

【实验过程】

1. 反应原料的准备

配制 $0.5mol \cdot L^{-1}$ $CuSO_4$ 溶液和 $0.5mol \cdot L^{-1}$ Na_2CO_3 溶液各 100mL。

分别称取_____g $CuSO_4 \cdot 5H_2O$ 和_____g Na_2CO_3 于 100mL 小烧杯中，加蒸馏水溶解，定容，摇匀备用。

2. 制备反应条件的探究

（1）探究反应物的配比对反应产物的影响

取五支编号为 1~5 的试管，分别加入 2.0mL $0.5mol \cdot L^{-1}$ $CuSO_4$ 溶液。另取五支试管，分别加入 $0.5mol \cdot L^{-1}$ Na_2CO_3 溶液 1.0mL、1.3mL、2.0mL、3.0mL 和 4.0mL。将十支试管置于 75℃ 水浴加热，5min 后依次将 $CuSO_4$ 溶液加入到相应的 Na_2CO_3 溶液的试管中，振荡，观察生成沉淀的颜色、数量、颗粒大小，记录沉淀完全沉降所需时间。完成表 4-3。

表 4-3 反应原料的配比对反应产物的影响

实验编号	V_{CuSO_4}/mL	$V_{Na_2CO_3}$/mL	沉淀颜色	沉淀数量	沉淀颗粒大小	沉淀完全沉降所需时间
1	2.0	1.0				
2	2.0	1.3				
3	2.0	2.0				
4	2.0	3.0				
5	2.0	4.0				

注：$c_{CuSO_4}=0.5mol \cdot L^{-1}$，$c_{Na_2CO_3}=0.5mol \cdot L^{-1}$，反应温度 $T=75℃$。

根据表 4-3 初步确定 $CuSO_4$ 与 Na_2CO_3 反应的合适配料比，接下来按【方法引导】3. 中的思路，自己设计 $n_{CuSO_4} : n_{Na_2CO_3}$ 的不同比例，按上述操作步骤再进行实验，确定最佳配料比。

得出结论：$CuSO_4$ 和 Na_2CO_3 最佳配料比为_____。

（2）探究反应温度对反应产物的影响

取四支编号为 1~4 的试管，分别加入 2.0mL 0.5mol•L^{-1} $CuSO_4$ 溶液。另取四支试管，分别加入【实验过程】2.（1）所确定的最佳用量的 0.5mol•L^{-1} Na_2CO_3 溶液。将八支试管分别置于室温、50℃、75℃ 和 100℃ 的水浴中，5min 后依次将 $CuSO_4$ 溶液加入到相应的 Na_2CO_3 溶液的试管中，振荡，观察生成沉淀的颜色、数量、颗粒大小，记录沉淀完全沉降所需时间。完成表 4-4。

表 4-4 反应温度对反应产物的影响

实验编号	温度	沉淀颜色	沉淀数量	沉淀颗粒大小	沉淀完全沉降所需时间
1	室温				
2	50℃				
3	75℃				
4	100℃				

注：$c_{CuSO_4}=0.5mol•L^{-1}$，$c_{Na_2CO_3}=0.5mol•L^{-1}$，$n_{CuSO_4} : n_{Na_2CO_3}$ 为最佳配比。

根据表 4-4 初步确定的温度，接下来按【方法引导】4. 中的思路，自己设计不同的反应温度，按上述操作步骤再进行实验，确定最佳温度。

得出结论：制备碱式碳酸铜反应的最佳温度为_____。

3. 按最佳反应条件制备碱式碳酸铜

分别取 20mL 0.5mol•L^{-1} 的 $CuSO_4$ 溶液和根据所确定的最佳原料配比所需体积的 0.5mol•L^{-1} 的 Na_2CO_3 溶液，然后将 $CuSO_4$ 溶液加入到 Na_2CO_3 溶液的烧杯中，置于所确定的最佳反应温度下的水浴中加热，并不断搅拌，使其充分反应。

待沉淀沉降完全后，减压过滤。用蒸馏水洗涤沉淀 2~3 次，直到滤液中不含 SO_4^{2-} 为止。滤饼置于烘箱中，在 80℃ 下烘干，冷至室温后称重，计算产率。

产品外观_____，产品质量_____，产率_____。

【思考题】

1. 何种颜色产物的碱式碳酸铜含量高？
2. 碱式碳酸铜制备过程中为什么是将 $CuSO_4$ 溶液加入 Na_2CO_3 溶液中？顺序对调是否可以？

【拓展性实验资源】

1. 设计"探究反应物浓度、反应体系的 pH、加料顺序对反应产物的影响"的实验方案。
2. 查阅资料，设计"碱式碳酸铜组成的测定"的实验方案。

第五部分 物质性质的研究

化学是一门研究物质化学变化的科学，物质的化学变化主要取决于物质的化学性质。从这一角度讲，对无机物的性质进行研究是无机化学的重要任务之一。面对种类繁多、性质千差万别的各种物质，通过本部分实验在巩固元素化合物性质的同时，更要注重掌握研究物质性质的程序和方法，这样才能举一反三。

1. 研究物质性质的内容

物质的性质包括物理性质和化学性质两大方面。

对于物理性质的研究，通常包括以下内容：颜色、状态、气味、"两点"（熔点、沸点）、"两度"（密度、硬度）和"三性"（溶解性、导电性、导热性）；对于化学性质的研究，可以从通性和特性两个角度考虑，通常包括酸碱性、水解性、氧化还原性、热稳定性和配位性等方面。

2. 研究物质性质的基本程序

研究物质的性质，通常要经历以下环节：观察物质的外观、预测物质的化学性质、设计实验方案验证性质、对实验现象进行观察、解释现象、得出结论。

本部分实验将按照实验预测、实验验证、实验观察、现象解释、实验结论这样一条方法线索，展开物质的溶解性、酸碱性、水解性、氧化还原性和热稳定性等的研究。

其中，预测物质的化学性质，主要从以下方面进行。

一是从物质类别角度进行预测。首先判断物质属于哪种类别，然后根据同类物质性质上具有一定的相似性进行预测。例如，根据 SO_2 是酸性氧化物，预测其能够与碱发生反应。

二是利用相关理论进行预测。例如，根据溶度积规则，预测沉淀的生成和溶解；根据 $\varphi^\ominus$ 值，预测物质的氧化还原性等。

三是从结构角度预测物质的性质。例如，从 BF_3 的缺电子特性，预测其能与路易斯碱发生加合反应。

3. 研究物质性质的常用方法

研究物质性质常用的方法包括：观察法、分类法、实验法、控制变量法、比较法和图表法等。

观察法常用于对物理性质（如颜色、状态）的研究以及实验过程中对实验现象的观察，运用观察法时要注意观察的重点和针对性。

分类法常用于对物质性质的预测环节，运用分类的方法，根据物质所属的类别或利用有关反应规律预测物质的性质，总结物质的通性。

实验法主要用于研究物质性质的过程中，通过实验来验证对物质性质的预测，是研究物质性质最常用的方法。

控制变量法主要应用于设计实验方案环节，当要探究某个变量对因变量的影响时，必须控制其它自变量不变，这是保证实验可靠性的关键。

运用比较的方法，可以找出物质性质间的异同，认识物质性质间的联系，从而对物质的性质进行归纳和概括。

图表法是帮助我们整理实验数据、发现数据间规律的重要工具，它主要用于现象解释环节，通过画图或列表处理实验得到的数据。

本部分实验从认识和研究物质性质的程序和方法角度出发，有机整合各族元素的性质，形成：物质溶解性的研究、物质酸碱性与水解性的研究、物质氧化还原性的研究、含氧酸盐热稳定性的研究、配合物性质的研究和缓冲溶液性质的研究等实验内容。随后，以对过氧化氢的研究为载体，利用研究物质性质的程序和方法展开"某确定物质性质的研究"。力图通过这些实验，在验证相关物质性质的同时，体会从各个角度认识物质性质的方法。

实验 23　物质溶解性的研究

【知识链接】

溶解性是物质的重要性质之一。绝对不溶的物质不存在，通常把溶解度 $S<0.01\text{g}$ $(100\text{g H}_2\text{O})^{-1}$ 的物质称为难溶物。沉淀反应是电解质溶液中广泛进行的反应之一，在科学研究和化工生产中，经常需要利用沉淀的生成或溶解进行物质的制备、物质的分离提纯和鉴定等，沉淀法还是重量分析法中的主要方法。

本实验的主要任务是运用溶度积规则探究沉淀的生成、溶解和转化，加深对溶度积规则的理解，掌握沉淀反应的规律，同时巩固对相关化合物溶解性的认识。

【实验目的】

1. 掌握氢氧化物、硫化物、碳酸盐、磷酸盐、硅酸盐沉淀的生成和溶解。
2. 通过对氢氧化物、硫化物、碳酸盐沉淀的生成和溶解的探究，加深对溶度积规则的理解。
3. 进一步加深对沉淀转化条件的理解。
4. 通过作出预测、实验验证、结论等体会研究物质性质的一般思路，并掌握运用溶度积规则对沉淀的生成、溶解和转化反应进行预测的方法。

【方法引导】

本实验遵循研究物质性质的一般思路和方法，按照以下线索展开：实验前首先根据提示，对有关沉淀生成和溶解的问题作出理论预测，然后有针对性地设计实验进行验证，最后根据观察到的现象得出结论，进而形成规律性认识。

其中，在作出预测环节，主要可以从以下方面入手考虑。

1. 如何预测沉淀的生成？

对于难溶电解质 $A_n B_m$，在一定温度下达到平衡时：

$$A_n B_m \rightleftharpoons n A^{m+}(\text{aq}) + m B^{n-}(\text{aq})$$

溶度积常数 $K_{sp}^{\ominus} = [A^{m+}]^n [B^{n-}]^m$

任意时刻：离子积 $J = [c(A^{m+})]^n [c(B^{n-})]^m$。

$J > K_{sp}^{\ominus}$：过饱和溶液，将有沉淀析出。

$J = K_{sp}^{\ominus}$：饱和溶液，达平衡状态。

$J < K_{sp}^{\ominus}$：饱和溶液，若已有沉淀存在，沉淀将会溶解。

以上规则称为溶度积规则。

根据溶度积规则，沉淀生成的必要条件是 $J > K_{sp}^{\ominus}$。因此，若能有效增大沉淀溶解平衡体系中有关离子浓度，使 $J > K_{sp}^{\ominus}$，则能促使沉淀溶解平衡向沉淀生成的方向移动。

2. 如何预测沉淀的溶解？

根据溶度积规则，沉淀溶解的必要条件是 $J < K_{sp}^{\ominus}$。因此，若能有效降低沉淀溶解平衡体系中有关离子浓度，使 $J < K_{sp}^{\ominus}$，则能促使沉淀溶解平衡向沉淀溶解的方向移动。

常用的沉淀溶解的方法有：生成弱电解质、发生氧化还原反应和生成难解离的配合物。

3. 如何预测沉淀的转化？

要使一种沉淀转化为另一种沉淀是有条件的。对于类型相同的难溶电解质，沉淀转化程度的大小取决于两种沉淀的溶度积的相对大小。一般来说，溶度积较大的物质转化为溶度积较小的物质是较容易的，而且两种物质的溶度积相差越大，转化越完全。反之，由溶度积较小的物质转化为溶度积较大的物质则较困难。具体的转化程度可以通过计算转化反应的平衡常数得到说明。

4. 如何预测物质溶解度的大小？

从定量角度讲，如果已知物质的溶度积，则可以通过溶度积和溶解度的换算定量比较溶解度的大小。

而定性预测一种物质溶解性的大小，是一个复杂的问题，没有一个完整的规律性，但有以下经验规律。

① 相似相溶原理。

② 对于离子型盐类，离子的电荷小、半径大的盐较多是易溶的；阴离子半径较大时，盐的溶解度通常随金属的原子序数的增大而减小，反之，阴离子半径较小时，盐的溶解度通常随金属的原子序数的增大而增大。

③ 如果溶质分子与溶剂分子之间可以形成氢键，则溶质的溶解度较大。

【仪器和试剂】

仪器：试管、烧杯、离心机、离心试管。

试剂：HCl（$1mol \cdot L^{-1}$，$2mol \cdot L^{-1}$，$6mol \cdot L^{-1}$）、HNO_3（$6mol \cdot L^{-1}$）、NaOH（$2mol \cdot L^{-1}$）、$NH_3 \cdot H_2O$（$2mol \cdot L^{-1}$，$6mol \cdot L^{-1}$）、$MgCl_2$（$0.1mol \cdot L^{-1}$）、$CaCl_2$（$0.1mol \cdot L^{-1}$，$0.5mol \cdot L^{-1}$）、$BaCl_2$（$0.1mol \cdot L^{-1}$）、$AlCl_3$（$0.1mol \cdot L^{-1}$）、$FeCl_3$（$0.1mol \cdot L^{-1}$）、NaCl（$0.1mol \cdot L^{-1}$）、Na_2S（$0.2mol \cdot L^{-1}$）、Na_2CO_3（饱和）、Na_3PO_4（$0.1mol \cdot L^{-1}$）、Na_2HPO_4（$0.1mol \cdot L^{-1}$）、NaH_2PO_4（$0.1mol \cdot L^{-1}$）、Na_2SiO_3（20%）、KI（$0.1mol \cdot L^{-1}$）、$ZnSO_4$（$0.1mol \cdot L^{-1}$）、$CuSO_4$（$0.1mol \cdot L^{-1}$）、$CdSO_4$（$0.1mol \cdot L^{-1}$）、$Hg(NO_3)_2$（$0.1mol \cdot L^{-1}$）、$AgNO_3$（$0.1mol \cdot L^{-1}$）、NH_4Cl（饱和）、$CaCl_2$(s)、$CuSO_4 \cdot 5H_2O$ (s)、$NiSO_4 \cdot 7H_2O$ (s)、$ZnSO_4 \cdot 7H_2O$ (s)、$Fe_2(SO_4)_3 \cdot 12H_2O$ (s)、$Co(NO_3)_2 \cdot 6H_2O$ (s)。

【关键操作】

试管操作、离心分离（实验6）。

【实验过程】

1. 氢氧化物沉淀的生成和溶解性

作出预测：预测的镁、钙、钡、铝、铁和锌的氢氧化物的溶解性，与查得的 $K_{sp}^{\ominus}$ 数据进行对照。

实验验证：取六支试管，分别加入 0.1mol·L^{-1} 的 MgCl$_2$、CaCl$_2$、BaCl$_2$、AlCl$_3$、FeCl$_3$ 和 ZnSO$_4$ 溶液各 0.5mL，再加入等体积新配制的 2mol·L^{-1} 的 NaOH 溶液，观察现象。

把每种沉淀各自分成两份，分别滴加 2mol·L^{-1} 的 HCl 和 2mol·L^{-1} 的 NaOH 溶液，观察沉淀是否溶解。

解释现象：_____。

结论：_____。

另取两支试管，分别加入 5 滴 0.1mol·L^{-1} 的 MgCl$_2$ 溶液，再分别加入 5 滴 6mol·L^{-1} 的 NH$_3$·H$_2$O，观察生成物的颜色和状态。

向其中一支试管中滴加 2mol·L^{-1} 的 HCl，另一支试管中滴加饱和 NH$_4$Cl 溶液，观察现象。

解释现象：_____。

结论：_____。

2. 硫化物沉淀的生成和溶解

作出预测：查阅 ZnS、CdS、CuS 和 HgS 沉淀的 $K_{sp}^{\ominus}$，预测它们的溶解情况。

实验验证：取四支离心试管，分别加入 5 滴 0.1mol·L^{-1} ZnSO$_4$、CdSO$_4$、CuSO$_4$ 和 Hg(NO$_3$)$_2$ 溶液，然后分别加入 0.2mol·L^{-1}Na$_2$S 溶液❶，振荡，观察沉淀的颜色。

离心分离并弃去清液，用少量去离子水洗涤硫化物沉淀 2 次。

用 1mol·L^{-1}HCl、6mol·L^{-1}HCl、6mol·L^{-1}HNO$_3$ 和王水分别试验 ZnS、CdS、CuS 和 HgS 的溶解性。

将数据记录于表 5-1 中。

表 5-1 硫化物的溶解情况

沉淀	颜色	稀 HCl	浓 HCl	HNO$_3$	王水
ZnS					
CdS					
CuS					
HgS					

解释现象：_____。

结论：_____。

3. 碳酸盐沉淀的生成和溶解

---

❶ 可用 5%硫代乙酰胺（TAA）代替。

作出预测：查阅 Ca^{2+}、Cu^{2+}、Fe^{3+} 的氢氧化物和碳酸盐的 $K_{sp}^{\ominus}$，预测这些离子与可溶性碳酸盐作用生成的沉淀的类型。

实验验证：取三支试管，分别加入 0.5mL 0.1mol·L^{-1} $CaCl_2$、$CuSO_4$ 和 $FeCl_3$ 溶液，然后分别加入饱和 Na_2CO_3 溶液，观察现象。

解释现象：_____。

结论：_____。

4. 磷酸盐沉淀的生成和溶解

作出预测：$Ca_3(PO_4)_2$、$CaHPO_4$ 和 $Ca(H_2PO_4)_2$ 的溶解性及相互转化的条件。

实验验证：取三支试管，分别加入 0.5mL 0.1mol·L^{-1} Na_3PO_4、Na_2HPO_4 和 NaH_2PO_4 溶液，然后分别加入 1mL 0.5mol·L^{-1} $CaCl_2$ 溶液，观察现象。

分别向其中滴加 2mol·L^{-1} 氨水，观察现象。

再滴加 2mol·L^{-1} HCl，观察现象。

解释现象：_____。

结论：_____。

5. 硅酸盐沉淀的生成——"水中花园"

作出预测：查阅硅酸盐沉淀的 $K_{sp}^{\ominus}$，预测难溶硅酸盐的生成情况。

实验验证：在 50mL 烧杯中加入约 30mL 20% Na_2SiO_3 溶液，然后把固体 $CaCl_2$、$CuSO_4·5H_2O$、$NiSO_4·7H_2O$、$ZnSO_4·7H_2O$、$Fe_2(SO_4)_3·12H_2O$ 和 $Co(NO_3)_2·6H_2O$ 固体各一粒间隔投入到烧杯不同位置，并在烧杯壁作好标记，静置 30min 以上，观察现象。

实验完毕，将 Na_2SiO_3 溶液回收，并立即洗净烧杯。

解释现象：_____。

结论：_____。

6. 沉淀的转化

作出预测：查阅 AgCl 和 AgI 沉淀的 $K_{sp}^{\ominus}$，预测它们之间的相互转化情况。

实验验证：

① 取一支离心试管，加入 5 滴 0.1mol·L^{-1} $AgNO_3$ 溶液，然后逐滴加入 0.1mol·L^{-1} NaCl 溶液至刚生成沉淀。离心分离，弃去上层清液。向沉淀中逐滴加入 0.1mol·L^{-1} KI 溶液，边滴边振荡。观察现象。

② 另取一支离心试管，加入 5 滴 0.1mol·L^{-1} $AgNO_3$ 溶液，然后逐滴加入 0.1mol·L^{-1} KI 溶液至刚生成沉淀。离心分离，弃去上层清液。向沉淀中逐滴加入 0.1mol·L^{-1} NaCl 溶液，边滴边振荡。观察现象。

解释现象：_____。

结论：_____。

【思考题】

1. 用酸溶解磷酸银沉淀，在盐酸、硫酸、硝酸中选用哪一种最适宜？为什么？

2. 【实验过程】6.①中生成 AgCl 沉淀后，为什么要经离心分离操作后再向沉淀中滴加 KI 溶液？

3. 如何除去锅炉内壁的锅垢（主要成分是 $CaSO_4$）？

实验 24　物质酸碱性与水解性的研究

【知识链接】

酸碱性和水解性都是物质常见而且重要的性质之一。阿累尼乌斯酸碱电离理论、布朗斯特酸碱质子理论和路易斯酸碱电子理论对酸碱有不同的定义。本实验基于较为常用的阿累尼乌斯酸碱理论进行讨论。

阿累尼乌斯认为，酸是在水中电离出的阳离子全部是氢离子的化合物，碱是在水中电离出的阴离子全部是氢氧根离子的化合物。由于水中 H^+ 和 OH^- 浓度是可测的，所以可以定量地描述酸碱性的强弱，于是有了强酸和弱酸的概念。

根据阿累尼乌斯的观点，一些物质（如 $NaHCO_3$），既不是酸也不是碱，但它的水溶液是碱性的，这就涉及盐类水解性的问题了。组成盐的酸根对应的酸越弱，或组成盐的阳离子对应的碱越弱，水解程度越大。温度、浓度和溶液酸碱度等外部因素也会影响水解程度。

有时候我们需要利用物质的水解性，例如制备 $Fe(OH)_3$ 胶体；有时候却又需要防止物质的水解，例如配制 $SbCl_3$ 溶液。

【实验目的】

1. 巩固氧化物水合物酸碱性的判断方法。
2. 加深对 H_3BO_3、HAc 的酸性以及常见金属氢氧化物酸碱性的认识。
3. 体会 H_3BO_3、HAc 酸性的影响因素，理解同离子效应。
4. 进一步加深对各类盐类水解反应及其产物的理解。
5. 通过作出预测、实验验证、结论等进一步体会研究物质性质的一般思路，并掌握预测物质酸碱性和水解性的方法。

【方法引导】

本实验依然遵循研究物质性质的一般思路和方法，按照以下线索展开：实验前首先根据提示，对物质酸碱性和水解性的有关问题作出理论预测，然后有针对性地设计实验进行验证，最后对观察到的现象进行解释和概括，得出规律性的结论。

为保证实验过程顺利进行，实验之前可以围绕以下问题进行思考。

1. 如何预测物质的酸碱性？

(1) 由酸碱理论进行预测

根据不同的情况，可以利用酸碱电离理论或酸碱质子理论对物质的酸碱性进行预测。

(2) 利用 R—O—H 规则预测氧化物水合物的酸碱性

氧化物的水合物可用通式 $R(OH)_n$ 表示，R—O—H 在水中有两种解离方式：

$$RO^- + H^+ \longleftarrow R\text{—}O\text{—}H \longrightarrow R^+ + OH^-$$

　　　　酸式解离　　　　　　　　　　碱式解离

若 R 的离子势 Φ 大，则 R—O—H 按酸式解离，呈酸性；若 R 的离子势 Φ 小，则 R—O—H 按碱式解离，呈碱性，Φ 越小，碱性越强。

(3) 从水解的角度预测酸碱性

物质水解会使溶液呈现一定的酸碱性。例如，强酸弱碱盐（如 NH_4Cl）水解，溶液呈酸性；强碱弱酸盐（如 NaAc）水解，溶液呈碱性；而弱酸弱碱盐水解，溶液酸碱性取决于

水解产物的 $K_a^\ominus$ 和 $K_b^\ominus$ 的相对大小。

2. 如何验证物质的酸碱性？

常用的方法有三种：

① 利用酸碱指示剂检验溶液的酸碱性。

② 利用待检验物质与酸或碱的反应情况，检验酸碱性。

③ 利用 pH 试纸或 pH 计测定溶液的 pH，从而定量确定溶液的酸碱性的强弱程度，即酸碱度。

实验过程中，需要根据具体情况选择运用哪种方法。

3. 如何预测物质的水解性？

（1）金属离子的极化作用越强，离子越容易水解

例如，$AlCl_3$、$SiCl_4$ 和 $ZnCl_2$ 遇水都易水解，而 $NaCl$ 和 $BaCl_2$ 则基本不发生水解。

（2）共价型化合物水解的必要条件是电正性原子要有可利用的空轨道

例如，$SiCl_4$、PF_3 和 BCl_3 都易水解，而 CCl_4 和 NF_3 则不水解。

（3）升高温度，会促进水解反应的进行

例如，$MgCl_2$ 在水中很少水解，但加热其水合物 $MgCl_2 \cdot 6H_2O$，则发生水解。

4. 如何确定水解反应的产物？

负离子的水解情况比较简单，以下主要对正离子的水解产物进行归纳。

① 低价金属离子水解的产物通常为碱式盐。

例如，$MgCl_2$、$SnCl_2$ 和 $SbCl_3$ 的水解产物分别为 $Mg(OH)Cl$、$Sn(OH)Cl$ 和 $SbOCl$。

② 高价金属离子的水解产物一般为氢氧化物或含水氧化物，这些水解反应往往需要加热促进水解的进行。

例如，$AlCl_3$、$FeCl_3$ 和 $TiCl_4$ 的水解产物分别为 $Al(OH)_3$、$Fe(OH)_3$ 和 $TiO_2 \cdot H_2O$。

③ 共价型化合物水解一般生成相应的含氧酸和氢化物。其中，正氧化态的非金属元素的水解产物一般为含氧酸，而负氧化态的非金属元素的水解产物一般为氢化物。

例如，$SiCl_4$ 和 BCl_3 的水解产物分别为 H_4SiO_4 和 HCl、H_3BO_3 和 HCl。

【仪器和试剂】

仪器：试管、烧杯、酒精灯、pH 试纸、红色石蕊试纸、砂纸。

试剂：$HCl(2mol \cdot L^{-1}, 6mol \cdot L^{-1})$、$HNO_3(6mol \cdot L^{-1})$、$HAc(0.1mol \cdot L^{-1})$、$NaOH(2mol \cdot L^{-1})$、$MgCl_2(0.1mol \cdot L^{-1})$、$BaCl_2(0.1mol \cdot L^{-1})$、$AlCl_3(0.1mol \cdot L^{-1})$、$SnCl_2(0.1mol \cdot L^{-1})$、$Pb(NO_3)_2(0.1mol \cdot L^{-1})$、$ZnSO_4(0.1mol \cdot L^{-1})$、$NaCl(0.1mol \cdot L^{-1})$、$Na_2CO_3(0.1mol \cdot L^{-1})$、$NaHCO_3(0.1mol \cdot L^{-1})$、$Na_3PO_4(0.1mol \cdot L^{-1})$、$Na_2HPO_4(0.1mol \cdot L^{-1})$、$NaH_2PO_4(0.1mol \cdot L^{-1})$、$AgNO_3(0.1mol \cdot L^{-1})$、$Al_2(SO_4)_3$（饱和）、$Na_2S(0.5mol \cdot L^{-1})$、$H_3BO_3(s)$、$NaAc(s)$、$SbCl_3(s)$、镁条、甘油、甲基橙。

【关键操作】

试管操作、pH 试纸使用、加热（实验 2）

【实验过程】

1. 含氧酸的酸性

（1）硼酸的酸性

作出预测：预测 H_3BO_3 的酸性及其影响因素，与查得的 $K_a^{\ominus}$ 进行对照。

实验验证：在试管中加入少量 H_3BO_3 固体，再加入适量蒸馏水，微热，使固体溶解形成饱和硼酸溶液，用 pH 试纸测其 pH。记录。

向上述硼酸溶液中滴加 3 滴甘油，再测溶液的 pH。记录。

解释现象：＿＿＿＿＿＿＿＿＿＿＿＿＿＿＿＿＿＿＿＿＿＿＿＿＿＿＿＿＿＿＿＿。

结论：＿＿＿＿＿＿＿＿＿＿＿＿＿＿＿＿＿＿＿＿＿＿＿＿＿＿＿＿＿＿＿＿＿＿。

（2）醋酸的酸性

作出预测：预测 HAc 的酸性及其影响因素。

实验验证：取一支试管，加入 1mL $0.1mol·L^{-1}$ HAc 溶液，再加入 1 滴甲基橙，混合均匀，观察溶液颜色。

向上述试管中加入少量 NaAc(s)，振荡使其溶解，观察指示剂颜色的变化。

解释现象：＿＿＿＿＿＿＿＿＿＿＿＿＿＿＿＿＿＿＿＿＿＿＿＿＿＿＿＿＿＿＿＿。

结论：＿＿＿＿＿＿＿＿＿＿＿＿＿＿＿＿＿＿＿＿＿＿＿＿＿＿＿＿＿＿＿＿＿＿。

2. 氢氧化物的酸碱性

作出预测：预测镁、钡、铝、锡、铅和锌的氢氧化物的酸碱性。

实验验证：取六支试管，分别加入 $0.1mol·L^{-1}$ 的 $MgCl_2$、$BaCl_2$、$AlCl_3$、$SnCl_2$、$Pb(NO_3)_2$ 和 $ZnSO_4$ 溶液各 0.5mL，再加入等体积新配制的 $2mol·L^{-1}$ 的 NaOH 溶液，观察现象。

把每种沉淀各自分成两份，分别滴加 $2mol·L^{-1}$ 的 HCl❶ 和 $2mol·L^{-1}$ 的 NaOH 溶液，观察沉淀是否溶解。

解释现象：＿＿＿＿＿＿＿＿＿＿＿＿＿＿＿＿＿＿＿＿＿＿＿＿＿＿＿＿＿＿＿。

结论（同周期和同族元素的氢氧化物的酸碱性递变规律❷）：＿＿＿＿＿＿＿＿＿＿。

3. 盐类水解所呈现的酸碱性

（1）碳酸盐的水解

作出预测：根据所学理论知识预测 $0.1mol·L^{-1}$ NaCl、Na_2CO_3 和 $NaHCO_3$ 溶液的 pH。

实验验证：取两支试管，分别加入 0.5mL $0.1mol·L^{-1}$ NaCl、Na_2CO_3 和 $NaHCO_3$ 溶液，用 pH 试纸测定其 pH。

解释现象：＿＿＿＿＿＿＿＿＿＿＿＿＿＿＿＿＿＿＿＿＿＿＿＿＿＿＿＿＿＿＿。

结论：＿＿＿＿＿＿＿＿＿＿＿＿＿＿＿＿＿＿＿＿＿＿＿＿＿＿＿＿＿＿＿＿＿＿。

（2）磷酸盐的水解

作出预测：根据所学理论知识预测 $0.1mol·L^{-1}$ Na_3PO_4、Na_2HPO_4 和 NaH_2PO_4 溶液的 pH。

实验验证：取三支试管，分别加入 0.5mL $0.1mol·L^{-1}$ Na_3PO_4、Na_2HPO_4 和 NaH_2PO_4 溶液。

① 分别用 pH 试纸测定 Na_3PO_4、Na_2HPO_4 和 NaH_2PO_4 溶液的 pH。

② 然后分别向三支试管中滴加适量 $0.1mol·L^{-1}AgNO_3$ 溶液，观察现象，并分别用 pH 试纸测定其 pH，与【实验过程】3.(2)①进行对比。

解释现象：＿＿＿＿＿＿＿＿＿＿＿＿＿＿＿＿＿＿＿＿＿＿＿＿＿＿＿＿＿＿＿。

结论：＿＿＿＿＿＿＿＿＿＿＿＿＿＿＿＿＿＿＿＿＿＿＿＿＿＿＿＿＿＿＿＿＿＿。

---

❶ $Pb(OH)_2$ 沉淀需要用 HNO_3。

❷ 结合【实验过程】1.(1) 得出结论。

(3) Sb(Ⅲ)盐的水解

作出预测：根据所学理论知识预测 $SbCl_3$ 溶液的 pH。

实验验证：

① 取一支试管，加入少量 $SbCl_3$ 固体，再加入 1mL 蒸馏水，观察现象，并用 pH 试纸测定其 pH。

② 向实验①试管中逐滴加入 $6mol·L^{-1}$ HCl，观察现象。

③ 将实验②所得溶液稀释，观察现象。

解释现象：_____。

结论：_____。

(4) Mg_3N_2 的水解

作出预测：根据所学理论知识预测镁条在空气中燃烧的产物。

实验验证：取一小段镁条，用砂纸除去表明的氧化物，点燃，观察燃烧情况和产物。向燃烧产物中加足量水，观察现象，并用湿润的红色石蕊试纸检验生成的气体。

解释现象：_____。

结论：_____。

(5) Al_2S_3 的水解

作出预测：根据所学理论知识预测 Al_2S_3 能否稳定存在于水溶液中。

实验验证：取一支试管，加入 0.5mL 饱和 $Al_2(SO_4)_3$ 溶液和 1mL $0.5mol·L^{-1}$ Na_2S 溶液。观察现象，并设计实验验证反应产物。

解释现象：_____。

结论：_____。

【思考题】

1. 如何以 $NH_3·H_2O$ 的解离平衡为例，设计实验验证同离子效应？
2. 【实验过程】2. 验证 $Pb(OH)_2$ 酸碱性时为什么不能用 HCl？
3. 配制 $SbCl_3$ 溶液时应注意什么问题？

实验 25　物质氧化还原性的研究

【知识链接】

氧化还原反应是一类非常重要的化学反应。它不仅在科学研究和工农业生产中具有重要意义，而且日常生活乃至人体生命过程中的新陈代谢，也离不开氧化还原反应。

氧化还原反应的实质是电子转移，表现为某些元素氧化数在反应前后发生变化。

从理论上讲，任何一个氧化还原反应都可以设计成原电池。物质氧化还原性的强弱则可以根据相应电对电极电势的大小来判断。而电极电势的大小，不仅取决于电极本身的性质，还与溶液中相关离子的浓度（气体的分压）和温度有关。

本实验的主要任务是探究氧化还原反应与电极电势的关系，以及浓度、酸度和催化剂对氧化还原反应的影响。

【实验目的】

1. 理解氧化还原反应与电极电势的关系。
2. 探究理解浓度对原电池电动势的影响。
3. 探究掌握浓度和反应介质对氧化还原反应的影响。
4. 验证体会催化剂对某些氧化还原反应的影响。
5. 通过作出预测、实验验证、结论等进一步体会研究物质性质的一般思路,并掌握对物质氧化还原性进行预测的方法。

【方法引导】

本实验依然遵循研究物质性质的一般思路和方法,按照以下线索展开:实验前首先根据提示,对氧化还原反应的有关问题作出理论预测,然后有针对性地设计实验进行验证,最后根据观察到的现象得出结论,进而形成规律性认识。

其中,在作出预测环节,主要可以从以下方面入手考虑。

1. 如何预测物质是否具有氧化还原性?

从参与反应的物质中核心元素的氧化数角度,可以预测物质具有氧化性或还原性的可能性。

元素处于最高氧化数,可能具有氧化性;元素处于最低氧化数,可能具有还原性;而若元素处于中间氧化数,则既有氧化性又有还原性。当然,这只是预测物质氧化还原性的一种思路,实际中物质是否具有典型的氧化性或还原性尚需通过实验来验证。

假如某物质中核心元素处于最低氧化数,我们预测其可能表现出典型的还原性,而预测是否正确,需要设计实验进行验证。此时则需要选择合适的氧化剂与其作用,通过实验现象分析是否发生了氧化还原反应,从而验证假设是否正确,得出物质是否具有还原性的结论。

2. 如何预测物质氧化还原能力的大小?

从相应电对电极电势的大小,可以预测物质的氧化还原能力的大小。

电极电势越大,电对中的氧化型物质的氧化能力越强。电极电势越小,电对中的还原型物质的还原能力越强。

3. 如何根据电极电势大小预测氧化还原反应的方向?

常见的判断方法有两种:一是,电极电势大的电对中的氧化型物质能够氧化电极电势小的电对中的还原型物质;二是,正极的电极电势大于负极的电极电势,则氧化还原反应正向自发进行。

当然,如果判断标准状态下氧化还原反应的方向,则可直接用标准电极电势判断。

4. 如何预测温度、浓度和介质对氧化还原反应的影响?

对这一问题的考虑,可以从电极反应的能斯特方程入手:

$$\varphi = \varphi^{\ominus} + \frac{RT}{zF} \ln \frac{[\text{氧化型}]}{[\text{还原型}]}$$

当 $T = 298.15 \text{K}$ 时,

$$\varphi = \varphi^{\ominus} + \frac{0.0592}{z} \lg \frac{[\text{氧化型}]}{[\text{还原型}]}$$

由上式可以看出,氧化型或还原型物质浓度改变,会引起电极电势大小的改变,进而影响氧化还原反应的方向和程度。而如果电极反应中有 H^+ 或 OH^- 参与,则溶液的 pH 会影响电对的电极电势,进而影响氧化还原反应的方向。另外,介质的酸碱性也会影响某些氧化还原反应的产物。

【仪器和试剂】

仪器：试管、烧杯、伏特计、U形管、铜片、锌片、导线、砂纸、表面皿、红色石蕊试纸、酒精灯。

试剂：H_2SO_4（1mol·L^{-1}）、HNO_3（0.5mol·L^{-1}，浓）、HAc（6mol·L^{-1}）、NaOH（6mol·L^{-1}）、$NH_3·H_2O$（浓）、$FeCl_3$（0.1mol·L^{-1}）、$Fe_2(SO_4)_3$（0.1mol·L^{-1}）、$FeSO_4$（0.1mol·L^{-1}，1mol·L^{-1}）、$CuSO_4$（1mol·L^{-1}）、$ZnSO_4$（1mol·L^{-1}）、KBr（0.1mol·L^{-1}）、KI（0.1mol·L^{-1}）、KSCN（0.1mol·L^{-1}）、KIO_3（0.1mol·L^{-1}）、$KMnO_4$（0.01mol·L^{-1}）、Na_2SO_3（0.1mol·L^{-1}）、$Na_2S_2O_3$（0.1mol·L^{-1}）、$MnSO_4$（0.1mol·L^{-1}）、$AgNO_3$（0.1mol·L^{-1}）、$BaCl_2$（0.1mol·L^{-1}）、CCl_4、氯水、溴水、碘水、淀粉溶液（0.4%）、锌粒、NH_4F（s）、$K_2S_2O_8$（s）。

【关键操作】

试管操作。

【实验过程】

1. 氧化还原反应和电极电势的关系

作出预测：查阅电对Fe^{3+}/Fe^{2+}、Br_2/Br^-和I_2/I^-的电极电势$\varphi^\ominus$值，预测电对中各物质之间的反应情况。

实验验证：

① 取一支试管，加入0.5mL 0.1mol·L^{-1} KI 溶液和2滴0.1mol·L^{-1} $FeCl_3$溶液，振荡后加入0.5mL CCl_4（体会实验设计的思路和方法），充分振荡，观察CCl_4层颜色。

用0.1mol·L^{-1} KBr 溶液代替 KI 溶液进行同样的实验，观察现象。

② 取一支试管，加入0.5mL 0.1mol·L^{-1} $FeSO_4$溶液和5滴溴水，振荡后滴加2滴0.1mol·L^{-1} KSCN 溶液。充分振荡，观察现象。

用碘水代替溴水进行同样的实验，观察现象。

解释现象：_____。

结论：氧化还原反应方向与电极电势的关系_____。

2. 浓度对原电池电动势的影响

在一只小烧杯中加入20mL 1mol·L^{-1} $CuSO_4$溶液，在其中插入铜片；在另一只小烧杯中加入20mL 1mol·L^{-1} $ZnSO_4$溶液，在其中插入锌片。将铜片和锌片用导线分别与伏特计的正极和负极相接，用盐桥将两烧杯相连，组成一个原电池（图5-1）。观察并记录电池的电动势。

作出预测：从电极反应的能斯特方程入手，预测$CuSO_4$溶液和$ZnSO_4$溶液浓度对原电池电动势的影响。

实验验证：

① 向盛有$CuSO_4$溶液的小烧杯中滴加浓氨水至生成的沉淀全部溶解，形成深蓝色溶液为止。观察并记录电池的电动势。

② 向盛有$ZnSO_4$溶液的小烧杯中滴加浓氨水至生成的沉淀全部溶解，形成无色溶液为止。观察并记录电池的电动势。

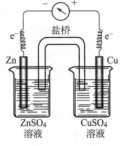

图5-1 Cu-Zn原电池

解释现象：_____。

结论：浓度对原电池电动势的影响_____。

拓展延伸：浓度对氧化还原反应进行的程度有何影响？

3. 浓度和酸度对氧化还原反应方向的影响

(1) 浓度对氧化还原反应方向的影响

作出预测：根据能斯特方程，预测 Fe^{2+} 和 Fe^{3+} 浓度对 Fe^{3+} 氧化性的影响。

实验验证：

① 取一支试管，向其中加入 0.5mL 0.1mol·L^{-1} $Fe_2(SO_4)_3$ 溶液、0.5mL H_2O 和 0.5mL CCl_4，然后向其中加入 0.5mL 0.1mol·L^{-1} KI 溶液。充分振荡，观察 CCl_4 层颜色。

② 在实验①的试管中，加入少许 NH_4F 固体。振荡，观察 CCl_4 层颜色的变化。

③ 取一支试管，向其中加入 0.5mL 0.1mol·L^{-1} $Fe_2(SO_4)_3$ 溶液、0.5mL 1mol·L^{-1} $FeSO_4$ 溶液和 0.5mL CCl_4，然后向其中加入 0.5mL 0.1mol·L^{-1} KI 溶液。充分振荡，观察 CCl_4 层颜色并与实验①进行比较。

解释现象：_____。

结论：_____。

(2) 酸度（介质）对氧化还原反应方向的影响

作出预测：查阅相关数据，预测 KIO_3 溶液和 KI 溶液在不同介质中的反应情况。

实验验证：在试管中加入 0.5mL 0.1mol·L^{-1} KI 溶液和 2 滴 0.1mol·L^{-1} KIO_3 溶液，再加几滴淀粉溶液，混合后观察溶液颜色有无变化。

向上述溶液中滴加 2~3 滴 1mol·L^{-1} H_2SO_4 溶液使混合液呈酸性，振荡，观察并记录现象。

再向上述溶液中滴加 2~3 滴 6mol·L^{-1} NaOH 使混合液显碱性，振荡，观察并记录现象。

解释现象：_____。

结论：_____。

4. 浓度和酸度对氧化还原反应产物的影响

(1) 浓度对氧化还原反应产物的影响

作出预测：查阅资料，预测锌粒与浓硝酸和稀硝酸的反应情况。

实验验证：取两支试管，各加入 2~3 粒锌粒，然后分别加入 1mL 浓 HNO_3（**注意：通风橱中操作！**）和 1mL 0.5mol·L^{-1} 稀 HNO_3 溶液。观察二者反应速率和反应产物的不同。

锌粒与浓 HNO_3 反应的产物通过观察颜色验证。

锌粒与稀 HNO_3 反应的产物通过气室法验证。具体操作如下：取几滴锌粒与稀硝酸反应的溶液滴到一只表面皿中心，再将湿润的红色石蕊试纸贴于另一只表面皿中心。向装有溶液的表面皿中滴加 2 滴 6mol·L^{-1} NaOH 溶液，迅速将贴有石蕊试纸的表面皿倒扣其上并放在热水浴上加热。观察红色石蕊试纸颜色的变化。

解释现象：_____。

结论：_____。

(2) 酸度（介质）对氧化还原反应产物的影响

作出预测：查阅资料，预测高锰酸钾在酸性、中性和碱性介质中与亚硫酸钠的反应情况。

实验验证：取三支试管，各加入 0.5mL 0.01mol·L^{-1} KMnO$_4$ 溶液，然后分别加入 0.5mL 1mol·L^{-1} H$_2$SO$_4$ 溶液、蒸馏水和 6mol·L^{-1} NaOH 溶液，混合后再分别逐滴加入 0.1mol·L^{-1} Na$_2$SO$_3$ 溶液。振荡并观察溶液颜色变化。

解释现象：_____。
结论：_____。

5. 氧化剂（还原剂）强弱对氧化还原反应产物的影响

作出预测：预测 Na$_2$S$_2$O$_3$ 分别被氯水和溴水氧化的产物。

实验验证：取两支试管，各加入 1mL 0.1mol·L^{-1} Na$_2$S$_2$O$_3$ 溶液，向一支试管中滴加 2mL 氯水，边滴边振荡。检验产物中是否有 SO$_4^{2-}$ 生成。

向另一支试管中滴加 2mL 碘水，边滴边振荡。检验产物中是否有 SO$_4^{2-}$ 生成。

解释现象：_____。
结论：_____。

6. 酸度对氧化还原反应速率的影响❶

作出预测：预测酸度对氧化还原反应速率的影响情况。

实验验证：取两支试管，各加入 0.5mL 0.1mol·L^{-1} KBr 溶液，然后分别加入 0.5mL 1mol·L^{-1} H$_2$SO$_4$ 和 6mol·L^{-1} HAc 溶液，再分别各滴加 2 滴 0.01mol·L^{-1} KMnO$_4$ 溶液。观察两支试管中紫红色褪去的速度。

解释现象：_____。
结论：_____。

7. 催化剂对氧化还原反应速率的影响

作出预测：查阅电对 S$_2$O$_8^{2-}$/SO$_4^{2-}$ 和 MnO$_4^-$/Mn^{2+} 的电极电势 $\varphi^{\ominus}$ 值，预测反应进行的方向和程度。若反应速率较慢，如何提高反应速率？提出你的假设。

实验验证：取两支试管，各加入 2 滴 0.1mol·L^{-1} MnSO$_4$ 溶液、2mL 1mol·L^{-1} H$_2$SO$_4$ 和 2mL 蒸馏水，然后分别加入等量的少许 K$_2$S$_2$O$_8$ 固体，并向其中一支试管中滴加 2 滴 0.1mol·L^{-1} AgNO$_3$ 溶液。将两支试管同时放在同一水浴中加热，观察两支试管中颜色变化的速度。

解释现象：_____。
结论：_____。

【思考题】

1.【实验过程】1. ①和②中加入 CCl$_4$ 和 KSCN 溶液的作用是什么？

2. 温度和浓度对氧化还原反应的速率有何影响？电动势越大的氧化还原反应，其反应速率一定越快吗？

3. 如何通过实验证明 H$_2$O$_2$ 既具有氧化性又具有还原性？

4. 选用酸作为氧化还原反应介质时，一般不用 HNO$_3$ 和 HCl，为什么？

【拓展性实验资源】

查阅资料，设计实验验证常见氧化剂和常见还原剂的反应。

---

❶ 浓度对氧化还原反应速率的影响见【实验过程】4.（1）。

实验 26　含氧酸盐热稳定性的研究

【知识链接】

热稳定性是物质的重要性质之一。物质的燃烧和爆炸与其热稳定性密切相关，因此物质的热稳定性是化学研究和化工生产所关注的问题之一。

物质的热稳定性包括单质的热稳定性、气体氢化物的热稳定性、氢氧化物的热稳定性、含氧酸的热稳定性以及含氧酸盐的热稳定性。其中含氧酸盐的热稳定性在无机化学学习、化工生产和新材料开发利用中都有重要作用。本实验着重讨论含氧酸盐的热稳定性。

结构决定性质是化学研究的重要思路。同样，含氧酸盐及其分解产物的结构是决定含氧酸盐热稳定性强弱的本质因素。从热力学角度讲，反应物和生成物的结构决定了反应的吉布斯自由能变的大小。从动力学角度讲，反应物和生成物的结构决定了反应历程，而不同的反应历程具有不同的活化能，从而导致热分解反应发生的难易程度有所不同。

对含氧酸盐热稳定性的研究主要包括理论方法和实验测试方法两个方面。

理论方法主要是利用已有数据和分子结构来计算和预测化学热力学性质。例如，采用标准状态下的热力学数值，利用吉布斯-亥姆霍兹公式对含氧酸盐的最低分解温度进行估算、应用中心原子稳定势计算碳酸盐的分解温度等。

分析物质热稳定性的实验方法主要有差热分析法、差示扫描量热法等，这将在高年级课程学习。

本实验的主要任务是通过观察不同含氧酸盐受热时发生分解的难易程度或产物的差异，对含氧酸盐热稳定性进行定性比较，进而认识含氧酸盐热分解的一般规律。

【实验目的】

1. 通过试验铵盐的热分解，认识铵盐热分解产物与阴离子的关系。
2. 通过试验硝酸盐、碳酸盐和硫酸盐的热分解，认识含氧酸盐热分解产物与阳离子的关系。
3. 通过试验钙和钠的不同含氧酸盐的热分解，认识含氧酸盐热分解与含氧酸根的关系。
4. 通过作出预测、实验验证、结论等进一步体会研究物质热稳定性的一般思路和方法。

【方法引导】

本实验旨在通过对一系列含氧酸盐热分解情况的对比分析，认识无机盐热分解的规律，同时学会对物质热稳定性进行定性研究和比较的方法和思路。

按照研究物质性质的一般思路和方法，实验中我们可以先尝试从物质构成上对含氧酸盐热稳定性的差异作出预测，然后设计实验进行验证，根据观察到的现象对稳定性作出对比，最后得出结论。

其中，对于从物质构成上对热稳定性的差异作出预测，主要围绕中心离子和含氧酸根离子两个角度展开。含氧酸根离子相同，中心离子极化能力越强，含氧酸盐越容易分解。例如，热稳定性 $Na_2CO_3 > CaCO_3 > ZnCO_3$。阳离子相同，酸根离子结构对称性越好、成酸元素电场越强，含氧酸盐越稳定。例如，硫酸盐通常比相应的碳酸盐、硝酸盐稳定。另外，固体铵盐不稳定，受热易分解。其热分解情况与组成铵盐的阴离子对应的酸有关。挥发性酸组成的铵盐，例如 NH_4Cl，分解产物一般为氨和相应的酸；非挥发性且无氧化性的酸组成的铵盐,如$(NH_4)_2SO_4$,则逸出氨;而氧化性酸组成的铵盐,如NH_4NO_3、$(NH_4)_2Cr_2O_7$,分解产物为N_2或氮的氧化物。

通过设计实验验证物质热稳定性的强弱,通常可以从两个方面入手:一是控制相同的温度,通过实验现象比较物质发生热分解的难易或快慢;二是测量在相同时间内物质发生相同程度的热分解所需要的不同温度。

【仪器和试剂】

仪器:试管、烧杯、酒精灯、红色石蕊试纸、火柴。

试剂:澄清石灰水(l)、$NH_4Cl(s)$、$(NH_4)_2SO_4(s)$、$(NH_4)_2Cr_2O_7(s)$、$NaNO_3(s)$、$Cu(NO_3)_2(s)$、$AgNO_3(s)$、$Na_2CO_3(s)$、$NaHCO_3(s)$、$Na_2SO_4(s)$、$CuSO_4·5H_2O(s)$、$CaSO_4·2H_2O(s)$、$CaCO_3(s)$、$Ca(NO_3)_2·4H_2O(s)$。

【关键操作】

加热(实验2)、试管操作。

【实验过程】

1. 铵盐的热分解

作出预测:固体氯化铵、硫酸铵和重铬酸铵受热分解情况。

实验验证:取一支干燥的试管,加入少量❶NH_4Cl固体,将试管垂直固定,加热,并将湿润的红色石蕊试纸横放在管口,观察试纸颜色的变化以及试管壁上部的现象。

分别用$(NH_4)_2SO_4$和$(NH_4)_2Cr_2O_7$代替NH_4Cl进行实验,观察并比较它们的热分解产物。

实验现象及解释:＿＿＿＿＿＿＿＿＿＿＿＿＿＿＿＿＿＿＿＿＿＿＿＿＿＿＿＿＿＿。

结论:铵盐的热分解与阴离子的关系＿＿＿＿＿＿＿＿＿＿＿＿＿＿＿＿＿＿＿＿＿。

2. 硝酸盐的热分解

作出预测:固体$NaNO_3$、$Cu(NO_3)_2$和$AgNO_3$的热分解情况。

实验验证:取三支干燥的试管,分别加入少量$NaNO_3$、$Cu(NO_3)_2$和$AgNO_3$固体,加热。观察现象。用带余烬的火柴检验反应生成的气体。

实验现象及解释:＿＿＿＿＿＿＿＿＿＿＿＿＿＿＿＿＿＿＿＿＿＿＿＿＿＿＿＿＿＿。

结论:硝酸盐的热分解与阳离子的关系＿＿＿＿＿＿＿＿＿＿＿＿＿＿＿＿＿＿＿＿。

3. 碳酸盐的热分解

作出预测:固体Na_2CO_3和$NaHCO_3$热稳定性的相对大小。

实验验证:按图5-2,在干燥大试管中加入少量Na_2CO_3固体,小试管中加入等量$NaHCO_3$固体,将生成物通入盛有澄清石灰水的小试管中。加热。观察现象。

解释现象:＿＿＿＿＿＿＿＿＿＿＿＿＿＿＿＿＿＿＿＿＿＿＿＿＿＿＿＿＿＿＿＿＿。

结论:碳酸盐的热分解与阳离子的关系＿＿＿＿＿＿＿＿＿＿＿＿＿＿＿＿＿＿＿＿。

4. 硫酸盐的热分解

作出预测:固体Na_2SO_4和$CuSO_4$热稳定性的相对大小。

实验验证:取两支干燥的试管,分别加入少量Na_2SO_4和$CuSO_4·5H_2O$固体,加热。观察现象。

---

❶ 约1g,本实验中其它固体试剂可参考此用量。

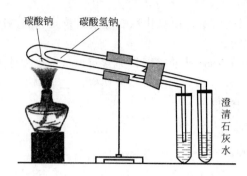

图 5-2　固体 Na_2CO_3 和 $NaHCO_3$ 受热分解

解释现象：_____。

结论：硫酸盐的热分解与阳离子的关系_____。

概括推广：根据【实验过程】2.、3. 和 4.，总结含氧酸盐的热分解与阳离子之间的关系？

5. 钙的含氧酸盐的热分解

作出预测：固体 $CaSO_4$、$CaCO_3$ 和 $Ca(NO_3)_2$ 热稳定性的相对大小。

实验验证：取三支干燥的试管，分别加入少量 $CaSO_4·2H_2O$、$CaCO_3$ 和 $Ca(NO_3)_2·4H_2O$ 固体❶，加热。观察现象。

解释现象：_____。

结论：钙盐的热分解与含氧酸根的关系_____。

概括推广：结合【实验过程】2. 中 $NaNO_3$ 和【实验过程】3. 中 Na_2CO_3 的分解情况，总结含氧酸盐的热分解与含氧酸根之间的关系？

【思考题】

1. 对于带结晶水盐而言，其热分解有什么规律？举例说明。

2. 固体 Na_2CO_3 和 $NaHCO_3$ 热稳定性比较的装置中，将试管中 Na_2CO_3 和 $NaHCO_3$ 对调可以吗？为什么？

实验 27　配合物性质的研究

【知识链接】

配合物是指中心离子（或原子）与配体以配位键结合形成的复杂化合物。从组成上说，配合物由内界和外界两部分组成❷。内界和外界之间以离子键结合，在水中全部解离。内界为配合物的特征部分，是中心离子和配体之间通过配位键结合而成的一个稳定的整体，在水中只有部分解离，其稳定程度的大小可通过 $K_\text{稳}^{\ominus}$ 来衡量。

具有环状结构的配合物称为螯合物，螯合物的稳定性更大，多具有特征的颜色。

---

❶ 碳酸钙受热分解温度为 910℃，实验中要注意反应条件的控制以及产物的检验。

❷ 有的配合物没有外界。

形成配合物时，常伴有溶液颜色、酸碱性、溶解性和氧化还原性的改变等特征。根据这些性质，可以利用生成配合物进行离子鉴定和分离、掩蔽干扰离子等。

在一定的条件下，不同的配离子之间以及配离子与沉淀之间会相互转化。

【实验目的】

1. 通过配合物的生成及其与简单化合物的比较，认识配离子的组成和稳定性。
2. 通过配位解离平衡与其它平衡之间的转化，认识影响配位解离平衡移动的因素。
3. 了解配合物在化学研究中的应用。
4. 通过提出假设、实验验证、得出结论等体会研究配合物性质的一般实验思路和方法。
5. 进一步巩固离心分离操作。

【方法引导】

本实验对配合物性质的研究主要围绕配合物的生成、配合物与简单化合物的区别、配位解离平衡的移动以及配合物的应用等方面展开。

实验中会用到比较的方法和提出假设的方法。

比较的方法：要证明配合物的中心离子和配体之间通过配位键结合成一个稳定的整体，可以采用与简单化合物进行比较的方式进行。

此时，要考虑选择的配合物和简单化合物的对应关系。例如，$[Cu(NH_3)_4]SO_4$ 与 $CuSO_4$ 溶液比较、$K_3[Fe(CN)_6]$ 与 $FeCl_3$ 溶液比较，同时要考虑加入的试剂与它们的反应要有明显的可观察的现象。例如，$[Cu(NH_3)_4]SO_4$ 和 $CuSO_4$ 的对比要加入 NaOH 和 $BaCl_2$，而 $K_3[Fe(CN)_6]$ 和 $FeCl_3$ 溶液的对比则需加入 KSCN，这样才有利于进行对比分析。

提出假设的方法：在进行配位解离平衡移动实验时，需要先对配位解离平衡移动的方向进行预测，然后在此基础上进行实验，进而解释现象，得出结论。

其中，对于配合物的转化，提出假设的依据是：根据不同配合物的 $K_{稳}^{\ominus}$，计算转化反应的平衡常数，进而可以判断转化反应的进行情况。对于配位解离平衡与沉淀溶解平衡，提出假设的依据是相关沉淀的 $K_{sp}^{\ominus}$ 和配离子的 $K_{稳}^{\ominus}$ 的大小。而对于配位解离平衡与氧化还原反应，则可以根据相关电对的 $\varphi^{\ominus}$ 数值以及配离子的 $K_{稳}^{\ominus}$ 进行预测。

在理论预测的基础上进行实验，有助于将理论知识与实验操作有机联系，避免"照方抓药"，机械操作。同时会有利于发现和理解配位解离平衡的真正原因。

【仪器和试剂】

仪器：量筒、试管、漏斗、点滴板、离心试管、离心机、滤纸。

试剂：$CuSO_4$（$0.1mol \cdot L^{-1}$）、H_2SO_4（$2mol \cdot L^{-1}$）、HCl（$1mol \cdot L^{-1}$）、$NH_3 \cdot H_2O$（$2mol \cdot L^{-1}$，$6mol \cdot L^{-1}$）、NaOH（$0.1mol \cdot L^{-1}$，$2mol \cdot L^{-1}$）、KI（$0.1mol \cdot L^{-1}$）、$BaCl_2$（$0.1mol \cdot L^{-1}$）、$K_3Fe(CN)_6$（$0.1mol \cdot L^{-1}$）、$NH_4Fe(SO_4)_2$（$0.1mol \cdot L^{-1}$）、$FeCl_3$（$0.1mol \cdot L^{-1}$）、KSCN（$0.1mol \cdot L^{-1}$）、NH_4F（$2mol \cdot L^{-1}$）、$(NH_4)_2C_2O_4$（饱和）、$AgNO_3$（$0.1mol \cdot L^{-1}$）、NaCl（$0.1mol \cdot L^{-1}$）、KBr（$0.1mol \cdot L^{-1}$）、$Na_2S_2O_3$（$0.1 mol \cdot L^{-1}$）、KI（$0.1mol \cdot L^{-1}$）、$FeSO_4$（$0.1mol \cdot L^{-1}$）、$NiSO_4$（$0.1mol \cdot L^{-1}$）、$CoCl_2$（$0.1mol \cdot L^{-1}$）、NH_4SCN（饱和）、乙醇（95%）、CCl_4、邻菲罗啉（0.25%）、丁二酮肟（1%）、戊醇。

【关键操作】

试管操作、离心分离（实验 6）。

【实验过程】

1. 配合物的生成——以 $[Cu(NH_3)_4]SO_4$ 为例

向试管中加入 2mL 0.1mol·L^{-1} CuSO$_4$ 溶液，逐滴加入 2mol·L^{-1} NH$_3$·H$_2$O 溶液，观察沉淀的生成（思考沉淀是什么?）。

继续滴加氨水，直至沉淀溶解而形成深蓝色溶液（思考深蓝色溶液是什么?）。

然后加入约 3mL 95% 乙醇，振荡试管，观察现象。过滤，得到晶体（思考晶体是什么?）。

在漏斗下端放一支试管，向滤纸上的晶体逐滴加入 2mol·L^{-1} NH$_3$·H$_2$O 溶液使晶体溶解（保留此溶液供后续实验用）。

写出上述实验的离子反应方程式。

2. 配合物与简单化合物和复盐的区别

（1）配合物与简单化合物的区别

① 将【实验过程】1. 所得的溶液分成四份，取 2 份分别于 2 支试管中，向第一支试管中加入 2 滴 0.1mol·L^{-1} BaCl$_2$ 溶液，第二支试管中加入 2 滴 0.1mol·L^{-1} NaOH 溶液，观察现象。写出相应的离子反应方程式。

② 另取两支试管各加 5 滴 0.1mol·L^{-1} CuSO$_4$ 溶液，向第一支试管中滴入 2 滴 0.1mol·L^{-1} BaCl$_2$ 溶液，第二支试管中滴入 2 滴 0.1mol·L^{-1} NaOH 溶液，观察现象❶。

比较①和②的结果，说明【实验过程】1. 所得配合物的组成及其与简单化合物的区别。

（2）配合物与复盐的区别

按照（1）的思路，设计实验证明铁氰化钾 K$_3$[Fe(CN)$_6$]是配合物，硫酸铁铵 NH$_4$Fe(SO$_4$)$_2$ 是复盐，写出实验步骤并进行实验。

实验方案：_____。

实验现象：_____。

结论：_____。

3. 配位解离平衡的移动

（1）配合物之间的转化

提出假设：查阅配离子 $K_稳^{\ominus}$，[Fe(SCN)$_6$]$^{3-}$、[FeF$_6$]$^{3-}$ 和 [Fe(C$_2$O$_4$)$_3$]$^{3-}$ 的 $K_稳^{\ominus}$，预测它们之间的转化情况。

实验验证：在一支试管中加入 1mL 0.1mol·L^{-1} FeCl$_3$ 溶液，再加入 2 滴 0.1mol·L^{-1} KSCN 溶液，观察溶液颜色。

然后，向其中滴加 2mol·L^{-1} NH$_4$F 溶液，观察溶液颜色。向该溶液中再滴加饱和 (NH$_4$)$_2$C$_2$O$_4$ 溶液，观察溶液颜色。

解释现象：_____。

结论：配合物之间相互转化的条件是_____。

（2）配位解离平衡与沉淀溶解平衡

---

❶ 也可以选择 K$_3$[Fe(CN)$_6$] 和 FeCl$_3$ 溶液进行比较，此时需滴加 KSCN 溶液。

提出假设：查阅 AgCl、AgBr、AgI 沉淀的 $K_{sp}^{\ominus}$ 以及配离子 $[Ag(NH_3)_2]^+$、$[Ag(S_2O_3)_2]^{3-}$ 的 $K_{稳}^{\ominus}$，预测它们之间的相互转化情况。

实验验证：在一支离心试管中加入 3 滴 $0.1mol·L^{-1}AgNO_3$ 溶液，然后按下列次序进行实验：

① 逐滴加入 $0.1mol·L^{-1}$ NaCl 溶液至刚生成沉淀。离心分离，弃去上层清液。

② 逐滴加入 $6mol·L^{-1}NH_3·H_2O$ 至沉淀刚好溶解。

③ 逐滴加入 $0.1mol·L^{-1}$ KBr 溶液至刚生成沉淀。离心分离，除去上层清液。

④ 逐滴加入 $0.1mol·L^{-1}Na_2S_2O_3$ 溶液，边滴边剧烈振荡至沉淀刚溶解。

⑤ 逐滴加入 $0.1mol·L^{-1}$ KI 溶液至刚生成沉淀。

解释现象：＿＿＿＿＿＿＿＿＿＿＿＿＿＿＿＿＿＿＿＿＿＿＿＿＿＿＿＿＿＿＿＿＿。

结论：配合物与沉淀之间转化的条件是＿＿＿＿＿＿＿＿＿＿＿＿＿＿＿＿＿＿＿＿。

（3）配位解离平衡与氧化还原反应

提出假设：查阅 $\varphi^{\ominus}(Fe^{3+}/Fe^{2+})$、$\varphi^{\ominus}(I_2/I^-)$ 的数值以及配离子 $[FeF_6]^{3-}$ 的 $K_{稳}^{\ominus}$，预测氧化还原反应进行的方向。

实验验证：取两支试管，分别都加入 5 滴 $0.1mol·L^{-1}FeCl_3$ 溶液和 10 滴 CCl_4。然后向一支试管中加入 5 滴 $0.1mol·L^{-1}$ KI 溶液，另一支试管中滴加 $2mol·L^{-1}NH_4F$ 溶液至溶液变为无色，再加入 5 滴 $0.1mol·L^{-1}$ KI 溶液。振荡后比较两试管中 CCl_4 层的颜色。

解释现象：＿＿＿＿＿＿＿＿＿＿＿＿＿＿＿＿＿＿＿＿＿＿＿＿＿＿＿＿＿＿＿＿＿。

结论：配合物生成对氧化还原反应的影响＿＿＿＿＿＿＿＿＿＿＿＿＿＿＿＿＿＿。

（4）配位解离平衡与酸碱反应

提出假设：溶液酸碱性对配离子$[Cu(NH_3)_4]^{2+}$ 和 $[FeF_6]^{3-}$ 稳定性的影响情况。

实验验证：

① 将【实验过程】1. 所得的$[Cu(NH_3)_4]SO_4$溶液分于两支试管中，向第一支试管中逐滴加入 $1mol·L^{-1}$HCl 溶液，第二支试管中逐滴加入 $2mol·L^{-1}$NaOH 溶液，观察现象。

解释现象：＿＿＿＿＿＿＿＿＿＿＿＿＿＿＿＿＿＿＿＿＿＿＿＿＿＿＿＿＿＿＿＿＿。

结论：＿＿＿＿＿＿＿＿＿＿＿＿＿＿＿＿＿＿＿＿＿＿＿＿＿＿＿＿＿＿＿＿＿＿。

② 在一支试管中，加入 10 滴 $0.1mol·L^{-1}FeCl_3$ 溶液，再逐滴加入 $2mol·L^{-1}NH_4F$ 溶液至溶液颜色呈无色。将此溶液分成两份，分别逐滴加入 $1mol·L^{-1}$ HCl 和 $2mol·L^{-1}$ NaOH 溶液，观察现象。

解释现象：＿＿＿＿＿＿＿＿＿＿＿＿＿＿＿＿＿＿＿＿＿＿＿＿＿＿＿＿＿＿＿＿＿。

结论：＿＿＿＿＿＿＿＿＿＿＿＿＿＿＿＿＿＿＿＿＿＿＿＿＿＿＿＿＿＿＿＿＿＿。

4．配合物的应用

（1）利用生成特征颜色的配合物定性鉴定某些离子

① Fe^{2+} 的鉴定

鉴定原理：Fe^{2+} 与邻菲罗啉在微酸性溶液中反应，生成特征的橘红色配离子。

$$Fe^{2+} + 3 \underset{\text{(邻菲罗啉)}}{\text{N} \diagup \text{N}} \longrightarrow \left[Fe\left(\underset{\text{N} \diagdown \text{N}}{}\right)_3\right]^{2+}$$

实验过程：在白色点滴板上加入 1 滴 Fe^{2+} 试液，再加入 2 滴 0.25% 邻菲罗啉溶液，观察现象。

结论：溶液呈橘红色表示有 Fe^{2+} 存在。

② Ni^{2+} 的鉴定

鉴定原理：Ni^{2+} 与丁二酮肟反应生成特征的鲜红色螯合物沉淀。

$$Ni^{2+} + 2\begin{array}{c}CH_3-C=NOH\\CH_3-C=NOH\end{array} \longrightarrow \begin{array}{c}\text{(鲜红色螯合物)}\end{array} + 2H^+\downarrow$$

实验过程：在白色点滴板上加入 1 滴 Ni^{2+} 试液，再加入 1 滴 $6\,mol\cdot L^{-1}$ 氨水和 1 滴 1% 丁二酮肟溶液，观察现象。

结论：有鲜红色沉淀生成表示有 Ni^{2+} 存在。

(2) 利用生成配合物掩蔽干扰离子

原理：在定性鉴定中如果遇到干扰离子，经常利用形成稳定配合物的方法把干扰离子掩蔽起来。

例如，Co^{2+} 的鉴定，是利用它与 NH_4SCN 反应生成 $[Co(SCN)_4]^{2-}$ 配离子，该配离子易溶于戊醇等有机溶剂呈现特征的蓝绿色。但若 Co^{2+} 溶液中含有 Fe^{3+}，则因为 Fe^{3+} 与 SCN^- 生成血红色的 $[Fe(SCN)_6]^{3-}$ 配离子而产生干扰。为了避免它的干扰，可以利用 Fe^{3+} 与 F^- 形成更稳定的无色 $[FeF_6]^{3-}$ 配离子，把 Fe^{3+} 掩蔽起来。

实验过程：取 2 滴 Fe^{3+} 和 Co^{2+} 的混合溶液于试管中，加入 10 滴饱和 NH_4SCN 溶液，观察现象。逐滴加入 $2\,mol\cdot L^{-1}\,NH_4F$ 溶液，振荡试管，观察现象（思考：该步骤目的是什么？）。

加入 6 滴戊醇，振荡试管，静置，观察戊醇层的颜色。

结论：戊醇层呈现蓝绿色表示有 Co^{2+} 存在。

【思考题】

1. 衣服上沾有铁锈时，可以用草酸洗去。为什么？
2. 哪些类型的反应能使 $[Fe(SCN)_n]^{3-n}$ 的血红色褪去？
3. 如何利用配合物的稳定性进行硬水的软化？

实验 28　缓冲溶液性质的研究

【知识链接】

缓冲溶液是指能够抵抗外加少量强酸、强碱或适当稀释而 pH 变化不大的溶液。

从组成上讲，缓冲溶液是由弱酸及其共轭碱所组成的混合溶液。例如，HAc-NaAc、NH_3-NH_4Cl、H_2CO_3-$NaHCO_3$、NaH_2PO_4-Na_2HPO_4 的混合溶液都具有缓冲作用。其中，弱酸是缓冲溶液的抗碱成分，而其共轭碱则是抗酸成分。

缓冲溶液 pH 求算[1]：

$$pH = pK_a^\ominus - \lg \frac{c_{弱酸}}{c_{共轭碱}}$$

缓冲溶液的有效缓冲范围为 $pH = pK_a^\ominus \pm 1$，缓冲容量与缓冲对的总浓度和缓冲对彼此浓度比值有关。

在化学研究中，有些反应必须在一定的 pH 范围内进行，此时需要用缓冲溶液来维持实验体系的 pH。

【实验目的】

1. 掌握缓冲溶液的配制方法，并感受和认识其缓冲作用。
2. 探究缓冲容量与缓冲对总浓度、缓冲对浓度比之间的关系。
3. 体会控制变量在实验研究中的作用。
4. 进一步巩固酸度计、吸量管的使用。

【方法引导】

本实验中会涉及控制变量和建立数据表两种科学研究的方法。

在实验研究中，当要设计实验证明某个因素对实验结果的影响时，需要考虑在所进行的实验中，自变量是什么，因变量是什么，哪些变量必须保持不变，控制变量是一个重要的方法。

例如，要探究缓冲对总浓度对缓冲容量的影响，则需要控制各组实验中缓冲对的浓度比值等所有可能影响测试结果的其它变量都保持相同。同样，要探究缓冲对浓度比值对缓冲容量的影响，则需要控制各组实验中缓冲对的总浓度相同。

建立数据表：在开始实验之前，应该学会设计一张形式合适的表格，用于记录实验过程中收集的数据资料。数据表是常用的整理数据的方法，可用来收集和记录观察结果。这样，有利于找出研究对象的相同点和不同点，发现实验数据背后的内在联系。

【仪器和试剂】

仪器：酸度计、吸量管、试管、烧杯、量筒。

试剂：HAc（$0.10\,mol \cdot L^{-1}$，$1.0\,mol \cdot L^{-1}$）、$NH_3 \cdot H_2O$（$0.10\,mol \cdot L^{-1}$）、NH_4Cl（$0.10\,mol \cdot L^{-1}$）、NaAc（$0.10\,mol \cdot L^{-1}$，$1.0\,mol \cdot L^{-1}$）、HCl（$0.10\,mol \cdot L^{-1}$）、NaOH（$0.10\,mol \cdot L^{-1}$）、NaCl（$0.10\,mol \cdot L^{-1}$）、蒸馏水。

【关键操作】

吸量管的使用（实验 4）、酸度计的使用（实验 13）。

【实验过程】

1. 缓冲溶液配制及其 pH 的测定

按表 5-2 配制四种缓冲溶液，用酸度计分别测定其 pH，记录测定结果，并将其与计算值进行比较。

---

[1] 计算时注意的 $pK_a^\ominus$ 的具体含义

表 5-2　缓冲溶液的配制

编号	配制溶液	pH 测定值	pH 计算值
1	10.00mL 0.10mol·L^{-1}HAc+10.00mL 0.10mol·L^{-1}NaAc		
2	10.00mL 1.0mol·L^{-1}HAc+10.00mL 0.10mol·L^{-1}NaAc		
3	10.00mL 0.10mol·L^{-1}HAc+10.00mL 1.0mol·L^{-1}NaAc		
4	10.00mL 0.10mol·L^{-1}NH$_3$+10.00mL 0.10mol·L^{-1}NH$_4$Cl		

2. 探究缓冲溶液的缓冲作用

取三支试管，分别加入上面配制的 1 号缓冲溶液各 5mL，记录其 pH。然后按表 5-3 分别加入 2 滴 0.10mol·L^{-1}HCl 溶液、2 滴 0.10mol·L^{-1}NaOH 溶液和 2 滴蒸馏水，摇匀，用酸度计测定各自的 pH，记录测定结果，并将其与加入前缓冲溶液的 pH 进行比较。

表 5-3　缓冲溶液的缓冲作用

编号	5mL 1 号缓冲溶液	pH 测定值	加入前 pH 测定值	ΔpH
1	加入 2 滴 0.10mol·L^{-1}HCl 溶液			
2	加入 2 滴 0.10mol·L^{-1}NaOH 溶液			
3	加入 2 滴蒸馏水			

进行以下对比实验：按表 5-4 将上述实验中试管 1 和试管 2 中的各 5mL 1 号缓冲溶液换成各 5mL 0.10mol·L^{-1}NaCl 溶液，用酸度计测定其 pH，然后分别加入 2 滴 0.10mol·L^{-1}HCl 溶液、2 滴 0.10mol·L^{-1}NaOH 溶液，分别用酸度计测定各自的 pH，记录测定结果，并将其与加入前 NaCl 溶液的 pH 进行比较。

表 5-4　NaCl 溶液的缓冲作用

编号	5mL 0.10mol·L^{-1}NaCl 溶液	pH 测定值	加入前 pH 测定值	ΔpH
1	加入 2 滴 0.10mol·L^{-1}HCl 溶液			
2	加入 2 滴 0.10mol·L^{-1}NaOH 溶液			

根据两组实验结果，你能得出什么结论？_____。

3. 探究缓冲溶液的缓冲容量的影响因素

（1）探究缓冲对总浓度与缓冲容量的关系

取四支试管，分别按表 5-5 所示浓度各取 3mL HAc 溶液和 3mL NaAc 溶液，用酸度计测定各自的 pH，记录测定结果。然后，分别向四种溶液中加入 3 滴 0.10mol·L^{-1}NaOH 溶液，再次测定 pH，并将其与加入 NaOH 前缓冲溶液的 pH 进行比较。

表 5-5　缓冲对总浓度与缓冲容量的关系

编号	1	2	3	4
c(总)/mol·L^{-1}	1.0	0.40	0.20	0.10
c(HAc)/c(Ac$^-$)	0.50/0.50	0.20/0.20	0.10/0.10	0.05/0.05
加 NaOH 前 pH				
加 NaOH 后 pH				
ΔpH				

根据实验结果总结：缓冲对总浓度与缓冲容量的关系为_____。

（2）探究缓冲对彼此浓度比值与缓冲容量的关系

取四支试管，分别按表5-6所示浓度各取3mL HAc溶液和3mL NaAc溶液，用酸度计测定各自的pH，记录测定结果。然后，分别向四种溶液中加入2滴0.10mol·L^{-1} NaOH溶液，再次测定pH，并将其与加入NaOH前缓冲溶液的pH进行比较。

表5-6　缓冲对彼此浓度比值与缓冲容量的关系

编号	1	2	3	4
c(总)/mol·L^{-1}	1.0	1.0	1.0	1.0
c(HAc)/c(Ac$^-$)	0.50/0.50=1	0.80/0.20=4	0.90/0.10=9	0.99/0.01=99
加NaOH前pH				
加NaOH后pH				
ΔpH				

根据实验结果总结：缓冲对浓度比值与缓冲容量的关系为_____。

【思考题】

1. 缓冲溶液的pH由哪些因素决定？
2. 怎样根据缓冲溶液的pH选定缓冲物质？请举例说明。

【拓展性实验资源】

查阅资料，了解"运用手持技术探究酸碱度对缓冲溶液的影响"的实验方案。

实验29　某确定物质性质的研究（以过氧化氢为例）

【知识链接】

纯H_2O_2是近乎无色的黏稠液体，通常所用的是3%和30% H_2O_2水溶液。

H_2O_2在工业、医药等领域有广泛应用。基于H_2O_2的氧化性，可应用于工业上织物、纸张、皮革等的漂白；基于H_2O_2的还原性，工业上利用H_2O_2除去氯气；3%的H_2O_2水溶液可用作医用消毒剂。

H_2O_2分子中含有过氧基，由于过氧键的键能较小，所以H_2O_2不稳定。光照、加热、MnO_2以及某些重金属离子等会加速H_2O_2分解。

基于H_2O_2对热不稳定，制备H_2O_2需要在冰水中冷却进行。

在H_2O_2中，氧元素处于中间氧化数，它既有氧化性又有还原性。

在酸性介质中，其氧化性表现尤为突出，可与I$^-$、S^{2-}、Fe^{2+}等多种还原剂反应；而遇到强氧化剂如$KMnO_4$，H_2O_2则表现出还原性。在稀H_2SO_4溶液中，室温条件下，H_2O_2可定量地被$KMnO_4$氧化，因此可以用$KMnO_4$法测定H_2O_2的含量。

在碱性介质中，H_2O_2可将Mn(Ⅱ)氧化为MnO_2，使CrO_2^-转变为CrO_4^{2-}。

在铬酸盐的酸性溶液中，加入H_2O_2，生成深蓝色的过氧化铬$CrO(O_2)_2$。$CrO(O_2)_2$在乙醚中比较稳定，故通常在反应前预先加一些乙醚，利用该性质可以鉴定H_2O_2。从另一个角度思考，也可以鉴定 Cr(Ⅵ)。

【实验目的】

1. 体会研究物质性质的一般程序和方法。
2. 掌握过氧化氢的实验室制备及条件控制。
3. 通过预测并设计实验，进一步认识过氧化氢的氧化还原性和不稳定性。
4. 验证过氧化氢的鉴定以及过氧化氢在 Ti(Ⅳ)、V(Ⅴ)和 Cr(Ⅲ)鉴定中的应用。
5. 了解用 $KMnO_4$ 法测定 H_2O_2 含量的原理和操作，了解自身指示剂和自催化反应。

【方法引导】

要研究一种物质的性质时，可以利用观察法得到其颜色、状态等物理性质。而化学性质的研究更多地还是要通过实验来完成。

在实验前，需要利用已有知识对所研究物质可能具有的化学性质进行预测，从而做到有的放矢。当然，预测并非毫无根据的猜测，它需要以已有知识为基础而进行。例如，基于元素的氧化数和相关电对的标准电极电势可以对物质的氧化还原性进行预测。

如果我们预测某物质具有氧化性，就需要寻找一种具有还原性的物质，通过实验验证二者能够发生氧化还原反应来检验预测。相应地，如果我们预测某物质具有还原性，就需要寻找一种具有氧化性的物质，通过实验来验证预测。

同样，如果我们预测某物质具有不稳定性，那么就应该通过设计稳定性实验来验证预测。

在本实验中，需要考虑以下问题：实验室如何制备过氧化氢？要注意什么问题？

研究物质的化学性质，通常要关注其溶解性、酸碱性、氧化还原性和稳定性。对过氧化氢而言，它会具有哪些性质？实验前要作出预测。

【仪器和试剂】

仪器：试管、烧杯、量筒、酒精灯、pH 试纸、玻璃棒、表面皿、火柴。

试剂：H_2O_2（3%）、H_2SO_4（$2mol·L^{-1}$，$3mol·L^{-1}$，浓）、HCl（$2mol·L^{-1}$）、NaOH（$2mol·L^{-1}$，$6mol·L^{-1}$）、$KMnO_4$（$0.01mol·L^{-1}$）、KI（$0.1mol·L^{-1}$）、$FeSO_4$（$0.1mol·L^{-1}$）、KSCN（$0.1mol·L^{-1}$）、$MnSO_4$（$0.1mol·L^{-1}$）、$Pb(NO_3)_2$（$0.1mol·L^{-1}$，$0.2mol·L^{-1}$）、Na_2S（$0.2mol·L^{-1}$）、$K_2Cr_2O_7$（$0.1mol·L^{-1}$）、HAc（$6mol·L^{-1}$）、NH_4VO_3（饱和）、Cr^{3+} 试液、氯水、CCl_4、乙醚、Na_2O_2（s）、MnO_2（s）、TiO_2（s）、沸石。

【关键操作】

加热（实验2）、试管操作、滴定操作（实验5）。

【实验过程】

1. 过氧化氢的生成

在试管中加入少量_____固体和 2mL 水，振荡后置于_____冷却（为什么？）。

观察：过氧化氢的颜色_____；状态_____。

用 pH 试纸试验：pH=_____；酸碱性_____。

2. 过氧化氢的性质

(1) 氧化还原性

查找下列电对的标准电极电势数据：

$\varphi^{\ominus}(H_2O_2/H_2O)=$ _____； $\varphi^{\ominus}(O_2/H_2O_2)=$ _____； $\varphi^{\ominus}(HO_2^-/OH^-)=$ _____；

$\varphi^{\ominus}(O_2/HO_2^-)=$ _____； $\varphi^{\ominus}(MnO_4^-/Mn^{2+})=$ _____； $\varphi^{\ominus}(I_2/I^-)=$ _____；

$\varphi^{\ominus}(Cl_2/Cl^-)=$ _____； $\varphi^{\ominus}(Fe^{3+}/Fe^{2+})=$ _____。

① 利用下列给定试剂，分别设计实验验证 H_2O_2 的氧化性和还原性：3% H_2O_2 溶液、0.01mol·L^{-1} KMnO$_4$ 溶液、3mol·L^{-1} H$_2$SO$_4$ 溶液、0.1mol·L^{-1} KI 溶液、CCl$_4$、0.1mol·L^{-1} FeSO$_4$ 溶液、0.1mol·L^{-1} KSCN 溶液、氯水。

验证 H_2O_2 的氧化性实验方案：_____

实验现象：_____

结论：_____

验证 H_2O_2 的还原性实验方案：_____

实验现象：_____

结论：_____

② 利用下列给定试剂设计实验，考察介质的酸碱性对 H_2O_2 的氧化还原性的影响：0.1mol·L^{-1} MnSO$_4$ 溶液、2mol·L^{-1} H$_2$SO$_4$ 溶液、2mol·L^{-1} NaOH 溶液、3% H_2O_2 溶液。

实验方案：_____

实验现象：_____

结论：_____

③ 利用下列给定试剂，设计实验模拟利用 H_2O_2 修复被硫化氢污染的油画：0.2mol·L^{-1} Pb(NO$_3$)$_2$ 溶液、0.2mol·L^{-1} Na$_2$S 溶液❶、3% H_2O_2 溶液。

实验方案：_____

实验现象：_____

结论：_____

(2) 不稳定性

取两支试管分别加入 2mL 3% H_2O_2 溶液，将其中一支试管置于水浴上加热，观察现象；迅速将带余烬的火柴放在试管口，观察现象。

在另一支试管中加入少许 MnO$_2$ 固体，观察现象；迅速将带余烬的火柴放在试管口，观察现象。

比较以上两个实验，说明 MnO$_2$ 在 H_2O_2 的分解中的作用。

3. 过氧化氢的鉴定

在试管中加入 2mL 3% H_2O_2 溶液，加入 0.5mL 乙醚和 5 滴 3mol·L^{-1} H$_2$SO$_4$ 溶液，然后加入 5 滴 0.1mol·L^{-1} K$_2$Cr$_2$O$_7$ 溶液，振荡。观察。

乙醚层颜色_____，水层颜色_____。

该反应也可用于 Cr(Ⅵ) 的鉴定。

4. 过氧化氢在其它离子鉴定中的应用

(1) Ti(Ⅳ) 的鉴定

向试管中加入米粒大小的 TiO$_2$ 粉末，然后加入 2mL 浓 H$_2$SO$_4$，再加入几粒沸石，加

---

❶ 可用 5% 硫代乙酰胺（TAA）溶液代替。

热至近沸，观察现象。

静置冷却后取 0.5mL 溶液，加入 2 滴 3% H_2O_2 溶液，观察溶液颜色_____。

(2) V(Ⅴ)的鉴定

在 0.5mL 饱和偏钒酸铵溶液中，加入 0.5mL 2mol·L^{-1} HCl 溶液和 2 滴 3% H_2O_2 溶液，观察产物颜色_____。

(3) Cr(Ⅲ)的鉴定

取 3 滴 Cr^{3+} 试液，加入 6mol·L^{-1} NaOH 溶液直至生成的沉淀溶解，搅动后加入 4 滴 3% H_2O_2 溶液，水浴加热，待溶液变为黄色后，继续加热使剩余 H_2O_2 完全分解，冷却。加入 6mol·L^{-1} HAc 酸化，再加入 2 滴 0.1mol·L^{-1} $Pb(NO_3)_2$ 溶液，观察产物颜色_____，状态_____。

5. 过氧化氢含量的测定❶

在稀 H_2SO_4 溶液中，室温条件下，H_2O_2 可定量地被 $KMnO_4$ 氧化，因此可以用 $KMnO_4$ 法测定 H_2O_2 的含量。

【思考题】

1. 过氧化氢作氧化剂的优点有哪些？
2. 常见氧化剂中哪些能把过氧化氢氧化？
3. 过氧化氢含量的测定实验中，$KMnO_4$ 标准溶液为什么不能用直接法配制？

【拓展性实验资源】

探究过氧化氢酶的催化作用

过氧化氢酶是一种广泛存在于各类生物体中的酶，特别在动物肝脏中以高浓度存在，它能够催化 H_2O_2 的分解反应。

查阅资料，了解过氧化氢酶在动植物体内的分布，设计实验证明过氧化氢酶的催化作用以及温度对过氧化氢酶的活性的影响。

---

❶ 本实验可根据实际教学安排单独开设，具体操作请见实验 40。

第六部分　物质的检测

利用实验进行物质的检测是化学实验的重要功能，也是无机及分析化学实验的重要内容之一。

根据检测目的和任务的不同，物质的检测通常包括定性检验和定量测量两大方面❶。定性检验的主要任务是鉴定物质中含有哪些元素、离子、原子团或官能团。在无机及分析化学实验中，定性检测的对象是无机物，它们大多是电解质，所以一般是通过鉴定相关离子来确定物质的组成，例如实验30、实验31。定量测量的主要任务则在于测定物质中有关组分的含量，例如实验32~实验48。

根据测定原理的不同，物质的检测又可分为化学分析法和仪器分析法两类。

化学分析法是以化学反应为基础的物质检测方法。例如，在定性检验中，常利用组分与有关试剂生成沉淀、气体或有色物质等特征化学反应对其进行鉴定；在定量测量中，常根据化学反应中各物质的定量关系，利用重量分析、滴定分析和气体分析等方法对物质有关组分的含量进行测定。其中，重量分析法是根据化学反应生成物的质量求出被测组分含量的方法，滴定分析法是根据化学反应中所消耗的标准溶液的体积和浓度求出被测组分含量的方法，气体分析法是根据化学反应中所生成气体的体积或与吸收剂反应生成的物质的质量求出被测组分含量的方法。

仪器分析法是以物质的物理性质和物理化学性质为基础并借助较精密的仪器测定被测组分含量的方法。包括光学分析法、电化学分析法、色谱分析法等。它通常比化学分析法有更高的精确度和灵敏度。

本部分实验主要是运用化学分析法进行物质的检测，仪器分析法将在后续课程中学习。通过本部分学习，大家要熟悉"明确检测原理—设计实验方案—实施实验方案—实验数据表达与处理"的整体实验思路，掌握物质的定性和定量检测的基本实验方法，尤其要注意树立"量"的概念，学会选择恰当的实验仪器和合适的实验条件，提高实验数据的准确度，掌握实验数据的处理方法。

实验 30　混合离子的分离与鉴定

【知识链接】

在生产实践和科学研究中，经常需要鉴定物质所含的组分。其中，对混合溶液中的离子进行鉴定是定性鉴定的重要任务之一。

---

❶ 严格讲，物质的检测还包括结构分析，因基础化学实验中不涉及该方面内容，故此处省略。

离子鉴定就是利用特征反应确定某种离子是否存在的过程。所谓特征反应，是指如果加入的试剂只与被鉴定离子发生反应且具有明显的特征现象，如沉淀生成或溶解、颜色变化或气体生成，则所加试剂为特征试剂，该反应称为被鉴定离子的特征反应。

事实上，真正的特征反应并不多。但是可以通过加入掩蔽剂等方法消除其它离子的干扰，若无法消除干扰，则可以先将干扰离子分离后再进行鉴定。

当然，分离的最终目的是获得鉴定反应的特征性。在保证特征反应所带来的高效便捷的鉴定效果前提下，分离次数越少越好，而不必分离到溶液中只剩下单个离子后，才加入鉴定试剂进行鉴定。

不同的离子，其鉴定反应的原理和鉴定方法不同，具体操作可参考附录 11 常见离子鉴定方法。

【实验目的】

1. 掌握常见阴、阳离子的鉴定方法。
2. 了解混合阳离子分组鉴定的方案和混合阴离子的鉴定方案。
3. 熟悉混合溶液中离子分离和鉴定方案设计的一般思路和方法。
4. 掌握不使用其它试剂，仅利用欲鉴定溶液间的反应进行溶液鉴定的一般思路。
5. 提高综合运用基础知识解决实际问题的能力。

【实验任务】

1. 某未知试液中可能含有 K^+、Ba^{2+}、Ag^+、Cu^{2+}、Al^{3+} 和 Fe^{3+}，设计方案进行分离和鉴定。
2. 某未知试液中可能含有 Cl^-、Br^- 和 I^-，设计方案进行分离和鉴定。
3. 现有六瓶失去标签的液体，分别是 Na_2CO_3、NaI、$CuSO_4$、$Cu(NO_3)_2$、$Pb(NO_3)_2$ 和 $Ba(NO_3)_2$ 溶液，设计实验方案进行鉴定（要求不使用其它试剂）。

【方法引导】

要完成实验任务，需要思考并解决以下问题。

1. 混合阳离子鉴定的基本思路是什么？

常见的阳离子有 20 多种，对它们进行个别鉴定时容易发生相互干扰，所以对混合阳离子进行分析时，一般都是利用阳离子的某些共性先将它们分组，然后再在各组内根据其个性进行个别鉴定。

阳离子分组通常有硫化氢系统法和两酸两碱系统法两种分法。硫化氢系统法分组比较严密，但是操作步骤复杂，而且 H_2S 有毒且污染空气。下面主要介绍两酸两碱系统法。

两酸两碱系统法分组的基本思路是：以酸（HCl、H_2SO_4）和碱（$NH_3 \cdot H_2O$、$NaOH$）作试剂，利用氯化物、硫酸盐是否沉淀，氢氧化物是否具有两性，以及它们能否生成氨配合物等将离子分组。

① 用 HCl 溶液将能形成氯化物沉淀的 Ag^+、Pb^{2+} 和 Hg_2^{2+} 分离（盐酸组）。

② 用 H_2SO_4 溶液将能形成难溶硫酸盐沉淀的 Ba^{2+}、Sr^{2+}、Pb^{2+} 和 Ca^{2+} 分离（硫酸组）。

③ 用 $NH_3 \cdot H_2O$ 和 $NaOH$ 溶液将剩余的离子进一步分组。

其中，加入 $NH_3 \cdot H_2O$ 时，Cu^{2+}、Cd^{2+}、Zn^{2+}、Ni^{2+} 和 Co^{2+} 先生成氢氧化物沉淀，$NH_3 \cdot H_2O$ 过量，沉淀溶解，生成相应的氨配离子（氨合物组）；Al^{3+}、Cr^{3+}、Fe^{3+}、Mg^{2+}、Sb^{3+}、Sn^{2+} 和 Mn^{2+} 生成相应的氢氧化物沉淀，沉淀不溶于过量 $NH_3 \cdot H_2O$。

加入 NaOH 溶液时，Al^{3+}、Cr^{3+}、Sb^{3+}、Sn^{2+} 先生成氢氧化物沉淀，NaOH 过量，沉淀又会溶解（两性组）；$Mg(OH)_2$、$Fe(OH)_3$、$MnO(OH)_2$ 沉淀不溶解（氢氧化物组）；K^+、Na^+、NH_4^+ 不生成沉淀（易溶组）。

按上述思路进行分组之后再进行个别鉴定。

2. 混合阴离子鉴定的基本思路是什么？

由于酸碱性、氧化还原性等的限制，很多阴离子不能在同一溶液中共存，共存于溶液中的各离子彼此干扰较少，且许多阴离子有特征反应，故可采用分别分析法。

鉴定的基本思路是：先利用阴离子的特性对试液进行一系列初步试验，确定可能存在的阴离子，然后再根据离子性质的差异和特征反应进行鉴定。

初步试验包括酸碱性试验、挥发性试验、沉淀试验和氧化还原试验等。先用 pH 试纸测溶液酸碱性，再加稀 H_2SO_4 观察有无气体产生以及气体颜色，进行挥发性试验；然后利用 $1mol·L^{-1} BaCl_2$ 和 $0.1mol·L^{-1} AgNO_3$ 进行沉淀试验；最后利用 $0.01mol·L^{-1} KMnO_4$、碘-淀粉、碘化钾-淀粉溶液进行氧化还原试验。根据试验结果，初步推断可能存在的阴离子，然后再进行阴离子的个别鉴定。

少数离子在鉴定时发生相互干扰，应先分离，后鉴定。如，S^{2-} 的存在干扰 SO_3^{2-} 和 $S_2O_3^{2-}$ 的鉴定，需先将 S^{2-} 除去。

3. 在离子分离和鉴定实验操作过程中需要注意哪些问题？

① 每次沉淀必须完全，即所加沉淀剂必须足量（思考：如何判断？）。

② 当沉淀生成后，必须把沉淀和溶液进行离心分离，然后再加其它试剂。

③ 每步生成的沉淀，都要用少量带有沉淀剂的稀溶液或去离子水洗 1~2 次。

4. 不使用其它试剂，仅利用欲鉴定溶液间的反应进行溶液鉴定的一般思路是什么？

先观察溶液的颜色，根据颜色进行初步判断；然后将不同的溶液两两相互混合，通过观察溶液间的相互反应情况及反应现象进行推断。

【仪器和试剂】

仪器：离心试管、离心机、烧杯、九孔井穴板、酒精灯、玻璃棒、火柴。

试剂：$HCl(2mol·L^{-1})$、$HNO_3(6mol·L^{-1})$、$H_2SO_4(1mol·L^{-1})$、$HAc(3mol·L^{-1}$，$6mol·L^{-1})$、$NaOH(2mol·L^{-1})$、$NH_3·H_2O(2mol·L^{-1}$，$6mol·L^{-1})$、$NH_4SCN(0.5mol·L^{-1})$、$AgNO_3(0.1mol·L^{-1})$、$K_2CrO_4(0.1mol·L^{-1})$、Na_2CO_3（饱和）、$K_4[Fe(CN)_6](0.5mol·L^{-1})$、$Na_3[Co(NO_2)_6](0.1mol·L^{-1})$、$CCl_4$、氯水、阳离子混合液（$K^+$、$Ba^{2+}$、$Ag^+$、$Cu^{2+}$、$Al^{3+}$ 和 Fe^{3+}）、阴离子混合液（Cl^-、Br^- 和 I^-）、锌粉、铝试剂、Na_2CO_3（$0.1mol·L^{-1}$，无标签）、NaI（$0.1mol·L^{-1}$，无标签）、$CuSO_4$（$0.1mol·L^{-1}$，无标签）、$Cu(NO_3)_2$（$0.1mol·L^{-1}$，无标签）、$Pb(NO_3)_2$（$0.1mol·L^{-1}$，无标签）、$Ba(NO_3)_2$（$0.1mol·L^{-1}$，无标签）。

【关键操作】

试管操作、离心分离（实验 6）。

【实验过程】

1. K^+、Ba^{2+}、Ag^+、Cu^{2+}、Al^{3+} 和 Fe^{3+} 混合溶液的分离与鉴定

(1) 分离与鉴定方案❶

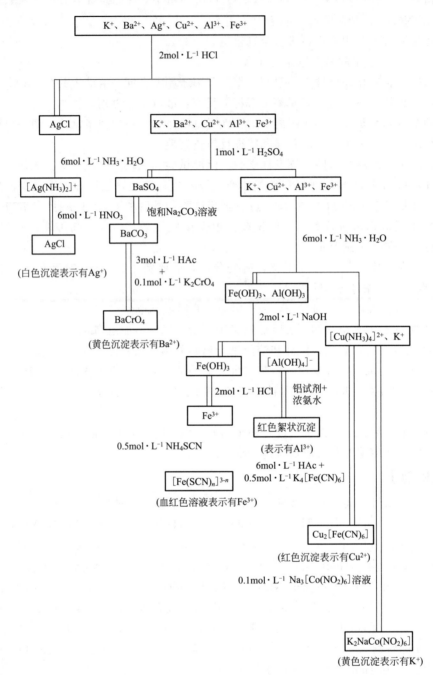

(2) 分离与鉴定步骤

根据以上方案，参考【方法引导】栏目中 3. 自己完成分离和鉴定步骤，并进行实验。

2. Cl^-、Br^- 和 I^- 混合溶液的分离与鉴定

(1) 分离与鉴定方案

---

❶ "｜｜｜"表示沉淀或残渣，"｜"表示溶液。

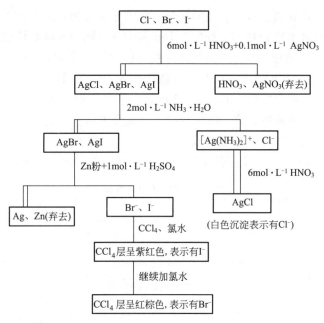

(2) 分离与鉴定步骤

根据以上方案,参考【方法引导】3. 自己完成分离和鉴定步骤,并进行实验。

3. Na_2CO_3、NaI、$CuSO_4$、$Cu(NO_3)_2$、$Pb(NO_3)_2$ 和 $Ba(NO_3)_2$ 溶液的鉴定[1]

① 将六种溶液由 A 到 F 进行编号。

② 将五个九孔井穴板(点滴板)自上而下排列(图 6-1)。

图 6-1　五个九孔井穴板

③ 将六种溶液在井穴板中两两混合,只需右上角的 15 个孔穴(图 6-2)。

				混合				
				A+B	A+C	A+D	A+E	A+F
					B+C	B+D	B+E	B+F
						C+D	C+E	C+F
							D+E	D+F
								E+F

图 6-2　井穴板内溶液反应示意图

---

[1] 本实验参考 [美] 菲利普等著. 科学发现者:化学概念与应用. 王祖浩等译. 杭州:浙江教育出版社,2008。

④ 如图 6-2 所示，在第 1 行的右侧的 5 个孔穴中分别滴加 3 滴 A 溶液，在第 2 行的 4 个孔穴中分别滴加 3 滴 B 溶液，在第 3 行的 3 个孔穴中分别滴加 3 滴 C 溶液，在第 4 行的 2 个孔穴中分别滴加 3 滴 D 溶液，在第 5 行的 1 个孔穴中滴加 3 滴 E 溶液。

⑤ 在第 1 行右侧的 5 个孔穴中自左向右依次加入 B、C、D、E 和 F 溶液各 3 滴，第 2 行的 4 个孔穴中自左向右依次加入 C、D、E 和 F 溶液各 3 滴，第 3 行的 3 个孔穴中自左向右依次加入 D、E 和 F 溶液各 3 滴，第 4 行的 2 个孔穴中自左向右依次加入 E 和 F 溶液各 3 滴，第 5 行的 1 个孔穴中加入 F 溶液 3 滴。

⑥ 观察现象，并将结果记录在表 6-1 中，不反应的以"NR"表示。

表 6-1　反应现象记录表

混　合				
A+B	A+C	A+D	A+E	A+F
	B+C	B+D	B+E	B+F
		C+D	C+E	C+F
			D+E	D+F
				E+F

⑦ 写出所有可能的 15 个复分解反应的化学方程式，无论这些反应是否真的发生。如果写出的方程式中两种可能的产物与两种反应物相同，则说明它们不发生反应。

把观察到的现象与预期应该出现的颜色和反应联系起来，得出结论。

【思考题】

1. 如何设计 Ca^{2+}、Mg^{2+} 和 Ba^{2+} 混合溶液的分离方案？
2. 混合阴离子鉴定时进行的初步试验通常包括哪几方面？

实验 31　茶叶中某些元素的鉴定

【知识链接】

茶叶作为三大饮料之一，含有多种有机成分和微量元素，其中有机成分占 95% 左右。茶叶中的有机成分主要有茶多酚、咖啡碱、蛋白质、氨基酸、维生素和芳香物质等，无机矿物元素主要有钾、钙、镁、铁、铝、铜、钠、锰、磷等。

茶叶中含有大量的吸附活性中心，适宜条件下，这些活性中心与金属离子发生作用，即可将金属离子结合在茶叶的有机体上。所以，金属离子在茶叶中不是以游离态存在于茶叶内部，而是以化学结合方式存在于茶叶的有机体中。

本实验的目的是从茶叶中定性鉴定出 Ca、Mg、Fe、Al 和 P 元素。

【实验目的】

1. 掌握从茶叶中分离出 Ca、Mg、Fe、Al、P 等元素的方法。
2. 掌握 Ca^{2+}、Mg^{2+}、Fe^{3+}、Al^{3+} 和 PO_4^{3-} 的鉴定方法。
3. 进一步熟练加热、过滤等基本操作。
4. 通过实验了解从天然产物中分离出元素的一般思路和方法。
5. 体会化学与生活的密切联系，提高综合运用化学知识解决实际问题的意识和能力。

【方法引导】

要完成实验任务，需要思考并解决以下问题。

1. 茶叶中的元素能直接鉴定吗？需要如何处理？

由于金属离子在茶叶中不是以游离态存在的，而是以化学结合方式存在于茶叶的有机体中，所以无法直接鉴定。

需要对茶叶进行"干灰化"处理，以使其中的组分转化为相应的离子水溶液。所谓"干灰化"，是指将试样在空气中置于敞口的蒸发皿中加热，把有机物经氧化分解而烧成灰烬。这一方法特别适用于植物和食品的预处理。

灰化后，经酸溶解，钙转化为 Ca^{2+}，镁转化为 Mg^{2+}，铁转化为 Fe^{3+}，铝转化为 Al^{3+}，磷转化为 PO_4^{3-}，方可进行鉴定。

2. 如何分离 Ca^{2+}、Mg^{2+}、Fe^{3+} 和 Al^{3+}？

钙、镁、铁、铝四种金属离子的氢氧化物沉淀完全的 pH 范围如下：

$Ca(OH)_2$，pH＞13；$Mg(OH)_2$，pH＞12.4；$Fe(OH)_3$，pH＞4.1；$Al(OH)_3$，pH＝5.2～9❶。

因此，可利用四种离子的氢氧化物沉淀完全的 pH 不同进行分离。

具体方法：先用 $2mol·L^{-1}$ HCl 溶解茶叶灰，然后用浓氨水将其滤液调至 pH≈7，此时铁和铝的氢氧化物沉淀完全，而 Ca^{2+} 和 Mg^{2+} 尚未开始沉淀。

过滤后，Ca^{2+} 和 Mg^{2+} 留在滤液中。由于 Ca^{2+} 和 Mg^{2+} 的鉴定互不干扰，所以可以从滤液中直接分别鉴定。

3. Fe^{3+} 对 Al^{3+} 的鉴定有干扰，如何消除干扰？

利用 $Al(OH)_3$ 的两性，加入过量的 NaOH 溶液，使 $Al(OH)_3$ 转化为 $Al(OH)_4^-$ 留在溶液中，$Fe(OH)_3$ 沉淀不溶于 NaOH 溶液，经分离除去，消除干扰。

然后，$Fe(OH)_3$ 沉淀加 $2mol·L^{-1}$ HCl 使其转化为 Fe^{3+} 后，即可进行鉴定。

4. 如何鉴定 Ca^{2+}、Mg^{2+}、Fe^{3+}、Al^{3+} 和 PO_4^{3-}？

根据每种离子的特征反应将它们逐一鉴别。Ca^{2+} 与草酸铵生成白色沉淀；Mg^{2+} 与镁试剂生成天蓝色沉淀；Fe^{3+} 与硫氰酸铵生成血红色配合物；Al^{3+} 与铝试剂生成红色沉淀；PO_4^{3-} 与钼酸铵试剂生成黄色沉淀。根据这些特征反应的实验现象，可分别鉴定出相应元素。具体操作请参考附录 11 常见离子鉴定方法。

其中，PO_4^{3-} 可用钼酸铵试剂单独鉴定，其它几种金属离子需先分离再鉴定。

为了保证实验过程有的放矢地进行，建议以流程图的形式进一步梳理实验过程。

---

❶ $Al(OH)_3$ 在 pH＞9 时又开始溶解。

【仪器和试剂】

仪器：托盘天平、研钵、蒸发皿、酒精灯、烧杯、试管、量筒、玻璃棒、漏斗、滤纸、pH试纸、表面皿、离心试管、离心机、火柴。

试剂：茶叶、HCl（$2mol \cdot L^{-1}$）、HNO_3（浓）、HAc（$6mol \cdot L^{-1}$）、NaOH（$2mol \cdot L^{-1}$）、$NH_3 \cdot H_2O$（$6mol \cdot L^{-1}$）、$(NH_4)_2C_2O_4$（饱和）、NH_4SCN（$0.5mol \cdot L^{-1}$）、铝试剂、镁试剂、钼酸铵试剂。

【关键操作】

加热（实验2）、过滤（实验6）、离心分离（实验6）。

【实验过程】

1. 茶叶的干灰化

称取4g干燥的茶叶❶，放入蒸发皿中，在通风橱内加热，使茶叶充分灰化。冷却后将其分为两份，一份（少量）用于P元素的鉴定，另一份（多量）用于Ca、Mg、Fe和Al元素的鉴定。

2. Ca、Mg、Fe、Al元素的鉴定

（1）获得Ca^{2+}、Mg^{2+}、Fe^{3+}和Al^{3+}的水溶液

将用于Ca、Mg、Fe、Al元素鉴定的茶叶灰置于小烧杯中，加入10mL $2mol \cdot L^{-1}$ HCl，加热搅拌，溶解。常压过滤，保留滤液。

（2）分离（Ca^{2+}、Mg^{2+}）和（Fe^{3+}、Al^{3+}）

向【实验过程】2.（1）所得滤液中滴加$6mol \cdot L^{-1} NH_3 \cdot H_2O$，将溶液pH调至7左右，使$Fe^{3+}$、$Al^{3+}$转化为氢氧化物沉淀。离心分离（思考上层清液和沉淀分别是什么？）。

将上层清液转移至试管a中作Ca和Mg元素鉴定用，沉淀保留作Fe和Al元素鉴定用。

（3）Ca^{2+}、Mg^{2+}的鉴定

取一支试管b，加入1mL【实验过程】2.（2）所得上层清液，加入3滴$6mol \cdot L^{-1}$ HAc，再滴加3滴饱和$(NH_4)_2C_2O_4$溶液，若有白色沉淀，则表示有Ca^{2+}。

另取一支试管c，加入1mL【实验过程】2.（2）所得上层清液，滴加2滴$2mol \cdot L^{-1}$ NaOH，再加2滴"镁试剂"，若有天蓝色沉淀，则表示有Mg^{2+}。

（4）Fe^{3+}、Al^{3+}的鉴定

向【实验过程】2.（2）所得沉淀中加入过量$2mol \cdot L^{-1}$ NaOH溶液，然后离心分离（思考上层清液和沉淀分别是什么？）。

将上层清液转移至试管d中，向其中滴加2滴铝试剂，再加2滴浓$NH_3 \cdot H_2O$，在水浴上加热，有红色絮状沉淀产生，则表示有Al^{3+}。

向沉淀中滴加$2mol \cdot L^{-1}$ HCl使其溶解，然后向其中滴加2滴$0.5mol \cdot L^{-1} NH_4SCN$溶液，出现血红色，则表示有$Fe^{3+}$。

3. P元素的鉴定

取【实验过程】1.中用于P元素鉴定的茶叶灰于小烧杯中，在通风橱中加入5mL浓HNO_3，搅拌溶解。常压过滤。保留滤液。

取滤液于小试管中，向其中加入1mL钼酸铵试剂，将试管放在水浴中加热，有黄色沉

---

❶ 尽量于研钵中捣碎，易于灰化。

淀产生，表示有 PO_4^{3-}。

【思考题】

1. 如何确定茶叶灰化的程度？
2. 【实验过程】2.（2）中为什么用 $NH_3 \cdot H_2O$ 控制溶液 pH 在 7 左右？
3. 写出实验中鉴定 Ca^{2+}、Mg^{2+} 和 PO_4^{3-} 的有关方程式。

【拓展性实验资源】

查阅资料，设计定量测定茶叶中 Ca、Mg 和 Fe 元素含量的实验方案。

提示：Ca 和 Mg 含量的测定可利用配位滴定法；茶叶中 Fe 含量较低，可利用分光光度法进行测定。

实验 32　盐酸标准溶液配制标定及工业纯碱总碱度测定

【知识链接】

浓盐酸具有挥发性，因此，HCl 标准溶液需用间接法配制，即先配成近似浓度的溶液再用基准物质进行标定。常用来标定 HCl 标准溶液的基准物质有无水碳酸钠（Na_2CO_3）和硼砂（$Na_2B_4O_7 \cdot 10H_2O$）。

工业纯碱的主要成分为 Na_2CO_3，商品名为苏打，常含有 NaCl、$NaHCO_3$、Na_2SO_4、NaOH 等杂质。常以 HCl 标准溶液为滴定剂测定总碱度以衡量产品的质量。工业纯碱的总碱度通常以 $Na_2CO_3 \%$ 或 $Na_2O\%$ 表示。

【实验目的】

1. 掌握 HCl 标准溶液的配制和标定方法。
2. 掌握强酸滴定二元碱的滴定过程和指示剂的选择。
3. 掌握工业纯碱总碱度的测定方法。
4. 进一步熟练称量、溶液配制、滴定等操作方法。

【方法引导】

1. 用无水 Na_2CO_3 标定 HCl 溶液的原理是什么？

因为 CO_3^{2-} 的 $K_{b_1} = 1.8 \times 10^{-4}$，$K_{b_2} = 2.4 \times 10^{-8}$，基本满足 $cK_{b_2} \geqslant 10^{-8}$，可以被 HCl 标准溶液准确滴定。其发生的反应为：

$$2HCl + Na_2CO_3 =\!=\!= H_2O + CO_2 \uparrow + 2NaCl$$

反应化学计量点的 pH 约为 3.9，可用甲基橙为指示剂，用 HCl 标准溶液滴定至溶液由黄色变为橙色即为终点。

HCl 标准溶液浓度的计算公式为：

$$c_{HCl} = \frac{2m_{Na_2CO_3}}{M_{Na_2CO_3} V_{HCl}}$$

2. 无水 Na_2CO_3 标定 HCl 溶液准确浓度时，如何确定基准物质的称量范围？

滴定管读数有 $\pm 0.01 mL$ 的误差，在一次滴定中需要读数两次，可能造成的最大误差为

±0.02mL。为了使滴定体积的相对误差小于0.1%，消耗的滴定剂体积应大于20mL。所以称量的下限(mg)应该为：$20\text{mL} \times 0.1\text{mol} \cdot \text{L}^{-1} \times M_{\text{Na}_2\text{CO}_3}/2$。

一般实验室中使用的滴定管为25mL，称量的质量不应超过该最大用量。所以称量的质量最大值(mg)为：$25\text{mL} \times 0.1\text{mol} \cdot \text{L}^{-1} \times M_{\text{Na}_2\text{CO}_3}/2$。

一般使用的电子天平灵敏度为0.1mg，又称万分之一天平，天平每次读数有±0.1mg的误差，在一次称量中需读数两次，为使称量相对误差小于0.1%，称量的质量一般要求0.2g以上。如果计算的基准物质称量质量小于0.2g，有时需要称取几倍量，然后分取一定体积进行滴定。

3. 如何确定工业纯碱的称样量？

基于滴定体积的限制，每次消耗滴定剂体积以20mL左右为宜进行样品称样量的计算。如果称量的质量小于0.2g，又考虑到样品的均匀度，一般称取10倍量配制250mL溶液，然后移取25.00mL进行滴定。

4. 如何用HCl标准溶液测定工业纯碱总碱度？

用HCl标准溶液滴定纯碱时，滴定过程中发生的反应为：

$$2\text{HCl} + \text{Na}_2\text{CO}_3 = \text{H}_2\text{O} + \text{CO}_2\uparrow + 2\text{NaCl}$$

化学计量点pH约为3.9，可用甲基橙为指示剂，用HCl标准溶液滴定至溶液由黄色变为橙色为终点。若溶液中存在少量的NaHCO_3、NaOH也会被中和，因此得到的是总碱度。

【仪器和试剂】

仪器：电子天平、酸式滴定管、烧杯、量筒（25mL）、移液管（25.00mL）、容量瓶（250mL）、试剂瓶（500mL）。

试剂：浓HCl（约$12\text{mol} \cdot \text{L}^{-1}$），分析纯；甲基橙指示剂（$1\text{g} \cdot \text{L}^{-1}$水溶液）；无水碳酸钠基准物质，由于试样易吸收水和$\text{CO}_2$，应在270~300℃烘干1h后，置于干燥器中冷却备用；工业纯碱试样，市售。

【操作指南】

① 电子天平的使用（实验3）、酸式滴定管的使用（实验5）、容量瓶和移液管的使用（实验4）。

② 基准物质无水Na_2CO_3容易吸收水和CO_2，应烘干后置于干燥器中冷却备用，这一步操作非常关键，否则会造成较大的实验误差。

③ 各种仪器的使用一定要按照规范操作进行。如移液管放溶液时管尖一定要靠在锥形瓶内壁上，放完溶液后一定要等够10~15s。

【实验过程】

1. 配制500mL $0.1\text{mol} \cdot \text{L}^{-1}$ HCl溶液

用量筒量取4.5mL浓HCl溶液，放在烧杯中加蒸馏水稀释后至500mL，混匀，转入试剂瓶中，贴上标签。

2. $0.1\text{mol} \cdot \text{L}^{-1}$ HCl溶液的标定

用称量瓶减量法在电子天平上准确称取无水Na_2CO_3基准物质_____~_____g于250mL锥形瓶中，加约50mL蒸馏水溶解，加2~3滴甲基橙指示剂，用待标定的HCl溶液滴至溶液由黄色变为橙色即为终点。平行标定3份，计算HCl溶液的准确浓度平均值和3次测定的相对平均偏差。

3. 总碱度的测定

准确称取工业纯碱样品 1.0g 左右于小烧杯中,加少量蒸馏水溶解后,把溶液定量转移至 250mL 容量瓶中,用蒸馏水稀释至刻度,充分摇匀,备用。

用移液管移取 25.00mL 上述溶液 1 份,置于 250mL 锥形瓶中,加入约 20mL 蒸馏水和 1~2 滴甲基橙指示剂,用 HCl 标准溶液滴定至橙色终点。平行测定 3 份。计算试样的总碱度平均值和 3 次测定的相对平均偏差。

【思考题】

1. 为什么本实验选用甲基橙为指示剂?
2. 无水碳酸钠和硼砂作为标定 HCl 溶液的基准物质各有什么优缺点?
3. 若用来标定 HCl 标准溶液的无水碳酸钠基准物质由于保存不当,部分吸水,对标定结果会产生什么影响?
4. 以 HCl 标准溶液滴定时,如何使用甲基橙和酚酞两种指示剂来判别试样是由 $NaOH$-Na_2CO_3 或 Na_2CO_3-$NaHCO_3$ 组成的?

【拓展性实验资源】

$NaOH$-Na_3PO_4 混合溶液中 $NaOH$ 与 Na_3PO_4 浓度的测定

以百里酚酞为指示剂,用 HCl 标准溶液滴定 NaOH 至 NaCl,PO_4^{3-} 至 HPO_4^{2-}。以甲基橙为指示剂,用 HCl 标准溶液继续滴定 HPO_4^{2-} 至 $H_2PO_4^-$。设计实验方案,测定 $NaOH$-Na_3PO_4 混合溶液中 NaOH 与 Na_3PO_4 浓度,写出 NaOH 与 Na_3PO_4 浓度的计算公式。

实验 33 NaOH 标准溶液配制标定及硫酸铵中氮含量测定

【知识链接】

NaOH 具有强烈的吸水性,也容易吸收空气中的 CO_2,因此不能用直接法配制其标准溶液。需要先配制成近似浓度的溶液再用基准物质进行标定。常用来标定 NaOH 溶液的基准物质有草酸($H_2C_2O_4 \cdot 2H_2O$)、邻苯二甲酸氢钾($KHC_8H_4O_4$)。

常用的测定铵盐的方法有两种:一种是蒸馏法,向溶液中加入 NaOH 并加热,将 NH_3 蒸馏出来,然后用 H_3BO_3 或标准 HCl 吸收后测定;另一种是甲醛法,适用于强酸性铵盐中铵态氮的测定,操作简便,在实验室和工厂中得到广泛应用。有机化合物(如蛋白质、胺类、酰胺类及尿素等)中氮含量测定,一般采用克氏定氮法,测定时,通常将试样经煮解处理转化为 NH_4HSO_4 或 $(NH_4)_2SO_4$,然后进行测定。

硫酸铵是一种常用氮肥,是强酸弱碱盐,由于铵盐中 NH_4^+ 的酸性太弱,可通过加甲醛强化后转化为酸性较强的酸,然后通过酸碱滴定法测定氮的含量。实验室和生产中常用该法进行测定。

【实验目的】

1. 通过实验了解弱酸强化的基本原理。

2. 掌握 NaOH 溶液的配制和标定方法。
3. 掌握甲醛法测定氮含量的原理及基本操作。
4. 熟练掌握酸碱指示剂的选择原理和终点的确定。
5. 进一步熟练碱式滴定管等仪器的使用。

【方法引导】

1. 如何标定 NaOH 溶液的准确浓度？

基准物质邻苯二甲酸氢钾（$KHC_8H_4O_4$，缩写为 KHP，$pK_a=5.41$）易溶于水，不含结晶水，摩尔质量大（$204.22 g \cdot mol^{-1}$），是标定 NaOH 溶液的常用基准物质。

与 NaOH 溶液的反应为：

$$C_6H_4COOHCOOK + NaOH == C_6H_4COONaCOOK + H_2O$$

反应化学计量点的 pH 约为 9，可用酚酞为指示剂。用 NaOH 标准溶液滴定至溶液由无色变为微红色，且半分钟不褪色即为终点。

NaOH 标准溶液浓度的计算公式为：

$$c_{NaOH} = \frac{m_{KHP}}{M_{KHP}V_{NaOH}}$$

也可以用草酸来标定：

$$H_2C_2O_4 + 2NaOH == Na_2C_2O_4 + 2H_2O$$

因为 $H_2C_2O_4$ 的 $K_{a1}=6.5×10^{-2}$，$K_{a2}=6.1×10^{-5}$，满足 $cK_a \geq 10^{-8}$，但 $K_{a1}/K_{a2} > 10^4$，只能一次滴定至 $C_2O_4^{2-}$。选用酚酞为指示剂。

2. 为什么不能用 NaOH 溶液直接滴定来测定硫酸铵中的氮？

由于铵盐中 NH_4^+ 的酸性太弱，其 $K_a=5.6×10^{-10}$，不能满足 $cK_a \geq 10^{-8}$，所以不能用 NaOH 标准溶液直接滴定。

3. 甲醛法如何测定硫酸铵样品中的氮？

向硫酸铵溶液中加入甲醛，定量生成质子化的六亚甲基四胺和游离的 H^+，反应式为：

$$4NH_4^+ + 6HCHO == (CH_2)_6N_4H^+ + 3H^+ + 6H_2O$$

生成的 $(CH_2)_6N_4H^+$（K_a 为 $7.1×10^{-6}$）和 H^+ 都可以被 NaOH 标准溶液直接滴定，该反应称为弱酸的强化。这里 $4 mol NH_4^+$ 在反应中生成了 $4 mol$ 可被直接准确滴定的酸，故 N 与 NaOH 的化学计量数比为 1∶1。

滴定计量点的产物为 $(CH_2)_6N_4$ 和 H_2O，呈弱碱性，可选用酚酞作为指示剂，滴定至溶液呈现稳定的微红色，且半分钟不褪色即为滴定的终点。

试样中氮含量的计算公式为：

$$w_N = \frac{c_{NaOH}V_{NaOH}M_N}{m_{试样}}$$

【仪器和试剂】

仪器：托盘天平、电子天平、碱式滴定管、烧杯、量筒、移液管（25.00mL）、容量瓶（250mL）。

试剂：NaOH 固体，分析纯；酚酞指示剂（$2g \cdot L^{-1}$ 乙醇溶液）；邻苯二甲酸氢钾基准物质，在 100~125℃ 干燥 1h 后，置于干燥器中备用；甲醛溶液（18%，即 1∶1），取原瓶装甲醛加蒸馏水稀释一倍，甲醛中常含有微量甲酸，使用前加入 2~3 滴酚酞指示剂，用标准 NaOH 溶液中和至甲醛溶液呈现微红色；硫酸铵固体。

【操作指南】

① 电子天平的使用（实验3）、碱式滴定管的使用（实验5）、容量瓶的使用（实验4）、移液管的使用（实验4）。

② 碱式滴定管一定要注意检查排出胶管内的气泡，并做到滴定结束后管尖无气泡。

③ 有的市售邻苯二甲酸氢钾为片状，容易漂浮在液面上，在振荡锥形瓶溶解时，部分黏附在锥形瓶内壁上，滴定时注意用水将其洗下。

【实验过程】

1. 配制 500mL 0.1mol·L^{-1} NaOH 溶液

用烧杯在托盘天平上称取 2.2g NaOH 固体（一般约比理论计算量多 10%），加入现煮沸的除去 CO_2 的蒸馏水，溶解完全后，加蒸馏水稀释至 500mL，转入带橡皮塞的试剂瓶中，充分摇匀，备用。

2. NaOH 溶液的标定

准确称取邻苯二甲酸氢钾基准物质 0.4~0.45g 于 250mL 锥形瓶中，加 50mL 蒸馏水，溶解，加 2~3 滴酚酞指示剂，用待标定的 NaOH 溶液滴至溶液呈微红色且 30s 不褪色，即为终点。平行标定 3 份，计算 NaOH 溶液的准确浓度和 3 次测定的相对平均偏差。

3. 硫酸铵试样中氮含量的测定

准确称取 $(NH_4)_2SO_4$ 试样❶ 1.0~1.2g 于小烧杯中，加少量蒸馏水溶解后，把溶液定量转移至 250mL 容量瓶中，用蒸馏水稀释至刻度，充分摇匀，备用。

移取 25.00mL 上述溶液于 250mL 锥形瓶中，加入 5mL 甲醛溶液，充分摇匀，再加 1~2 滴酚酞指示剂，用 NaOH 标准溶液滴定至微红色且 30s 不褪色，即为终点。平行测定 3 次，计算 $(NH_4)_2SO_4$ 试样中氮的含量和 3 次测定的相对平均偏差。

【思考题】

1. NH_4HCO_3 中的含氮量是否可以用甲醛法测定？
2. 称取 NaOH 固体和邻苯二甲酸氢钾时，各使用什么天平？为什么？
3. 标定 NaOH 溶液时，终点颜色由无色变为微红色且半分钟不褪色，长时间放置会褪色吗？褪色的原因是什么？

【拓展性实验资源】

1. 设计实验测定 HCl 和 NH_4Cl 混合溶液中 HCl 和 NH_4Cl 的浓度。
2. 设计实验测定食用白醋中 HAc 的含量。

实验 34 酸碱滴定法测定甲醛含量

【知识链接】

甲醛又名蚁醛，是一种无色、有强烈刺激性气味的气体。易溶于水、醇和醚。甲醛在常

---

❶ 硫酸铵中如果含有游离酸，则需以甲基红为指示剂，用 NaOH 溶液中和至溶液由红变为橙色，再加甲醛进行测定。

温下是气态,通常以水溶液形式出现。

甲醛是一种重要的有机原料,主要用于塑料工业(如制酚醛树脂、脲醛塑料)、合成纤维(如合成维尼纶-聚乙烯醇缩甲醛)、皮革工业、医药、染料等。甲醛含量为35%~40%(一般是37%)的水溶液又叫福尔马林,具有防腐、消毒和漂白的功能。酸碱滴定法测定甲醛常用的有盐酸羟胺法和亚硫酸钠法,该法一般用于常量甲醛的测定。微量甲醛含量的测定方法有分光光度法、色谱法、极谱法等。本实验利用甲醛与过量的亚硫酸钠发生反应,生成甲醛合亚硫酸钠和氢氧化钠,以百里酚酞作指示剂,采用酸碱滴定法测定甲醛的含量。

【实验目的】

1. 掌握亚硫酸钠法测定甲醛的原理。
2. 了解百里酚酞指示剂的使用及终点颜色变化的观察。
3. 学会用亚硫酸钠法测定甲醛的含量。

【方法引导】

1. 如何测定甲醛的含量?

甲醛与过量的亚硫酸钠发生反应,生成甲醛合亚硫酸钠和氢氧化钠,以百里酚酞作指示剂,生成的氢氧化钠再用标准盐酸溶液滴定到pH至9.6为终点。主要反应式如下:

$$HCHO + Na_2SO_3 + H_2O \Longrightarrow HOCH_2-SO_3Na + NaOH$$

$$NaOH + HCl \Longrightarrow NaCl + H_2O$$

由消耗的盐酸标准溶液的体积和浓度来计算甲醛的含量。

2. 如何消除甲醛中的甲酸及Na_2SO_3试剂不纯引起的实验误差?

甲醛在空气中能缓慢氧化成甲酸,测定前应预先中和其中的甲酸,以免引起误差。Na_2SO_3中可能含有少量NaOH,应预先中和。

【仪器和试剂】

仪器:托盘天平、酸式滴定管、移液管(25mL)、锥形瓶(250mL)。

试剂:甲醛(约6%),取工业品甲醛(约36%)用水稀释6倍;百里酚酞(0.1%乙醇溶液),0.1g百里酚酞溶于100mL 90%的乙醇溶液中;Na_2SO_3溶液(1mol·L^{-1});NaOH溶液(0.5mol·L^{-1});HCl标准溶液(0.5mol·L^{-1})。

【操作指南】

托盘天平的使用(实验3)、酸式滴定管的使用(实验5)、移液管的使用(实验4)。

【实验过程】

1. 0.5mol·L^{-1}HCl标准溶液的配制和标定(参考实验32)

2. Na_2SO_3的预处理

于Na_2SO_3溶液中加入3滴百里酚酞指示剂,溶液显蓝色,用0.5mol·L^{-1}HCl标准溶液中和至溶液呈无色。(思考:这部分HCl的用量需要记录吗?)

3. 甲醛含量的测定

移取甲醛试液5.00mL于锥形瓶中,加入3滴百里酚酞指示剂,加0.5mol·L^{-1}NaOH溶液至出现蓝色,再加HCl至溶液恰为无色。然后加入已中和好的Na_2SO_3溶液50mL,溶液呈蓝色,用0.5mol·L^{-1}HCl标准溶液滴定至蓝色褪去(由于终点较难判断,因此采用较浓的HCl标准溶液),记录消耗HCl的体积,平行测定3次,计算试液中甲醛的含量(g·L^{-1})。

【思考题】
1. 配制 Na_2SO_3 溶液和 $NaOH$ 溶液时，需要标定其准确浓度吗？
2. Na_2SO_3 溶液预处理时，为什么要用 HCl 标准溶液中和至溶液呈无色？
3. 预处理 Na_2SO_3 和甲醛试液时，所消耗的 HCl 和 $NaOH$ 溶液的体积需要记录吗？为什么？

实验 35 非水滴定法测定胺基含量

【知识链接】
　　一些很弱的酸或碱以及某些盐类，在水溶液中进行滴定时，没有明显的滴定突跃，难于掌握滴定终点；另外还有一些有机化合物，在水中溶解度很小，因此，以水作溶剂的滴定分析受到一定的限制。所以，滴定分析法采用各种非水溶剂（包括有机溶剂与不含水的无机溶剂）作为滴定分析的介质，又称非水滴定法。该法不仅能增大有机化合物的溶解度，而且能改变物质的化学性质（例如酸碱性及其强度），使在水中不能进行完全的滴定反应能够顺利进行。
　　胺类广泛存在于生物界，具有极重要的生理作用，绝大多数药物都含有胺的官能团——胺基。蛋白质、核酸、许多激素、抗生素和生物碱，都含有胺基，是胺的复杂衍生物。
　　脂肪族和芳香族的胺类或杂环的胺类大都呈碱性，其碱性强弱与氮原子在分子中所处的环境有关，测定胺基方法的选择取决于被测胺基的碱性。碱性较强的胺（$K_b > 10^{-6}$）可直接滴定，碱性较弱的胺不能在水中用盐酸直接滴定，需要在非水溶剂中滴定。通常用不同比例的冰醋酸和乙酸酐作溶剂，增大乙酸酐的比例可提高试样的碱性强度。测定胺基的其它方法还有重氮化反应法、碱量法等，本实验采用非水滴定法测定胺基的含量。

【实验目的】
1. 了解非水滴定法的原理及其应用。
2. 掌握结晶紫指示剂的使用及终点颜色变化的观察。
3. 掌握用冰醋酸或醋酸酐作溶剂测定胺基含量的方法。

【方法引导】
1. 如何配制 500mL 0.1mol·L^{-1} 高氯酸的冰醋酸溶液？
计算：72% 的高氯酸的物质的量浓度：

$$c_{HClO_4} = \frac{72}{100.46} \times \frac{1.68}{100} \times 1000 \text{mol·L}^{-1} \approx 12 \text{mol·L}^{-1}$$

配制 500mL 0.1mol·L^{-1} 高氯酸的冰醋酸溶液需要 72% 的高氯酸的体积：

$$(0.1 \times 500/12) \text{mL} \approx 4.2 \text{mL}$$

用量筒或吸量管取约 4.5mL 72% 高氯酸溶于适量冰醋酸中，再用冰醋酸稀释至 500mL。

2. 如何在非水溶剂中测定胺基的含量？
在非水溶剂中滴定弱碱时，常用的滴定剂是高氯酸的冰醋酸溶液，指示剂是 1% 的结晶紫冰醋酸溶液，终点呈绿色。

$$RNH_2 + CH_3COOH \longrightarrow RNH_3^+ + CH_3COO^-$$
$$HClO_4 + CH_3COOH \longrightarrow CH_3COOH_2^+ + ClO_4^-$$
$$CH_3COOH_2^+ + CH_3COO^- \longrightarrow 2CH_3COOH$$

总反应式为：

$$RNH_2 + HClO_4 \longrightarrow RNH_3^+ + ClO_4^-$$

从总的滴定结果看，是高氯酸滴定了胺基，但从滴定过程中可以看出，实质上是强酸$CH_3COOH_2^+$滴定较强的碱CH_3COO^-的过程，所以终点敏锐。

解离常数大于10^{-12}的有机碱可在冰醋酸中滴定，解离常数在$10^{-12} \sim 10^{-14}$之间的有机碱可在醋酸酐中滴定。

【仪器和试剂】

仪器：电子天平、酸式滴定管、量筒（10mL）、锥形瓶（250mL）、吸量管（1.00mL）。

试剂：高氯酸（72%）；结晶紫冰醋酸溶液（0.1%），取结晶紫0.1g，加100mL冰醋酸溶解；中性红冰醋酸溶液（0.1%），取中性红0.1g，加100mL冰醋酸溶解；冰醋酸；醋酸酐；氯仿。

【操作指南】

① 电子天平的使用（实验3）、酸式滴定管的使用（实验5）、吸量管的使用（实验4）。

② 醋酸酐是由2个醋酸分子脱去1分子H_2O而成的，它与高氯酸水溶液发生剧烈反应，同时放出大量的热，过热易引起高氯酸爆炸。因此，配制时不可使高氯酸与醋酸酐直接混合，只能将高氯酸缓缓滴加到冰醋酸中，再滴加醋酸酐。

③ 在冰醋酸中加入20%的无水丙酸，可避免在低温下操作冰醋酸凝固带来的麻烦。

④ 水分的存在使滴定终点不敏锐。在冰醋酸中滴定弱碱时，水分以$CH_3COO^-H_3O^+$的形式存在，可加入过量乙酸酐，水分即被除去。滴定过程不能带入水，锥形瓶、量筒等容器均要干燥。

【实验过程】

1. 冰醋酸作溶剂法

(1) $0.1 mol \cdot L^{-1}$高氯酸的冰醋酸溶液的配制和标定

① 配制。用量筒或吸量管取4.5mL 72%高氯酸溶于适量冰醋酸中，再用冰醋酸稀释至500mL。

② 标定。准确称取约0.4g邻苯二甲酸氢钾，于干燥的锥形瓶中，加入50mL冰醋酸，加1滴结晶紫指示剂，用待标定的$0.1 mol \cdot L^{-1}$高氯酸的冰醋酸溶液滴定至溶液呈蓝绿色，平行测定3份。同时取50mL冰醋酸进行空白试验。计算高氯酸溶液的准确浓度：

$$c_{HClO_4} = \frac{m(邻苯二甲酸氢钾)}{204.2 V_{HClO_4}}$$

(2) 胺基含量的测定

准确称取约2mmol的试样于干燥的锥形瓶中，加入50mL冰醋酸将试样溶解，再加入30mL氯仿和2滴结晶紫指示剂，用$0.1 mol \cdot L^{-1}$高氯酸的冰醋酸溶液滴定至溶液由紫色变为蓝色，平行进行空白试验。平行测定3份，计算胺基的含量：

胺基的质量分数 $= \dfrac{(V-V_0)cM}{mn} \times 100\%$

式中，V 为试样消耗高氯酸标准溶液的体积，L；V_0 为空白试验消耗高氯酸标准溶液的体积，L；c 为高氯酸标准溶液的浓度，mol·L^{-1}；M 为试样的摩尔质量，g·mol^{-1}；m 为试样的质量，g；n 为试样分子中胺基的数目。

2. 醋酸酐作溶剂法（此法对容易发生乙酰化的样品不适用）

操作与冰醋酸作溶剂法相同，只是所加溶剂为 30mL 醋酸酐。很弱的碱可用中性红作指示剂，终点溶液由浅红色变为蓝色；极弱的碱可用二亚苄基叉丙酮作指示剂，终点溶液由无色变为黄色。

【思考题】

说明非水滴定法测定胺基的原理，写出其反应方程式。

实验 36　EDTA 标准溶液的配制标定及自来水总硬度测定

【知识链接】

水的总硬度是指水中钙镁离子的总浓度，其中包括碳酸盐硬度（也称暂时硬度，即通过加热能以碳酸盐形式沉淀下来的钙镁离子）和非碳酸盐硬度（也称永久硬度，即加热后不能沉淀下来的那部分钙镁离子）。测定水的硬度常采用配位滴定法，用乙二胺四乙酸二钠盐（EDTA）的标准溶液滴定水中 Ca、Mg 总量，然后换算为相应的硬度单位，我国采用 mmol·L^{-1} 或 mg·L^{-1}（CaCO$_3$）为单位表示水的硬度。我国生活饮用水卫生标准中规定硬度（以 CaCO$_3$ 计）不得超过 450mg·L^{-1}。水的硬度也常以氧化钙的量来表示，1° = 10mg CaO·L^{-1}。测定自来水硬度的其它方法有火焰原子吸收光谱法等，本实验采用配位滴定法测定自来水的总硬度。

【实验目的】

1. 了解配位滴定法的原理及其应用。
2. 掌握铬黑 T 指示剂的使用及终点颜色变化的观察。
3. 掌握 EDTA 标准溶液配制与标定的方法。
4. 学会用配位滴定法测定水的总硬度。

【方法引导】

1. 如何标定 EDTA 的准确浓度？

EDTA 标准溶液常采用间接法配制，标定 EDTA 溶液常用的基准物是一些金属以及它们的氧化物或盐，如：CaCO$_3$、Zn、ZnO、Bi、Cu、MgSO$_4$·7H$_2$O、Ni、ZnSO$_4$·7H$_2$O、Pb 等。

为了减小误差，选用的标定条件应尽可能与测定待测物条件一致。本实验基准物质可选 CaCO$_3$、MgSO$_4$·7H$_2$O，在 pH = 10 的 NH$_3$-NH$_4$Cl 缓冲溶液中，以铬黑 T（EBT）为指示剂，进行标定。

2. 实验中加入 Mg-EDTA 的作用是什么？

用 $CaCO_3$ 为基准物质，实验中加入 Mg-EDTA，是为了提高滴定终点颜色变化的灵敏度。用待标定的 EDTA 溶液滴至溶液由紫红色变为纯蓝色即为终点。

由于 $K_{稳}$(Ca-EDTA) $>K_{稳}$(Mg-EDTA) $>K_{稳}$(Mg-EBT) $>K_{稳}$(Ca-EBT)，所以

滴定前：EBT＋Mg-EDTA＋Ca ══ Mg-EBT＋Ca-EDTA
　　　　蓝色　　　　　　　　　紫红色

滴定过程中：EDTA＋Ca ══ Ca-EDTA
　　　　　　　　　　　　　无色

终点时：EDTA＋Mg-EBT ══ Mg-EDTA＋EBT
　　　　　　　紫红色　　　　　　　　　蓝色

3. 配位滴定法测定水总硬度的反应过程是什么？如何选择指示剂？

按国际标准方法测定水的总硬度：在 pH＝10 的 NH_3-NH_4Cl 缓冲溶液中，以铬黑 T 为指示剂，用 EDTA 标准溶液滴定至溶液由紫红色变为纯蓝色即为终点。一般自来水中含有少量 Mg^{2+}，若水中 Mg^{2+} 很少，则需要补加少量 Mg^{2+}-EDTA，以改善指示剂变色敏锐性。

(1) 指示剂铬黑 T（EBT）

pH＜6.3（紫）；pH＝6.3～11.5（蓝）；pH＞11.5（橙）。

(2) 滴定过程颜色变化

滴定前：EBT＋Mg ══ Mg-EBT
　　　　蓝色　　　　　紫红色

滴定时：EDTA＋Ca ══ Ca-EDTA
　　　　　　　　　　　无色

　　　　EDTA＋Mg^{2+} ══ Mg-EDTA
　　　　　　　　　　　　　　无色

终点时：EDTA＋Mg-EBT ══ Mg-EDTA＋EBT
　　　　　　　紫红色　　　　　　　　　蓝色

到达滴定终点时，呈现游离指示剂的纯蓝色。终点颜色变化：紫红色→蓝色。

4. 如何消除水样中干扰离子的影响？

水样中存在 Fe^{3+}、Al^{3+} 等杂质时，可用三乙醇胺进行掩蔽，Cu^{2+}、Pb^{2+}、Zn^{2+} 等重金属离子可用 Na_2S 或 KCN 掩蔽。

5. 如何分别测定水样中钙、镁硬度？

可控制 pH 介于 12～13 之间，此时，Mg^{2+} 形成 $Mg(OH)_2$ 沉淀，选用钙指示剂进行测定。镁硬度可由总硬度减去钙硬度求出。

【仪器和试剂】

仪器：托盘天平、电子天平、酸式滴定管、移液管（25.00mL）、锥形瓶（250mL）、容量瓶（250mL）。

试剂如下。

乙二胺四乙酸二钠盐（EDTA）。

$CaCO_3$ 基准物质：于 110℃ 烘箱中干燥 2h，稍冷后置于干燥器中冷却至室温备用。

HCl（1:1）：浓 HCl 与蒸馏水等体积混合。

三乙醇胺（1∶1）：三乙醇胺与蒸馏水等体积混合。

NH_3-NH_4Cl 缓冲溶液（pH＝10）：称取 20g NH_4Cl，溶于蒸馏水后，加 100mL 氨水，用蒸馏水稀释至 1L。

Mg-EDTA 溶液（$0.05mol·L^{-1}$）：先配制 $0.05mol·L^{-1}$ 的 $MgCl_2$ 溶液和 $0.05mol·L^{-1}$ EDTA 溶液各 500mL，然后在 pH＝10 的氨性条件下，以铬黑 T 作指示剂，用上述 EDTA 滴定 Mg^{2+}，按所得比例把 $MgCl_2$ 溶液和 EDTA 溶液混合。

铬黑 T 指示剂（$5g·L^{-1}$）：称取 0.5g 铬黑 T，溶于 25mL 三乙醇胺与 75mL 无水乙醇的混合溶液中，低温保存。

【操作指南】

① 电子天平的使用（实验 3）、酸式滴定管的使用（实验 5）、容量瓶的使用（实验 4）、移液管的使用（实验 4）。

② 由于自来水是实验样品，又是实验室清洗用水，因此做完一次实验用自来水清洗实验仪器后，一定要用蒸馏水或去离子水清洗干净仪器。注意做空白试验，以防止由于去离子水水质不稳定引起的实验偏差。

【实验过程】

1. $0.02mol·L^{-1}$ EDTA 标准溶液的配制和标定

（1）配制 500mL $0.02mol·L^{-1}$ EDTA 溶液

称取 _____ g EDTA 于烧杯中，用少量水温热溶解，冷却后转入 500mL 聚乙烯塑料瓶中加蒸馏水稀释至 500mL，混匀。

（2）标定

准确称取 $CaCO_3$ 基准物质 _____ g（称 10 倍量，溶解再分取有什么好处？），置于 100mL 烧杯中，用少量水先润湿，盖上表面皿，慢慢滴加 1∶1HCl 至完全溶解后，用少量水冲洗表面皿及烧杯内壁，定量转移至 250mL 容量瓶中，定容，摇匀。

移取 25.00mL Ca^{2+} 标准溶液于 250mL 锥形瓶中，加入 20mL 蒸馏水和 5mL Mg-EDTA 溶液，再加入 10mL NH_3-NH_4Cl 缓冲溶液、3 滴铬黑 T 指示剂，立即用待标定的 EDTA 溶液滴定至溶液由紫红色变为蓝色，即为终点。平行标定 3 次，计算 EDTA 溶液的准确浓度。

2. 自来水总硬度的测定

移取自来水水样 100.00mL 于 250mL 锥形瓶中，加入 3mL 1∶1 三乙醇胺、5mL NH_3-NH_4Cl 缓冲溶液、2～3 滴铬黑 T（EBT）指示剂，用 EDTA 标准溶液滴定至溶液由紫红色变为蓝色，即为终点。接近终点时应放慢滴定速度多摇动。平行测定 3 次。计算水的总硬度，以 $mg·L^{-1}$（$CaCO_3$）表示分析结果。

【思考题】

1. 配制 $CaCO_3$ 溶液和 EDTA 溶液时，各采用何种天平称量？为什么？
2. 以 HCl 溶液溶解 $CaCO_3$ 基准物质时，操作中应注意些什么？
3. 配位滴定中为什么要加入缓冲溶液？
4. 用 EDTA 法测定水的硬度时，哪些离子的存在有干扰？如何消除？

【拓展性实验资源】

钙硬度和镁硬度的测定

实验 37 轻质碳酸钙中碳酸钙含量的测定

【知识链接】

轻质碳酸钙简称 PCC，白色粉末，主要成分为碳酸钙，可能含有 Mg^{2+}、Al^{3+}、Fe^{3+}、Mn^{2+} 等杂质，是将石灰石、大理石等原料煅烧生成氧化钙和二氧化碳，再加水生成氢氧化钙，然后再通入二氧化碳生成碳酸钙沉淀，最后经脱水、干燥和粉碎而制得很细、密度小的碳酸钙，同时除去原料中的一些杂质。

轻质碳酸钙是针对重质碳酸钙（GCC）来说的，GCC 是直接通过研磨获得的碳酸钙的细小粉末。由于 PCC 比 GCC 的密度小，所以叫轻质碳酸钙。

轻质碳酸钙按其原始平均粒径（d）分为：微粒碳酸钙（$5\mu m$）、微粉碳酸钙（$1\sim 5\mu m$）、微细碳酸钙（$0.1\sim 1\mu m$）、超细碳酸钙（$0.02\sim 0.1\mu m$）、超微细碳酸钙（$0.02\mu m$）。

轻质碳酸钙可用作橡胶、塑料、造纸、涂料和油墨等行业的无机填料。广泛用于有机合成、冶金、玻璃和石棉等生产中。还可用作工业废水的中和剂、胃与十二指肠溃疡病的制酸剂、酸中毒的解毒剂、含 SO_2 废气中的 SO_2 消除剂、乳牛饲料添加剂和油毛毡的防黏剂。也可用作牙粉、牙膏及其它化妆品的原料，是一种理想的化工生产填充剂。

测定轻质碳酸钙中碳酸钙含量的方法有重量法、容量法等，本实验采用配位滴定法测定轻质碳酸钙中碳酸钙的含量。

【实验目的】

1. 了解轻质碳酸钙的性质及其在工业生产中的应用。
2. 掌握钙指示剂的使用及终点颜色变化的观察。
3. 掌握用 EDTA 标准溶液测定轻质碳酸钙中碳酸钙含量的原理。

【方法引导】

1. 碳酸钙样品在溶解时应注意什么问题？

由于 $CaCO_3$ 与 HCl 反应生成 CO_2 气体，会引起 $CaCO_3$ 样品粉末溅开，不易溶解完全且易溅失，因此在溶解时先加少量水润湿，盖表面皿，慢慢滴加 HCl，溶解完后用少量水冲洗表面皿及烧杯内壁。

2. 如何消除共存离子的影响只测 Ca^{2+} 的含量？

试样溶解后，用三乙醇胺掩蔽 Al^{3+}、Fe^{3+}、Mn^{2+} 等离子，将 pH 控制在 12～12.5 范围内，这时 Mg^{2+} 生成 $Mg(OH)_2$ 而沉淀，以钙指示剂为指示剂，EDTA 标准滴定溶液滴定其中的 Ca^{2+}，可换算得到 $CaCO_3$ 的含量。

【仪器和试剂】

仪器：托盘天平、电子天平、酸式滴定管、移液管（25.00mL）、锥形瓶（250mL）、容量瓶（250mL）。

试剂：乙二胺四乙酸二钠盐（EDTA）；$CaCO_3$ 基准物质，于 110℃ 烘箱中干燥 2h，稍冷后置于干燥器中冷却至室温备用；HCl（1:1），浓 HCl 与蒸馏水等体积混合；三乙醇胺(1:1)，三乙醇胺与蒸馏水等体积混合；NaOH 溶液（100g·L^{-1}）；钙指示剂（5g·L^{-1}），称取 0.5g 钙指示剂，溶于 25mL 三乙醇胺与 75mL 无水乙醇的混合溶液中，低温保存。

【操作指南】

① 电子天平的使用（实验 3）、酸式滴定管的使用（实验 5）、移液管的使用（实验 4）。

② 由于自来水中含钙较高，因此做完一次实验用自来水清洗完实验仪器后，一定要用蒸馏水或去离子水清洗干净仪器。

③ 最好用蒸馏水配制溶液，如果用去离子水配制溶液，则应注意做空白试验，以防止由于去离子水水质不合格含钙较高所造成的实验误差。

【实验过程】

1. 0.02mol·L^{-1} EDTA 标准溶液的配制和标定（同实验 36）

2. 轻质碳酸钙中碳酸钙含量的测定

准确称取轻质碳酸钙样品 0.4~0.45g，置于 100mL 烧杯中，用少量水先润湿，盖上表面皿，慢慢滴加 5mL 1∶1 HCl，低温加热至完全溶解，冷却后，用少量水冲洗表面皿及烧杯内壁，定量转移至 250mL 容量瓶中，定容，摇匀。

移取 25.00mL 试液于 250mL 锥形瓶中，加入 20mL 蒸馏水和 5mL 三乙醇胺溶液，加 10mL NaOH 溶液，加 4~5 滴钙指示剂，用 EDTA 标准溶液滴定至酒红色变为纯蓝色，即为终点，记录消耗 EDTA 标准溶液的体积，平行测定 3 次，计算得到 CaCO$_3$ 的含量。

【思考题】

1. 实验中用三乙醇胺掩蔽 Al^{3+}、Fe^{3+}、Mn^{2+} 等离子时，能否先加 NaOH 溶液后加三乙醇胺？为什么？

2. 若试样中存在 Cu^{2+}、Zn^{2+}，需要加入 KCN 掩蔽时，应在酸性还是碱性条件下加入？为什么？

3. 实验中加入 NaOH 溶液的作用是什么？

【附注】

部分试样可能 Mg^{2+} 含量较高，在 pH=10 的 NH$_3$-NH$_4$Cl 缓冲溶液中，EDTA 同时与 Ca^{2+} 和 Mg^{2+} 配位形成稳定的配合物，以铬黑 T 为指示剂可测出钙镁总量，按本实验方法可以单独测出钙含量，利用其差值就可以求出镁含量。

实验 38 EDTA 标准溶液配制标定及铋、锌含量的连续测定

【知识链接】

Bi^{3+}、Zn^{2+} 均能与 EDTA 形成稳定的 1∶1 配合物，其 lg$K$ 值分别为 27.94 和 16.50，两者稳定性相差很大，Δlg$K$=11.44>6。因此，可以用控制酸度的方法在一份试液中连续滴定 Bi^{3+} 和 Zn^{2+}。测定铋、锌含量的方法有原子吸收光谱法、原子荧光光谱法等，本实验采用配位滴定法通过控制酸度的办法实现连续测定溶液中 Bi^{3+} 和 Zn^{2+} 的

含量。

【实验目的】

1. 掌握用 ZnO 标定 EDTA 的方法。
2. 掌握二甲酚橙（XO）指示剂的使用条件。
3. 掌握用 EDTA 连续滴定铋、锌混合溶液的条件和方法。
4. 了解通过控制溶液的酸度来提高 EDTA 配位滴定的选择性的原理。

【方法引导】

1. 该实验如何标定 EDTA 标准溶液？

为了减少误差，选用的标定条件应尽可能与待测物测定条件一致。本实验基准物质可选 Zn、ZnO、Bi、Pb 等。在相应各元素滴定缓冲溶液中，以二甲酚橙为指示剂，进行标定。

2. 如何控制溶液的酸度先测定 Bi^{3+} 的含量？

测定时，以二甲酚橙作指示剂，先用 HNO_3 调节溶液 pH = 1.0（此时 Zn^{2+} 既不与 EDTA 配位，也不与二甲酚橙配位），Bi^{3+} 与二甲酚橙形成紫红色的配合物，用 EDTA 标准溶液滴定至溶液由紫红色突变为亮黄色，即为滴定 Bi^{3+} 的终点。

3. 测定 Bi^{3+} 后应如何调节溶液的酸度继续测定 Zn^{2+} 的含量？

测定 Bi^{3+} 的含量后，向溶液中加入六亚甲基四胺，其中一部分 $(CH_2)_6N_4$ 与 H^+ 生成 $(CH_2)_6N_4H^+$，组成 $(CH_2)_6N_4H^+$-$(CH_2)_6N_4$ 缓冲溶液共轭酸碱对，调节溶液 pH 为 5~6。此时 Zn^{2+} 与二甲酚橙形成紫红色配合物，继续用 EDTA 标准溶液滴定至溶液由紫红色突变为亮黄色，即为滴定 Zn^{2+} 的终点。

【仪器和试剂】

仪器：托盘天平、电子天平、酸式滴定管、移液管（25.00mL）、锥形瓶（250mL）、容量瓶（250mL）。

试剂：EDTA 标准溶液（0.02mol·L^{-1}）；六亚甲基四胺溶液（200g·L^{-1}）；Bi^{3+}、Zn^{2+} 混合液（含 Bi^{3+}、Zn^{2+} 各约为 0.01mol·L^{-1}，含 HNO_3 0.15mol·L^{-1}，称取约 0.8g ZnO 于烧杯中，滴加 1∶2 HNO_3 至沉淀溶解，然后加入 4.9g $Bi(NO_3)_3$·$5H_2O$，加入 30mL 1∶2 HNO_3 温热溶解，稀释至 1L，混匀；二甲酚橙（2g·L^{-1}水溶液）；HCl（1∶1）。

【操作指南】

① 电子天平的使用（实验 3）、酸式滴定管的使用（实验 5）、容量瓶和移液管的使用（实验 4）。

② 在滴定 Bi^{3+} 的第一个滴定终点，应滴定至溶液呈完全亮黄色（保证 Bi^{3+} 被滴定完全），然后滴加六亚甲基四胺溶液。一般用 7~10mL 后溶液开始变为紫红色，如果只滴加少量（1~2mL）六亚甲基四胺溶液，溶液就变为紫红色（该紫红色为随着酸度的降低，剩余的 Bi^{3+} 与二甲酚橙生成），则说明在第一步 Bi^{3+} 没有被滴定完全，实验应重做。

【实验过程】

1. 0.02mol·L^{-1} EDTA 标准溶液的配制和标定

① 配制 500mL 0.02mol·L^{-1} EDTA 溶液（参考实验 36）。

② 准确称取 ZnO 基准物质 0.30~0.35g，置于 100mL 烧杯中，用少量水先润湿，盖上表面皿，慢慢滴加 1∶1HCl 至 ZnO 完全溶解后，用少量水冲洗表面皿及烧杯内壁，定量转

移至250mL容量瓶中,定容,摇匀。

③ 移取25.00mL Zn^{2+}标准溶液于250mL锥形瓶中,加2滴二甲酚橙指示剂,滴加六亚甲基四胺溶液,使溶液变为紫红色(此时pH=5~6)后,再多加5mL。用EDTA溶液滴定,当溶液由紫红色突变为亮黄色时,即为终点。平行标定3次,计算EDTA溶液的准确浓度。

2. 铋、锌混合溶液的连续测定

用移液管移取25.00mL Bi^{3+}、Zn^{2+}混合液于250mL锥形瓶中,加入1~2滴二甲酚橙指示剂,用EDTA标准溶液滴定至溶液由紫红色突变为亮黄色,即为滴定Bi^{3+}的终点,记录$V_1(mL)$,然后滴加六亚甲基四胺溶液,使溶液变为紫红色后,再多加5mL。继续用EDTA标准溶液滴定至溶液由紫红色突变为亮黄色,即为滴定Zn^{2+}终点,记录$V_2(mL)$。平行测定3份,计算混合试液中Bi^{3+}和Zn^{2+}的含量($mol·L^{-1}$)。

【思考题】

1. 用ZnO作基准物质,二甲酚橙作指示剂标定EDTA溶液浓度时,溶液的酸度应控制在什么pH范围?为什么?如何控制?

2. 滴定Bi^{3+}、Zn^{2+}时,溶液酸度各应该控制在什么pH范围?为什么?如何调节?

3. 实验过程中,锥形瓶中溶液颜色如何变化?解释颜色变化的原因。

实验39 钛白粉中二氧化钛含量的测定

【知识链接】

钛白粉,白色粉末,主要成分为二氧化钛(TiO_2),具有无毒、最佳的不透明性、最佳白度和光亮度,被认为是目前世界上性能最好的一种白色颜料。商业钛白粉有两种:一种是金红石型(Rutile,R型)二氧化钛,耐光性非常强,适合制造室外用漆和化妆品;另一种是锐钛矿型(Anatase,A型)二氧化钛,耐光性较差,适用于制造室内漆。

钛白粉在工业上用途广泛,在冶金工业上用于制金属钛、钛铁合金、硬质合金等;在机电工业上用于绝缘体、电焊条、电瓷等,还可用于橡胶、搪瓷、造纸、人造纤维等方面。测定钛白粉中二氧化钛含量的方法有氧化还原滴定法、分光光度法、配位滴定法等,本实验采用配位滴定法测定钛白粉中二氧化钛的含量。

【实验目的】

1. 了解钛白粉的性质及其在工业生产中的应用。
2. 了解5-Br-PADAP指示剂的使用及终点颜色变化的观察。
3. 掌握用置换滴定法测定钛白粉中二氧化钛含量的原理。

【方法引导】

1. 如何溶解二氧化钛样品?

二氧化钛本身是一种很稳定的化合物,一般可以用浓硫酸,再加一些助溶剂硫酸铵,加热溶解,或者用焦硫酸钾高温熔融,冷却后用稀硫酸溶出。比较特殊的二氧化钛样品,根据晶型等选择合适的方法。

2. Ti(Ⅳ)与 EDTA 的配位为什么需要过量 EDTA 且加热？

Ti(Ⅳ)容易水解生成 TiO^{2+}，为保证与 EDTA 反应完全，需要加入过量 EDTA 且加热。

3. 在测定钛时，如何消除其它共存离子的干扰？

可以用置换滴定法来消除其它共存离子的干扰。具体操作如下：试样溶解后，加入过量的 EDTA（配位钛和其它金属离子），滴加 NaOH 将 pH 控制在 2~2.5 范围内，加热煮沸使 Ti^{4+} 与 EDTA 定量配位，调节 pH 在 4~5 范围内，用铜标准溶液滴定剩余（未被配位）的 EDTA，然后加入苦杏仁酸，置换 Ti-EDTA 配合物中的 EDTA，释放出与钛等物质的量的 EDTA，用铜标准溶液滴定释放出的 EDTA，测定钛的含量，即可计算钛白粉中二氧化钛的含量。

【仪器和试剂】

仪器：托盘天平、电子天平、酸式滴定管、移液管（25.00mL）、锥形瓶，容量瓶（250mL）。

试剂：硫酸铵与浓硫酸混合液：称取 50g 硫酸铵于 250mL 烧杯中，缓慢加入 75mL 浓硫酸，搅拌至硫酸铵全部溶解，冷却；EDTA 标准溶液（0.02mol·L^{-1}）；甲酚红（0.1%乙醇溶液）；NaOH 溶液（10%）；HAc-NaAc 缓冲溶液（pH=4.4）：取 8.2g 无水 NaAc 用水溶解后，加入 7.2mL 冰 HAc，稀释至 1L；铜标准溶液（0.02000mol·L^{-1}）：称取 1.2709g 金属铜，加入 20mL 硝酸（1+1），低温加热溶解并蒸发至近干，再加入 10mL 硫酸（1+1），小心继续蒸发至冒白烟，冷却后加水浸取，待盐类全部溶解，冷却后移入 1000mL 容量瓶中，用水稀释到刻度，摇匀；苦杏仁酸溶液（100g·L^{-1} 水溶液）：将 100g 苦杏仁酸溶于 1L 热水中，并用氨水（1+1）调节 pH 至约为 4.4）；2-（5-Br-吡啶偶氮）-5-二乙氨基苯酚（简称 5-Br-PADAP）指示剂（0.1%乙醇溶液）。

【操作指南】

电子天平的使用（实验3）、酸式滴定管的使用（实验5）、容量瓶和移液管的使用（实验4）。

【实验过程】

1. 0.02mol·L^{-1} EDTA 标准溶液的配制和标定（同实验36）

2. 钛白粉中二氧化钛含量的测定

准确称取钛白粉样品 0.3g 左右（称准至 0.0001g）于烧杯中，滴加蒸馏水润湿，加入 20mL 硫酸铵与浓硫酸混合液，边搅拌边小心加热至样品全部溶解，冷却，定量转移至 250mL 容量瓶中。

准确移取 25.00mL 试液于锥形瓶中，加入 20mL EDTA 标准溶液，滴加 2 滴甲酚红指示剂，滴加 NaOH 溶液至溶液由红色恰好变黄色（此时 pH 在 2~2.5 范围内），然后加热煮沸 2min，冷却到 40℃左右，加 10mL HAc-NaAc 缓冲溶液（此时 pH 在 4~5 范围内），加 4 滴 5-Br-PADAP 指示剂，用铜标准溶液滴定至溶液由黄色变为紫红色（不计读数），立即加入 10mL 苦杏仁酸溶液，加热煮沸 2min，冷却至 40℃，补加 5mL HAc-NaAc 缓冲溶液和 2 滴 5-Br-PADAP 指示剂，用铜标准溶液滴定至溶液变为紫红色即为终点。根据所消耗的铜标准溶液的体积，计算出试样中 TiO_2 的质量分数。

【思考题】

1. 第一次用铜标准溶液滴定至溶液由黄色变为紫红色时不计读数，为什么？

2. 实验中加入苦杏仁酸的作用是什么?

【拓展性实验资源】

查阅资料,设计实验测定纳米二氧化钛中二氧化钛含量。

纳米二氧化钛粒径约 10~50nm,具有十分宝贵的光学性质,是具有屏蔽紫外线功能和产生颜色效应的一种透明物质。由于它的透明性和防紫外线能力高度统一,因此在防晒护肤、轿车面漆、高档涂料、精细陶瓷等方面获得了广泛的应用。同时它又是一种重要的半导体材料和光催化降解材料。

实验 40 高锰酸钾标准溶液配制标定及 H_2O_2 含量的测定

【知识链接】

$KMnO_4$ 法的优点是氧化能力强,能与许多物质起反应,应用范围广。其氧化作用与溶液的酸度有关。在强酸性溶液中,被还原为 Mn^{2+};在微酸性、中性或弱碱性溶液中,被还原为 MnO_2 的水合物;在浓度大于 $2mol·L^{-1}$ 的氢氧化钠溶液中,可被许多有机物还原为 MnO_4^{2-},因此 $KMnO_4$ 法可用于测定有机物。

$KMnO_4$ 本身有很深的紫红色,用它滴定无色或浅色溶液时,不需要另加指示剂。缺点是高锰酸钾溶液中通常含有微量 $MnO(OH)_2$,会促使其分解,所以试剂溶液需要经常标定;另外能与高锰酸钾反应的物质很多,所以方法的选择性不太高。

过氧化氢的含量可以利用其氧化性用间接碘量法测定,也可以利用其还原性用高锰酸钾法测定。生物化学中,常利用高锰酸钾法间接测定过氧化氢酶的活性。在血液中加入一定量的 H_2O_2,由于过氧化氢酶能使过氧化氢分解,作用完后,在酸性条件下用标准 $KMnO_4$ 溶液滴定剩余的 H_2O_2,就可以了解酶的活性。

【实验目的】

1. 掌握 $KMnO_4$ 溶液配制和标定的原理和方法。
2. 了解自身指示剂和自动催化的原理。
3. 掌握 $KMnO_4$ 法测定 H_2O_2 的原理和方法。

【方法引导】

1. 高锰酸钾溶液为什么采用标定法配制?

① 市售 $KMnO_4$ 试剂常含有少量 MnO_2 和其它杂质。

② 蒸馏水中含有少量还原性物质。它们能使 $KMnO_4$ 还原为 $MnO(OH)_2$,而 $MnO(OH)_2$ 又能促进 $KMnO_4$ 的自身分解,见光时分解得更快。

$$4MnO_4^- + 2H_2O = 4MnO_2 + 3O_2\uparrow + 4OH^-$$

2. 粗配 $KMnO_4$ 溶液时,一般配制多大浓度?怎样配制?

① 一般配制的浓度约为 $0.02mol·L^{-1}$。

② 称取 $KMnO_4$ 的质量应稍多于理论计算量,溶解在规定体积的水里。

③ 配制的 $KMnO_4$ 溶液必须加热近沸，并保持微沸 1h，然后放置 2~3 天，使各种还原性物质完全氧化。

④ 用微孔玻璃漏斗滤去 MnO_2 沉淀。

⑤ 避免光对 $KMnO_4$ 溶液的催化分解，配好的 $KMnO_4$ 溶液应储存在棕色瓶里。

3. 如何标定高锰酸钾溶液？

① 一般采用 $Na_2C_2O_4$ 作为基准物质去标定。

$$2MnO_4^- + 5C_2O_4^{2-} + 16H^+ = 2Mn^{2+} + 8H_2O + 10CO_2\uparrow$$

② 酸度。一般滴定开始控制酸度 $0.5~1.0\ mol\cdot L^{-1}$，H_2SO_4 介质中进行。酸度过高，$H_2C_2O_4$ 分解；酸度过低，$KMnO_4$ 易分解为 MnO_2。不能用 HNO_3 或 HCl 调节酸度。

③ 温度。一般控制温度 70~85℃。若超过 85℃，易引起 $H_2C_2O_4$ 分解。

$$H_2C_2O_4 = CO_2\uparrow + CO\uparrow + H_2O$$

④ 速度。Mn^{2+} 对滴定反应具有催化作用，先慢后快。若滴定速度过快，部分 $KMnO_4$ 将来不及与 $C_2O_4^{2-}$ 反应而在热的酸性溶液中分解：

$$4MnO_4^- + 4H^+ = 4MnO_2 + 3O_2 + 2H_2O$$

⑤ 终点判断。$KMnO_4$ 作自身指示剂，微红色半分钟不褪色即为终点。

⑥ 读数。$KMnO_4$ 颜色较深，读数时应以液面的上沿最高线为准。

4. 应该取多少体积的 H_2O_2 样品测定？

在酸性溶液中 H_2O_2 很容易被 $KMnO_4$ 氧化，反应式如下：

$$2MnO_4^- + 5H_2O_2 + 6H^+ = 2Mn^{2+} + 8H_2O + 5O_2\uparrow$$

根据滴定用去 $0.02\ mol\cdot L^{-1}$ 的 $KMnO_4$ 约 20~25mL，算出消耗 $KMnO_4$ 的物质的量约为 $(4.0~5.0)\times 10^{-4}\ mol$，根据反应计量数比计算出被滴定的 H_2O_2 的物质的量约为 $(1.0~1.25)\times 10^{-3}\ mol$。

先计算 3% 过氧化氢的摩尔浓度约为 $0.88\ mol\cdot L^{-1}$，取样体积为 1.2~1.4mL。若取样体积太小，不容易取准确，可以取 10 倍量稀释后，再分取十分之一体积测定。

【仪器和试剂】

仪器：电子天平、酸式滴定管、移液管（25.00mL）、锥形瓶、容量瓶（250mL）、水浴锅或可调控温电热套。

试剂：$KMnO_4$ 溶液（$0.02\ mol\cdot L^{-1}$）；H_2SO_4 溶液（$3\ mol\cdot L^{-1}$）；H_2O_2（$30\ g\cdot L^{-1}$），市售 30% H_2O_2 稀释 10 倍；基准物质 $Na_2C_2O_4$，在 110℃ 烘箱中干燥 2h，稍冷后置于干燥器中冷却至室温备用；$KMnO_4$。

【关键操作】

① 电子天平的使用（实验3）、酸式滴定管的使用（实验5）、移液管和容量瓶的使用（实验4）。

② 如果滴定过程中溶液浑浊，一是可能滴定速度过快，部分 $KMnO_4$ 将来不及与 $Na_2C_2O_4$ 反应而在热的酸性溶液中分解生成 MnO_2；二是可能溶液酸度过低，导致 $KMnO_4$ 被还原为 MnO_2。

③ Mn^{2+} 对滴定反应具有催化作用，可在滴定前加几滴 $MnSO_4$ 溶液加快反应速度。

【实验过程】

1. $KMnO_4$ 溶液的配制

称取 $KMnO_4$ 固体 1.6g 于烧杯中，加 500mL 水溶解，盖上表面皿，加热至沸，并保持微沸1h（或提早两周配制，暗处静置），冷却后，用4号微孔玻璃漏斗过滤。滤液储存于棕色试剂瓶中，在暗处静置2～3天后，过滤备用。

2. $KMnO_4$ 溶液的标定

准确称取 $Na_2C_2O_4$ 0.15g 左右（准确至 0.0001g）3 份，分别置于 250mL 锥形瓶中，加入 30mL 水，使之溶解，加入 15mL 3mol·L^{-1} H_2SO_4，在水浴上加热到 75～85℃。趁热用 $KMnO_4$ 溶液滴至微红。开始先加一滴，充分振摇，等第一滴紫红色褪去。再加第二滴，然后再继续滴。接近终点时，紫红色褪去很慢，应减慢速度，同时充分摇匀，直至最后半滴 $KMnO_4$ 溶液滴入摇匀后，保持 30s 不褪色。

3. 双氧水中 H_2O_2 含量的测定

（1）稀释

用 10mL 移液管移取双氧水样品 10.00mL 于 250mL 容量瓶中，用水稀释至标线充分摇匀。

（2）测定

用 25mL 移液管移取待测溶液 25.00mL 于 250mL 锥形瓶中，加 25mL 水、10mL 3mol·L^{-1} H_2SO_4，用 $KMnO_4$ 标准溶液滴定至溶液显粉红色，经过 30s 不消褪，即达终点。平行测定 3 份。计算 H_2O_2 溶液的准确质量浓度（g·L^{-1}）。

【思考题】

1. 在 $KMnO_4$ 法中，如果 H_2SO_4 用量不足，对结果有何影响？
2. 用 $KMnO_4$ 滴定 H_2O_2 时，溶液是否可以加热？

【拓展性实验资源】

设计实验方案测定锂离子电池正极材料中 $LiMn_2O_4$ 总锰含量

$LiMn_2O_4$ 是一种较常用的锂离子电池正极材料，$LiMn_2O_4$ 中 Mn 主要以 Mn(Ⅳ)、Mn(Ⅲ) 存在，用过硫酸铵将低价锰氧化成 MnO_4^-，采用氧化还原滴定法可测定 $LiMn_2O_4$ 总锰含量。

实验41 重铬酸钾法测定铁矿石中全铁量

【知识链接】

重铬酸钾滴定法是用重铬酸钾作滴定剂的一种氧化还原滴定法。在强酸性溶液中，$Cr_2O_7^{2-}$ 被还原为 Cr^{3+}。与高锰酸钾法比较，在室温和 1mol·L^{-1} 盐酸条件下，重铬酸钾不与 Cl^- 反应，故该法主要应用于在盐酸介质中测定铁矿石的含铁量，方法快速、准确。确定终点需用氧化还原指示剂，最常选用的是二苯胺磺酸钠。另外该法还作为目前应用最广泛的方法测定化学需氧量 COD_{Cr}（见 GB 11914—1989）。重铬酸钾易纯制，可作为基准物质直接配制标准溶液；溶液稳定，可以较长期保存。

铁矿石是钢铁工业的基本原料，主要有磁铁矿（Fe_3O_4，含铁 72.4%）、赤铁矿（Fe_2O_3，含铁 70.0%）、菱铁矿（$FeCO_3$，含铁 48.2%）、褐铁矿（$Fe_2O_3 \cdot nH_2O$，含铁 48%～62.9%）等。铁矿石的常规分析是测定全铁、亚铁、可熔铁、硅、硫、磷。

铁矿石中铁的分析方法有氯化亚锡-氯化汞-重铬酸钾容量法，该法是测定铁矿石中铁的经典方法,基本原理是在热、浓盐酸介质中,用氯化亚锡还原试液中的Fe(Ⅲ)为Fe(Ⅱ),过量的氯化亚锡用氯化汞氧化除去,在硫—磷混合酸存在下,以二苯胺磺酸钠为指示剂,用重铬酸钾标准滴定溶液滴定生成的所有Fe(Ⅱ)。由于汞盐污染环境,为避免使用汞盐,Fe(Ⅲ)被还原完全的终点,可用钨酸钠(GB/T 6730.5—2007)、甲基橙、中性红、次甲基蓝等溶液来指示。本实验采用甲基橙来指示Fe(Ⅲ)的还原。

【实验目的】

1. 掌握 $K_2Cr_2O_7$ 法测定铁的原理和方法。
2. 掌握用 $SnCl_2$ 还原 Fe(Ⅲ)和用甲基橙指示 Fe(Ⅲ)被还原完全的终点的方法。
3. 掌握二苯胺磺酸钠的使用。

【方法引导】

1. 如何将铁矿石溶解完全且Fe(Ⅲ)不损失?

铁矿石分析试样应通过200目筛,用浓盐酸在低温电热套上加热分解,如残渣为白色,则表明试样分解完全。若残渣有黑色或其它颜色,则是铁的硅酸盐难溶于盐酸,可加入氢氟酸或氟化铵再加热使试样分解完全。为加快溶解和防止 $FeCl_3$ 挥发,温度应保持在70~80℃,锥形瓶口盖表面皿,溶解完后冲洗表面皿及锥形瓶内壁。

2. 还原Fe(Ⅲ)要求的酸度和温度条件是什么?

① 溶液的HCl浓度应控制在 $4mol·L^{-1}$,若大于 $6mol·L^{-1}$,$SnCl_2$ 会先将甲基橙还原为无色,无法指示 Fe^{3+} 的还原反应。HCl溶液浓度低于 $2mol·L^{-1}$,则甲基橙褪色缓慢。

② 温度应控制在60~80℃,滴加 $SnCl_2$ 溶液至黄色褪去。温度低,还原 Fe^{3+} 速度慢,还原不彻底;温度高,$FeCl_3$ 易挥发。

3. 如何除去过量的 $SnCl_2$?

过量的 $SnCl_2$ 消耗 $Cr_2O_7^{2-}$,所以必须除去。Sn^{2+} 将 Fe^{3+} 还原完后,过量的 Sn^{2+} 可将甲基橙还原为氢化甲基橙而褪色,指示了还原的终点,剩余的 Sn^{2+} 还能继续使氢化甲基橙还原成 N,N-二甲基对苯二胺和对氨基苯磺酸钠,反应为:

$$(CH_3)_2NC_6H_4N=NC_6H_4SO_3Na \longrightarrow (CH_3)_2NC_6H_4NH-NHC_6H_4SO_3Na \longrightarrow$$
$$(CH_3)_2NC_6H_4H_2N + NH_2C_6H_4SO_3Na$$

以上反应是不可逆的,不但除去了过量 Sn^{2+},而且甲基橙的还原产物不消耗 $K_2Cr_2O_7$。

4. 在滴定过程中加入硫磷混酸的作用是什么?

① 控制酸度。滴定反应为:

$$6Fe^{2+} + Cr_2O_7^{2-} + 14H^+ = 6Fe^{3+} + 2Cr^{3+} + 7H_2O$$

需要在较强酸度下进行,室温下,$Cr_2O_7^{2-}$ 不氧化 Cl^-,但高温或HCl浓度大时,$Cr_2O_7^{2-}$ 部分氧化 Cl^-,故用 H_2SO_4 作酸性介质。

② 降低 Fe^{3+} 的浓度,降低 Fe^{3+}/Fe^{2+} 电对的电势,使突跃范围下限降低。

二苯胺磺酸钠指示剂的条件电势为0.85V,由 Fe^{3+}/Fe^{2+} 电对计算的理论滴定突跃范围为0.93~1.34V,理论变色点不在突跃范围内。加入 H_3PO_4 使 Fe^{3+} 生成 $[Fe(HPO_4)]^{2-}$,降低 Fe^{3+} 的浓度,因而降低了 Fe^{3+}/Fe^{2+} 电对的电势,使反应的突跃范围变成0.71~1.34V,指示剂可以在此范围内变色。但是必须注意,Fe(Ⅱ)在 H_3PO_4 介质中的稳定性较差，容易被空气中的氧氧化，加入硫磷混酸后要尽快滴定。

③ 消除 $[FeCl_4]^-$ 的黄色对终点观察的干扰。

【仪器与试剂】

仪器：电子天平、酸式滴定管、移液管（25.00mL）、锥形瓶、容量瓶（250mL）、可调控温电热套。

试剂：$SnCl_2$（$50g·L^{-1}$）：称取 5g $SnCl_2·2H_2O$ 溶于 40mL 浓热 HCl 溶液中，加蒸馏水稀释至 100mL；甲基橙（$1g·L^{-1}$水溶液）；H_2SO_4-H_3PO_4 混酸：将 15mL 浓硫酸缓缓加入 70mL 蒸馏水中，冷却后加入 15mL 磷酸，混匀；二苯胺磺酸钠（$2g·L^{-1}$水溶液）；分析纯 $K_2Cr_2O_7$；铁矿石粉。

【操作指南】

① 电子天平的使用（实验 3）、酸式滴定管的使用（实验 5）、移液管和容量瓶的使用（实验 4）。

② 实验中有两个关键操作问题。一是如何将铁矿石溶解完全且 Fe(Ⅲ)不损失，做到以下几点：低温缓慢加热，不沸腾；检查锥形瓶底部残渣，确保溶解完全；锥形瓶口盖表面皿，溶解完后少量水冲洗表面皿及锥形瓶瓶口、内壁。二是将 Fe^{3+} 还原完全且 Sn^{2+} 不过量，做到：逐滴加入 $SnCl_2$ 溶液，边滴边摇；甲基橙变粉红色后，即停止滴加 $SnCl_2$ 溶液，摇动至粉色褪去。如刚加入 $SnCl_2$ 红色立即褪去，则说明 $SnCl_2$ 已经过量，可补加 1 滴甲基橙，以除去稍过量的 $SnCl_2$，此时溶液若呈现粉红色，则表明 $SnCl_2$ 已不过量。

【实验过程】

1. $K_2Cr_2O_7$ 标准溶液的配制

差减法称 $K_2Cr_2O_7$ 1.25g 于烧杯中，加水溶解，定量转移至 250mL 容量瓶中，定容。计算 $K_2Cr_2O_7$ 的浓度（剩余的 $K_2Cr_2O_7$ 标准溶液回收）。

2. 铁矿石中全铁含量的测定

准确称取铁矿石粉 0.15~0.20g 三份于 250mL 锥形瓶中。用少量水润湿，加入 10mL 浓 HCl 溶液，盖上小表面皿，在通风橱中用电热套低温加热分解试样，若有带色不溶残渣，可滴加 20~30 滴 $100g·L^{-1}$ $SnCl_2$ 助溶，直至残渣为白色。试样分解完全后，用约 15mL 蒸馏水吹洗表面皿及锥形瓶壁。加入 6 滴甲基橙，趁热边摇动锥形瓶边逐滴加入 $50g·L^{-1}$ $SnCl_2$ 还原 Fe^{3+}（先快后慢），溶液由橙变红，至溶液变为粉红色，停止滴加 $SnCl_2$，摇几下粉色褪去。立即用流水冷却，加 50mL 蒸馏水。加 20mL 硫磷混酸、4 滴二苯胺磺酸钠，立即用 $K_2Cr_2O_7$ 标准溶液滴定到稳定的紫色为终点。平行测定 3 次，计算矿石中铁的含量（质量分数）。

【思考题】

1. 分解铁矿石时，为什么要在低温下进行？如果加热至沸会对结果产生什么影响？

2. $SnCl_2$ 还原 Fe^{3+} 的条件是什么？怎样控制 $SnCl_2$ 不过量？

3. 以 $K_2Cr_2O_7$ 溶液滴定 Fe^{2+} 时，加入硫磷混酸的作用是什么？

【拓展性实验资源】

设计实验方案测定钕铁硼磁性材料中 Fe(Ⅲ)和 Fe(Ⅱ)含量。

实验 42　$Na_2S_2O_3$ 标准溶液配制标定及铜盐中铜含量的测定

【知识链接】

碘量法是利用 I_2 的氧化性和 I^- 的还原性来进行滴定的方法。

直接碘量法：I_2/I^- 电对的标准电极电势是 $+0.545V$，标准电极电势比 $\varphi^{\ominus}(I_2/I^-)$ 小的还原性物质，可直接用碘标准溶液滴定，通常以可溶性淀粉溶液为指示剂，滴定到达终点后，由于生成碘-淀粉化合物而使溶液呈现深蓝色或蓝紫色。常用于测定 S、SO_2、Sn(Ⅱ)、As(Ⅲ)、联氨等。卡尔·费休滴定是一种测定有机或无机化合物中水分的重要方法，它是利用 I_2 氧化 SO_2 时需要定量的水分的原理而建立起来的。

间接碘量法：I^- 的还原性相对来说稍强一些，所以能与许多氧化剂作用。标准电极电势比 $\varphi^{\ominus}(I_2/I^-)$ 大的氧化性物质可在一定条件下与过量 I^- 溶液发生反应，氧化性物质被 I^- 定量地还原，产生碘，然后用 $Na_2S_2O_3$ 标准溶液滴定 I_2，以淀粉为指示剂。常用于测定 Cu^{2+}、CrO_4^{2-}、$Cr_2O_7^{2-}$、AsO_4^{3-}、SbO_4^{3-}、Ce、O_3、H_2O_2、NO_2^-、Cl_2、ClO^-、Br_2、BrO^-、IO_3^- 等。I_2 的标准溶液不是很稳定，需要经常用基准 As_2O_3 或标定好的 $Na_2S_2O_3$ 标准溶液标定。

【实验目的】

1. 掌握 $Na_2S_2O_3$ 标准溶液的配制与标定方法。
2. 掌握间接碘量法测铜含量的原理、方法。
3. 掌握淀粉指示剂的使用方法。

【方法引导】

1. 如何配制与标定 $Na_2S_2O_3$ 溶液？

（1）配制

由于结晶的 $Na_2S_2O_3 \cdot 5H_2O$ 一般都含有少量杂质，同时还易风化及潮解，所以 $Na_2S_2O_3$ 标准溶液不能用直接法配制，而应采用标定法配制。

$Na_2S_2O_3 \cdot 5H_2O$ 需用新沸冷却水配制以除去 CO_2、杀菌；加少量 Na_2CO_3 以减少水中溶解的 CO_2，使溶液呈弱碱性，以抑制 $Na_2S_2O_3$ 水解、分解以及微生物生长；这样配制的 $Na_2S_2O_3$ 溶液在放置过程中，仍会缓慢分解，使用时要重新标定。如果发现溶液浑浊，则需要过滤后再标定或重新配制。

（2）标定

$$Cr_2O_7^{2-} + 6I^- + 14H^+ = 2Cr^{3+} + 3I_2 + 7H_2O$$
绿　　棕红

析出的 I_2 用 $Na_2S_2O_3$ 溶液滴定：

$$I_2 + 2S_2O_3^{2-} = S_4O_6^{2-} + 2I^-$$

1mol $Cr_2O_7^{2-}$ ～3mol I_2 ～6mol $S_2O_3^{2-}$，用淀粉作指示剂，终点：蓝色消失→绿色（Cr^{3+}）。

（3）标定实验条件

① 反应在碘量瓶或锥形瓶盖表面皿中进行。

② 一般 KI 加入量约为理论量的 2 倍，可以加快反应速度，增大 I_2 在水中的溶解度；如 KI 溶液显黄色，则应事先用 $Na_2S_2O_3$ 溶液滴定至无色后再用。

③ $Cr_2O_7^{2-}$ 与 I^- 反应慢，需在暗处放置 5min。如冬天温度低，可适当延长放置时间。

④ 控制溶液的酸度 $0.20\sim0.30\text{mol}\cdot L^{-1}$。酸度高，$I^-$ 易被空气氧化，$Na_2S_2O_3$ 分解；酸度低，反应慢；

⑤ 淀粉指示剂需在临近终点溶液呈浅黄绿色时加入。

⑥ 若滴定结束后的溶液放置后又很快变蓝，则说明 $K_2Cr_2O_7$ 和 KI 的反应在滴定前进行得不完全，反应时间不够或体系酸度低，实验应重做。

⑦ KI 加一份做一份。防止生成的 I_2 在放置过程中挥发损失。

2. 间接碘量法测定 Cu^{2+} 含量的原理是什么？

在微酸性介质中（$pH=3\sim4$）进行，Cu^{2+} 与过量的 I^- 作用生成不溶于水的 CuI 白色沉淀并定量析出 I_2，生成的 I_2 用 $Na_2S_2O_3$ 标准溶液滴定。

$$2Cu^{2+}+4I^-=\!=\!=2CuI\downarrow+I_2$$

$$I_2+2S_2O_3^{2-}=2I^-+S_4O_6^{2-}$$

$$2\text{mol } Cu^{2+}\sim 1\text{mol } I_2\sim 2\text{mol } S_2O_3^{2-}$$

3. 间接碘量法测定 Cu^{2+} 含量的实验条件是什么？

（1）酸度

微酸性（$pH=3\sim4$），酸度低 Cu^{2+} 水解，且反应慢，反应不定量。酸度高，Cu^{2+} 催化空气氧化 I^-，$S_2O_3^{2-}$ 分解。

（2）加 NH_4HF_2 作用

掩蔽 Fe^{3+}（Fe^{3+} 氧化 I^-）；起缓冲作用，使溶液保持 $pH=3\sim4$。

（3）加 KI 作用

既是还原剂，又是沉淀剂，同离子效应使反应完全，生成 I_3^-，有利于溶解 I_2。

（4）以淀粉为指示剂

临近终点时加，否则易引起淀粉凝聚，而且吸附在淀粉上的 I_2 不易释出，影响测定结果。滴定至溶液的蓝色刚好消失即为终点。

（5）加入 NH_4SCN 或 KSCN 的时间和作用

由于 CuI 沉淀表面吸附 I_2，使分析结果偏低。为了减少 CuI 沉淀对 I_2 的吸附，可在大部分 I_2 被 $Na_2S_2O_3$ 溶液滴定后，临近终点时加入 KSCN（I_2 和 Cu^{2+} 浓度大时 KSCN 还原 I_2 和 Cu^{2+}），使 CuI 沉淀（$K_{sp}=1.1\times10^{-12}$）转化为更难溶的 CuSCN 沉淀（$K_{sp}=4.8\times10^{-15}$），释放被吸附的 I_2。

$$CuI+SCN^-=\!=\!=CuSCN\downarrow+I^-$$

CuSCN 吸附 I_2 的倾向较小，因而可以提高测定结果的准确度。

【仪器和试剂】

仪器：电子天平、碱式滴定管、移液管（25.00mL）、锥形瓶、容量瓶（250mL）。

试剂：$Na_2S_2O_3$ 溶液（$0.1\text{mol}\cdot L^{-1}$）；淀粉溶液（$5\text{g}\cdot L^{-1}$），在烧杯中加热 100mL 蒸馏水至沸，称取 0.5g 淀粉加少量水搅成糊状，边搅拌边将淀粉糊加入，不断搅拌至均匀，淀粉溶液容易变质损坏，若需放置，可加少量 H_3BO_3 防腐；KI 溶液（$100\text{g}\cdot L^{-1}$）；$K_2Cr_2O_7$ 标准溶液（$0.01667\text{mol}\cdot L^{-1}$），准确称取 $K_2Cr_2O_7$ 1.226g 于烧杯中，加水溶解，定量转移至 250mL 容量瓶中，定容；HCl 溶液（$6\text{mol}\cdot L^{-1}$）；KSCN 溶液（$100\text{g}\cdot L^{-1}$）；$NH_4HF_2(s)$；$CuSO_4\cdot5H_2O(s)$；$Na_2CO_3(s)$。

【操作指南】

① 电子天平的使用（实验3）、碱式滴定管的使用（实验5）、移液管和容量瓶的使用（实验4）。
② 在实验中要注意防止 I_2 的挥发和空气中的 O_2 氧化 I^-。
③ 在滴定过程中不要剧烈摇动。在 I_2 浓度大时，滴定可稍快进行。
④ 加入的 NH_4HF_2 生成的 F^- 腐蚀锥形瓶，滴定完成后应尽快将溶液倒掉，冲洗锥形瓶。

【实验过程】

1. $0.1\ mol\cdot L^{-1}\ Na_2S_2O_3$ 溶液的配制与标定

（1）配制

托盘天平称取约27g（比理论计算量多约10%）$Na_2S_2O_3\cdot 5H_2O$ 于烧杯中，加入新煮沸并冷却后的300mL蒸馏水，加约 $0.1g\ Na_2CO_3$，然后用新煮沸并冷却后的蒸馏水稀释至1L，保存于棕色瓶中，塞好瓶塞，于暗处放置一周后标定。

（2）标定

准确移取 25.00mL $K_2Cr_2O_7$ 标准溶液于碘量瓶中（或准确称取 0.10~0.12g $K_2Cr_2O_7$ 固体，加入25mL蒸馏水溶解），加入 $6mol\cdot L^{-1}$ HCl 5mL、10mL $100g\cdot L^{-1}$ KI 溶液，摇匀，盖瓶塞，于暗处放置5min，反应完全后，取蒸馏水50mL加到锥形瓶中，加水的同时冲洗锥形瓶口及瓶塞。用待标定的 $Na_2S_2O_3$ 溶液滴定至黄绿色，加入3mL淀粉溶液，继续滴定至深蓝色刚消失（溶液呈透明亮绿色）即为终点，平行标定3次，计算 $Na_2S_2O_3$ 溶液的准确浓度。

2. $CuSO_4\cdot 5H_2O$ 中 Cu 含量的测定

准确称取 $CuSO_4\cdot 5H_2O$ 试样 0.3~0.35g 三份，分别置于碘量瓶中，加 25mL 水，加入 1g NH_4HF_2，溶解完全后加 $100g\cdot L^{-1}$ KI 溶液 10mL，摇匀，立即用 $0.1mol\cdot L^{-1}\ Na_2S_2O_3$ 标准溶液滴定至浅黄色，然后加入3mL淀粉作指示剂，继续滴至浅蓝色。再加 10% KSCN 10mL，摇匀后，溶液的蓝色加深，再继续用 $Na_2S_2O_3$ 标准溶液滴定至蓝色刚好消失为终点。计算 $CuSO_4\cdot 5H_2O$ 中 Cu 含量的平均值及相对平均偏差。

【思考题】

1. 碘量法测定铜为什么要在弱酸性介质中进行？用 $K_2Cr_2O_7$ 标定 $Na_2S_2O_3$ 溶液时为什么要先加入 5mL $6mol\cdot L^{-1}$ HCl 溶液？用 $Na_2S_2O_3$ 溶液滴定 I_2 时为什么要加入50mL水稀释？
2. 碘量法测定铜，为什么临近终点时加入 NH_4SCN 或 KSCN？
3. 碘量法主要误差来源有哪些？如何避免？
4. 淀粉指示剂应该何时加入？为什么？

实验 43 葡萄糖含量的测定

【知识链接】

葡萄糖是自然界分布最广且最为重要的一种单糖，它是一种多羟基醛。纯净的葡萄糖为无色晶体，易溶于水，微溶于乙醇，不溶于乙醚。葡萄糖在生物学领域具有重要地位，是活细胞的能量来源和新陈代谢中间产物，是生物的主要供能物质。葡萄糖在糖果制造业和医药领域有着广泛应用。

碘量法在有机分析中应用广泛，对于能被碘直接氧化的物质，只要反应速率足够快，就可用直接碘量法进行测定，例如测定巯基乙酸、维生素C、安乃近、二氧化硫等。而采用间接碘量法可以测定葡萄糖、甲醛、丙酮及硫脲等，应用更为广泛。本实验用间接碘量法测定葡萄糖含量。

【实验目的】

1. 了解配制和标定 I_2 标准溶液的原理、方法及其保存。
2. 掌握间接碘量法测定葡萄糖含量的方法。

【方法引导】

1. 如何配制 250mL $0.05\text{mol} \cdot \text{L}^{-1}$ I_2 溶液？

计算：需要碘固体 $0.05 \times 250 \times 10^{-3} \times 254\text{g} \approx 3\text{g}$。

称取：用托盘天平称取约 3.2g I_2。

配制：将 I_2 放置于研钵中，加入 5g KI，加少量水研磨，清洗、转移到 250mL 烧杯中，检查确认 I_2 全部溶解后，稀释定容至 250mL，搅匀。然后转移到棕色瓶中储存并置于暗处。

2. 碘量法如何测定葡萄糖的含量？

I_2 与 NaOH 作用可生成次碘酸钠（NaIO），葡萄糖（$C_6H_{12}O_6$）能定量地被次碘酸钠（NaIO）氧化成葡萄糖酸（$C_6H_{12}O_7$）。在酸性条件下，未与葡萄糖反应的次碘酸钠可转变为碘（I_2）析出。用 $Na_2S_2O_3$ 标准溶液滴定析出的 I_2，与葡萄糖反应的 I_2 就可计算出来，然后计算出葡萄糖的含量。反应如下。

① I_2 与 NaOH 作用：

$$I_2 + 2NaOH = NaIO + NaI + H_2O$$

② $C_6H_{12}O_6$ 和 NaIO 定量作用：

$$C_6H_{12}O_6 + NaIO = C_6H_{12}O_7 + NaI$$

③ $C_6H_{12}O_6$ 作用完后，剩下未作用的 NaIO 在碱性条件下发生歧化反应：

$$3NaIO = NaIO_3 + 2NaI$$

④ 在酸性条件下：

$$NaIO_3 + 5NaI + 6HCl = 3I_2 + 6NaCl + 3H_2O$$

⑤ 析出的 I_2 可用标准 $Na_2S_2O_3$ 溶液滴定：

$$I_2 + 2Na_2S_2O_3 = Na_2S_4O_6 + 2NaI$$

从以上反应可以看出，1mol 葡萄糖与 1mol NaIO 作用，而 1mol I_2 产生 1mol NaIO，因此，1mol 葡萄糖与 1mol I_2 相当。

计算葡萄糖含量（$\text{g} \cdot \text{L}^{-1}$）的公式为：

$$葡萄糖含量 = \frac{[c(I_2)V(I_2) - \frac{1}{2}c(Na_2S_2O_3)V(Na_2S_2O_3)]M(葡萄糖)}{V(葡萄糖)}$$

3. 测定葡萄糖含量时哪些溶液需要准确移取或定量？

由上述反应知道根据滴定消耗的 $Na_2S_2O_3$ 溶液可以得到新生成的 I_2 的量，从而确定与葡萄糖反应后剩余的 NaIO 的量。要得到葡萄糖的含量，还需要准确知道总的 NaIO 的量，也就是最初加入的碘标准溶液的量。

需要准确知道最初加入的碘标准溶液、滴定消耗的 $Na_2S_2O_3$ 溶液的浓度和体积以及葡萄糖溶液的体积。

【仪器和试剂】

仪器：电子天平、烧杯、量筒、移液管（25.00mL）、容量瓶、玻璃棒、碱式滴定管。

试剂：I_2标准溶液（$0.05mol·L^{-1}$，待标定准确浓度）；$Na_2S_2O_3$标准溶液（$0.1mol·L^{-1}$，已标定准确浓度）；NaOH溶液（$2mol·L^{-1}$）；HCl溶液（$6mol·L^{-1}$）；葡萄糖注射液（约$50g·L^{-1}$）；淀粉指示剂（$5g·L^{-1}$）。

【操作指南】

① 电子天平的使用（实验3）、碱式滴定管的使用（实验5）、移液管的使用（实验4）。

② 加碱的速度不能过快，否则生成的NaIO来不及氧化$C_6H_{12}O_6$，而歧化为不与葡萄糖反应的$NaIO_3$和NaI，使测定结果偏低。酸化后IO_3^-和I^-生成I_2，而碘易挥发，所以需要立即滴定。

【实验过程】

1. $0.1mol·L^{-1}$ $Na_2S_2O_3$标准溶液的配制和标定（参考实验42）
2. $0.05mol·L^{-1}$标准溶液的配制和标定
（1）配制 250mL $0.05mol·L^{-1}$ I_2溶液

用托盘天平称取约3.2g I_2放置于研钵中，加入5g KI，加少量水研磨，清洗、转移到250mL烧杯中，检查确认I_2全部溶解后，稀释定容至250mL，搅匀。然后转移到棕色瓶中储存并置于暗处。

（2）I_2溶液的标定

移取25.00mL I_2溶液于250mL锥形瓶中，加100mL蒸馏水稀释，用已标定好的$Na_2S_2O_3$标准溶液滴定至浅黄色，加入3mL淀粉指示剂，继续滴定至蓝色刚好消失，即为终点。平行测定3次，计算I_2溶液的浓度。

3. 葡萄糖含量的测定

取葡萄糖注射液准确稀释10倍，摇匀后用移液管移取25.00mL于碘量瓶中，准确加入I_2标准溶液25.00mL，慢慢滴加$0.2mol·L^{-1}$ NaOH，边加边摇，直至溶液呈淡黄色。将碘量瓶加塞于暗处放置10~15min后，加2mL $6mol·L^{-1}$ HCl使其呈酸性，立即用$Na_2S_2O_3$标准溶液滴定至溶液呈浅黄色时，加入3mL淀粉指示剂，继续滴定至蓝色消失，即为终点。平行测定3次，计算葡萄糖的准确含量（$g·L^{-1}$）。

【思考题】

1. 配制I_2溶液时为何要加入KI？为何要先用少量水溶解后再稀释至所需体积？
2. 为什么氧化葡萄糖时加入NaOH的速度要慢，而酸化后要立即用$Na_2S_2O_3$标准溶液滴定？

实验44 溴加成法测定碳碳双键

【知识链接】

有机化合物分子中含有的碳碳双键又称烯基，具有较高的反应活性，容易发生亲电加成反应。如乙烯、丙烯等等，它们可以作为反应单体进一步生成高分子化合物。检测烯基化合物是有机化工特别是石油化工和油脂工业必测的项目。

利用烯基可以发生加成反应这一性质可以对烯基进行定量分析。根据加成试剂不同，可以分为卤素加成法、催化加氢法、硫氰加成法等。卤素加成法是测定烯键，尤其是测定油脂、石油和高聚物等产品不饱和度最常用的方法。

卤素加成法是利用过量的卤化剂与烯基化合物起加成反应，然后测定剩余的卤化剂。在卤素的加成中，氟、氯、溴的单质作为卤化剂过于活泼，往往伴随取代反应发生。碘的活性较小，进行加成反应一般比较困难，因而大都使用它们的化合物。例如氯化碘、溴化碘、碘的乙醇溶液、溴酸钾-溴化钾的酸性溶液、溴化物等。

以溴酸钾-溴化钾的酸性溶液生成的溴化试剂与碳碳双键发生溴加成反应适用于测定石油馏分和工业脂肪族烯烃的双键。

【实验目的】

1. 掌握溴加成法测定碳碳双键含量的原理及方法。
2. 进一步熟悉碘量法中各种溶液的标定和仪器的使用。

【方法引导】

1. 溴加成法测定碳碳双键含量的原理是什么？

溴加成法是利用过量的溴化试剂与碳碳双键发生溴加成反应，并使其完全转化，剩余的溴再用碘量法回滴，即在反应液中加入 KI，剩余部分溴与 KI 作用，生成单质 I_2，生成的 I_2 可以用 $Na_2S_2O_3$ 滴定，其反应如下。

① 溴酸钾-溴化钾溶液在酸存在下，释放出溴：
$$KBrO_3 + 5KBr + 6HCl = 3Br_2 + 6KCl + 3H_2O$$

② 加成作用：
$$Br_2 + R—CH=CH—R = RBrCH—CHBrR$$

③ 剩余 Br_2 与 KI 作用：
$$Br_2 + 2KI = I_2 + 2KBr$$

④ 析出的 I_2 可用标准 $Na_2S_2O_3$ 溶液滴定：
$$I_2 + 2Na_2S_2O_3 = Na_2S_4O_6 + 2NaI$$

2. 如何计算样品中的双键含量

$$双键含量（mmol·L^{-1}）= \frac{(V_0 - V) c(Na_2S_2O_3)}{2m_{样}}$$

式中，V_0 为滴定空白试样用去的硫代硫酸钠标准溶液的体积，mL；V 为滴定样品用去的硫代硫酸钠标准溶液的体积，mL；$c(Na_2S_2O_3)$ 为硫代硫酸钠标准溶液的浓度，mol·L^{-1}；$m_{样}$ 为样品的质量，g。

3. 混合溶剂中加入汞盐的作用是什么？

在混合溶剂中加入汞盐是为了加快反应。汞离子的作用是使溴与汞离子先形成配合物再与碳碳双键加成，它的加成速度要比溴直接与碳碳双键加成快得多，所以实际上汞盐是起了催化剂的作用。

【仪器和试剂】

仪器：电子天平、碘量瓶（250mL）、碱式滴定管、移液管（25.00mL）、量筒、小烧杯。

试剂如下。

溴酸钾-溴化钾溶液（$0.05 \text{mol} \cdot \text{L}^{-1}$）：将 10g 溴化钾（KBr）和 2.8g 溴酸钾（$KBrO_3$）溶解在少量去离子水中，然后稀释至 1000mL。

$Na_2S_2O_3$ 标准溶液（$0.1 \text{mol} \cdot \text{L}^{-1}$）：将 27g 硫代硫酸钠和 0.2g 碳酸钠溶解在经煮沸后冷却的 1L 去离子水中，静置过夜，按标准方法进行标定。

碘化钾溶液（$100 \text{g} \cdot \text{L}^{-1}$）：将 10g 碘化钾溶解在 100mL 去离子水中。

淀粉指示剂（$10 \text{g} \cdot \text{L}^{-1}$）：取 1g 可溶性淀粉，加入少量去离子水调成薄浆，将其倒入 100mL 沸水中，迅速搅拌，放置冷却后，加入 0.125g 苯甲酸作防腐剂。

HCl 溶液（$2 \text{mol} \cdot \text{L}^{-1}$）。

混合溶剂：将 357mL 冰醋酸、67mL 四氯化碳、67mL 甲醇，9mL 稀硫酸（1∶5，体积比）混合而成。如果碳碳双键的碳原子上有吸电子基团或与卤素的加成反应速度较慢，可在混合溶剂中加入汞盐催化剂。即将上述混合溶剂中的 67mL 甲醇改成 58mL 甲醇，加 9mL 10%氯化汞（$HgCl_2$）甲醇溶液混合均匀。

【操作指南】

① 电子天平的使用（实验 3）、碱式滴定管的使用（实验 5）、移液管的使用（实验 4）。

② 在用溴加成法测定碳碳双键时，由于卤素和双键的活泼性，尤其是在高温、光照、卤素浓度较高和用汞盐作为催化剂时，容易发生取代等副反应；在测定一些含活泼芳核或 α-碳上有活泼氢的羰基化合物中的碳碳双键时，会发生取代反应而使分析结果偏高。因此，反应必须在低温下于暗处进行，以尽量避免与光接触而引发取代反应；并尽量避免使用汞催化剂。

③ 在常温下的极性溶剂中，溴与碳-碳双键的加成是按离子型亲电加成反应历程进行的。当双键碳原子上连有吸电子基团时，其反应速度就会变慢，以致加成反应不能定量地完成。因此，这种方法不适用于共轭双键、α，β-不饱和羧酸及其酯类、α，β-不饱和醛酮，以及氰基取代的烯烃等不饱和化合物的定量测定。此外，对于双键碳原子上支链较多的烯烃，会产生空间障碍而使溴加成反应受到影响，也往往得不到定量的结果。

【实验过程】

1. $0.1 \text{mol} \cdot \text{L}^{-1} Na_2S_2O_3$ 标准溶液的配制和标定（参考实验 42）

2. 双键含量的测定

① 在 250mL 碘量瓶中加入 15mL 混合溶剂。

② 准确称取相当于 0.5mmol 样品分子的待测样品于上述碘量瓶中，转摇使之溶解。

③ 然后在此碘量瓶中加入 25.00mL $0.050 \text{mol} \cdot \text{L}^{-1}$ $KBrO_3$ 和 KBr 溶液，5mL $2 \text{mol} \cdot \text{L}^{-1}$ HCl 溶液，盖上磨口瓶塞，置于暗处放置 20min，在此期间应不断地摇动碘量瓶，使之充分地反应。

④ 反应完毕后，打开瓶塞，加入 10mL $100 \text{g} \cdot \text{L}^{-1}$ KI 溶液，立即盖紧瓶塞，摇动后放置 10min。

⑤ 用 $0.1 \text{mol} \cdot \text{L}^{-1} Na_2S_2O_3$ 标准溶液迅速滴定至溶液呈浅黄色，加入约 0.5mL $10 \text{g} \cdot \text{L}^{-1}$ 淀粉指示剂，继续滴定至蓝色刚好消失、溶液呈无色为止，记下消耗的体积 V。

⑥ 平行测定 3 份样品，并同时测定空白值 V_0。

【思考题】

1. 四氯化碳参与反应了吗？其作用是什么？

2. 实验中加入汞盐的作用是什么？

实验 45　可溶性氯化物中氯含量的测定

【知识链接】

测定 Cl^- 含量的方法有多种，如莫尔法、汞量法（GB/T 3051—2000）、佛尔哈德法、法扬司法、电位滴定法（GB/T 3050—2000）以及等浑浊度法等。汞量法（GB/T 3051—2000）是在微酸性的水或乙醇-水溶液中，以二苯偶氮碳酰肼为指示剂，用硝酸汞滴定水样中的氯化物。此方法准确灵敏，但需用到有毒试剂硝酸汞。电位滴定法是测定 Cl^- 的一种国际通用的检测方法，借助反应在化学计量点时的电位突跃确定反应终点。莫尔法、佛尔哈德法和法扬司法是三种常见的沉淀滴定法，借助不同的指示剂指示终点。本实验采用莫尔法。

【实验目的】

1. 学习 $AgNO_3$ 标准溶液的配制和标定。
2. 掌握莫尔法测定氯离子方法的原理。
3. 掌握铬酸钾指示剂的正确使用。

【方法引导】

莫尔法沉淀滴定时主要考虑三方面的问题：指示剂的用量；酸度；干扰及消除方法。

1. K_2CrO_4 指示剂是如何指示终点的？指示剂用量对滴定有何影响？

莫尔法是在中性或弱碱性溶液中，以 K_2CrO_4 为指示剂，用 $AgNO_3$ 标准溶液进行滴定。由于 AgCl 的溶解度（$K_{sp}=1.8\times10^{-10}$，溶解度 $s=1.35\times10^{-5}\ mol\cdot L^{-1}$）比 Ag_2CrO_4（$K_{sp}=2.0\times10^{-12}$，溶解度 $s=6.6\times10^{-5}\ mol\cdot L^{-1}$）的小，因此溶液中首先析出 AgCl 沉淀，当 AgCl 沉淀定量析出后，过量 1 滴 $AgNO_3$ 溶液即与 K_2CrO_4 生成砖红色 Ag_2CrO_4 沉淀，表示达到终点。

沉淀反应：$Ag^+ + Cl^- \rightleftharpoons AgCl\downarrow$（白色）　　　　$K_{sp}=1.8\times10^{-10}$

指示剂反应：$2Ag^+ + CrO_4^{2-} \rightleftharpoons Ag_2CrO_4\downarrow$（砖红色）　　$K_{sp}=2.0\times10^{-12}$

根据溶度积原理，化学计量点时，要求刚好析出 Ag_2CrO_4 沉淀以指示终点，指示剂浓度以 $5.0\times10^{-3}\ mol\cdot L^{-1}$ 为宜。指示剂 K_2CrO_4 溶液浓度为 $50g\cdot L^{-1}$，则 50mL 待测氯离子溶液中应加入约 1.0mL 指示剂。

2. 莫尔法滴定过程中酸度如何控制？

滴定必须在中性或弱碱性溶液中进行，最适宜的 pH 范围为 6.5~10.5，如有铵盐存在，溶液的 pH 范围最好控制在 6.5~7.2 之间。酸性过强，CrO_4^{2-} 降低，终点拖后；碱性太强，生成氢氧化银甚至氧化银沉淀析出。

3. 实验中为什么要进行指示剂空白校正？

为能观察到明显的滴定终点，必须有一定量的 Ag_2CrO_4 沉淀生成。这样会多消耗 $AgNO_3$ 标准溶液，因此需要进行指示剂空白校正，将此部分扣除。实验证明，若用 $0.1mol\cdot L^{-1}$ $AgNO_3$ 标准溶液滴定，指示剂空白可能造成的误差约为 0.08%，若用 $0.01mol\cdot L^{-1}$ $AgNO_3$ 标准溶液滴定，指示剂空白可能造成的误差约为 0.8%。因此如准确度要求较高，必须进行指示剂空白校正，校正时实验条件与测定保持一致，溶液体积保持一致。

4. 可能存在什么干扰及如何消除？

由于滴定是在中性或弱碱性溶液中进行的，凡能与 Ag^+ 生成难溶化合物或配合物的阴离子 PO_4^{3-}、AsO_4^{3-}、AsO_3^{3-}、S^{2-}、SO_3^{2-}、$C_2O_4^{2-}$、CO_3^{2-} 均可干扰测定，其中 H_2S 可加热煮沸除去，SO_3^{2-} 可通过氧化成 SO_4^{2-} 消除干扰。有色离子如 Cu^{2+}、Ni^{2+}、Co^{2+} 等影响终点观察。凡能与指示剂 K_2CrO_4 生成难溶化合物的阳离子也干扰测定，如 Ba^{2+}、Pb^{2+} 等，Ba^{2+} 的干扰可加过量 Na_2SO_4 消除。Al^{3+}、Fe^{3+}、Bi^{3+}、Sn^{4+} 等离子在中性或弱碱性溶液中易水解产生沉淀影响测定。

【仪器与试剂】

仪器：电子天平、托盘天平、酸式滴定管或棕色滴定管、移液管（5mL）、容量瓶（250mL）、锥形瓶（250mL）。

试剂：K_2CrO_4（50g·L^{-1}）：5g K_2CrO_4 溶解在 100mL 不含 Cl^- 的蒸馏水中；NaCl 基准试剂，在 500~600℃ 灼烧半小时后，放置于干燥器中冷却，也可将 NaCl 置于带盖的瓷坩埚中，加热，并不断搅拌，待爆炸声停止后，将坩埚放入干燥器中冷却后使用；$AgNO_3$ 试剂（AR）；粗氯化钠试样。

【操作指南】

① 电子天平的使用（实验3）、酸式滴定管的使用（棕色）（实验5）、移液管的使用（实验4）。

② 该实验用水应特别注意，一般推荐用蒸馏水，去离子水要预先经过检验无 Cl^- 后才能使用。

③ 实验完毕后，将滴定管和锥形瓶先用蒸馏水冲洗三次后，再用自来水洗净，防止 $AgNO_3$ 生成 AgCl 不易洗净而沾污滴定管和锥形瓶。

④ 实验过程中节省 $AgNO_3$ 试剂，撒落到地面上要及时清洗，否则 $AgNO_3$ 分解后，洒落处变黑，难以清除。

【实验过程】

1. 0.05mol·L^{-1} $AgNO_3$ 溶液的配制和标定

用托盘天平称 4.3g $AgNO_3$ 于 250mL 烧杯中，加入适量不含 Cl^- 的蒸馏水，将溶液转入带玻璃塞的棕色细口瓶中，用水稀释至 500mL，摇匀，暗处避光保存，以减缓光分解。为节省试剂，可每 2~3 人配制 1 份使用。

准确称取基准 NaCl 0.65~0.7g，置于小烧杯中，用蒸馏水溶解后，定量转移入 250mL 容量瓶中，加水稀释至刻度，摇匀。准确移取 25.00mL 上述 NaCl 标准溶液于锥形瓶中，加入 25mL 水，用吸量管（或移液枪）加入 1.0mL 50g·L^{-1} K_2CrO_4 溶液，在不断摇动下，用 $AgNO_3$ 溶液滴定至呈现砖红色即为终点。平行测定 3 次。计算 $AgNO_3$ 溶液的准确浓度。

2. 试样分析

准确称取粗 NaCl 试样约 0.7g 于烧杯中，加蒸馏水溶解后，定量转入 250mL 容量瓶中，用水稀释至刻度，摇匀。准确移取 25.00mL NaCl 试液于锥形瓶中，加入 25mL 水，用吸量管（或移液枪）加入 1.0mL 50g·L^{-1} K_2CrO_4，在不断摇动下，用 $AgNO_3$ 标准溶液滴定至呈现砖红色即为终点。平行测定 3 次。

根据试样的质量和滴定中消耗 $AgNO_3$ 标准溶液的体积计算试样中 Cl^- 的含量，计算出平均值及相对平均偏差。

3. 指示剂空白校正

取与滴定时相同体积的 1.0mL $50g \cdot L^{-1} K_2CrO_4$ 指示剂溶液，加入 50mL 水，然后加入无 Cl^- 的 $CaCO_3$ 固体（相当于滴定时 AgCl 的沉淀量），制成与实际滴定的浑浊溶液相似的溶液。滴加 $AgNO_3$ 溶液，至与终点颜色相同为止，记录读数，从滴定所消耗的 $AgNO_3$ 体积中扣除此读数。

【思考题】

1. 莫尔法测氯时，为什么溶液的 pH 须控制在 6.5~10.5？若有 NH_4^+ 存在时，其控制的 pH 范围有何不同？为什么？
2. 以 K_2CrO_4 作指示剂时，指示剂浓度过大或过小对测定结果有何影响？
3. 欲用莫尔法测定 Ag^+，其滴定方式与测定 Cl^- 有何不同？为什么？
4. 滴定时为什么要充分摇动溶液？

实验 46　有机化合物中氯含量的测定

【知识链接】

有机化合物中的氯多以结合形态存在，在测定之前大多需要先把有机物氧化或还原使其中的氯分解为卤素或氯化氢后测定。在这些前处理方法中，氧瓶燃烧法用得比较多。目前这种方法已广泛用于有机物中卤素、硫、磷、硼等非金属元素的定量测定。

有机化合物中氯含量的测定方法主要有氧瓶燃烧-汞量法、氧瓶燃烧-电位滴定法、氧瓶燃烧-离子色谱法、高温燃烧水解-电位滴定法、水解萃取-电位滴定法、微库仑测定仪测定法等。在众多方法中氧瓶燃烧法的仪器设备简单，操作较方便，适用于氯含量较高的有机物产品分析。一些样品如耐火废弃物在氧瓶燃烧过程中发生不完全氧化，而能够加压的氧弹燃烧法较氧瓶燃烧法分解样品更完全。本实验采用氧瓶燃烧-汞量法测定。

【实验目的】

1. 掌握氧瓶燃烧法分解试样的原理和操作。
2. 掌握汞量法测定卤素含量的原理及终点判断方法。

【方法引导】

1. 什么是氧瓶燃烧法？

氧瓶燃烧法（oxygen flask combustion method）是干式灰化普遍采用的方法，目前这种方法已广泛用于有机物中卤素、硫、磷、硼等非金属元素的定量测定。其原理是将含有卤素或硫等元素的有机物，于充满氧气的燃烧瓶中，在铂丝的催化作用下进行燃烧，使有机化合物快速分解为水溶性的无机离子型产物，燃烧过程的局部温度达 1000~1200℃，燃烧产物被吸收液吸入后，采用适宜的分析方法进行鉴别、检查或测定相应元素的含量。

2. 氧瓶燃烧-汞量法测定的原理是什么？

有机含氯的化合物经氧瓶燃烧后，分解为氯离子。用稀过氧化氢和氢氧化钾作吸收液，加热煮沸溶液,除去过量的过氧化氢。调节溶液呈弱酸性 pH≈3.5,以二苯卡巴腙作指示剂,用硝酸汞标准溶液滴定至紫红色终点,由消耗的硝酸汞标准溶液计算出有机化合物中氯的含量。

① 燃烧分解:含氯有机物 $\xrightarrow{O_2,燃烧}$ HCl+CO$_2$+H$_2$O

② 碱液吸收:HCl+KOH ══ KCl+H$_2$O

③ 生成的氯离子用硝酸汞滴定:2Cl$^-$+Hg(NO$_3$)$_2$ ══ HgCl$_2$+2NO$_3^-$

④ 达终点时,过量的汞离子与二苯卡巴腙指示剂生成有色的配合物,指示终点的到达。

3. 如何根据实验结果计算含氯量和样品含量?

$$氯含量 = \frac{2(V-V_0)cM_{Cl}}{m} \times 100\%$$

$$氯化物含量 = \frac{2(V-V_0)cM}{mn} \times 100\%$$

式中,V 为试样试液消耗硝酸汞标准溶液的体积,mL;V_0 为空白试液消耗硝酸汞标准溶液的体积,mL;c 为硝酸汞标准溶液的浓度,mol·L^{-1};m 为试样的质量,mg;M 为对硝基氯苯的摩尔质量,g·mol^{-1};M_{Cl} 为氯的相对原子质量;n 为氯化物中氯的数目。

4. 滴定时为什么调节酸度为 pH≈3.5?

酸度过大,二苯卡巴腙与 Hg^{2+} 反应灵敏度降低;碱性溶液中,二苯卡巴腙显红色,与滴定终点颜色接近。因此,在开始滴定前,以溴酚蓝指示剂显色后,再过量硝酸使试液的 pH 在 3.5 左右。

5. 为什么在 80% 的乙醇溶液中滴定?

硝酸汞容量滴定法的最佳溶液 pH 为 3.0~3.5,在此条件下加入乙醇介质可有效提升二卤化汞络合物的稳定常数,过量乙醇可以降低其溶解度,当溶液中卤素离子全部转化为卤化汞后,微过量的汞离子立即与加入溶液中的二苯卡巴腙形成紫色的汞化物,因而可使测定限更低。

【仪器和试剂】

仪器:氧气钢瓶、燃烧瓶(500mL,见图 6-3 所示)、半微量酸式滴定管(10mL)、锥形瓶(250mL)、定量滤纸。

试剂:NaCl(基准试样,分析纯或优级纯);NaOH 溶液(2%);HNO$_3$ 溶液(0.5mol·L^{-1},0.05mol·L^{-1});C$_2$H$_5$OH(95%);H$_2$O$_2$ 溶液(30%);溴酚蓝指示剂(0.2% 乙醇溶液);二苯卡巴腙指示剂(1% 无水乙醇溶液),用前现配,最好现用现配;试样,对硝基氯苯(M=157.5g·mol^{-1});硝酸汞标准溶液 [Hg(NO$_3$)$_2$·H$_2$O],0.005mol·L^{-1}。

硝酸汞标准溶液的配制:称取分析纯硝酸汞 [Hg(NO$_3$)$_2$·H$_2$O] 1.75g,溶于 10mL 0.5mol·L^{-1} 硝酸中,待硝酸汞全部溶解后,再用 0.05mol·L^{-1} 硝酸稀释至 1000mL,放置 24h 后标定。

硝酸汞标准溶液的标定:取分析纯或优级纯氯化钠于 105℃ 干燥 4h 或置于坩埚内大火炒到发出响声后,再炒片刻,置于干燥器中冷至室温。精称 0.24~0.28g 用少量水溶解后,转入 250mL 容量瓶中,用水稀释至刻度,精取 5.00mL 于 250mL 锥形瓶中,加入 20mL 乙醇,3 滴溴酚蓝指示剂,用 0.5mol·L^{-1} 硝酸中和至刚显黄色再过量 1 滴(pH≈3.2),加入 5 滴新配制的二苯卡巴腙指示剂,用 0.005mol·L^{-1} 硝酸汞标准溶液滴定至溶液由黄色变为紫红色即为终点。

【操作指南】

1. 燃烧瓶

容积为 250mL、500mL、1000mL 或 2000mL，耐化学反应的磨口硬质玻璃锥形瓶，瓶上配有空心磨口塞。在瓶塞的下端焊有一根直径为 0.5～0.8mm 的铂丝或镍铬丝，镍铬丝耐烧寿命较短，铂丝下端做成网状或螺旋状，长度约为瓶身长度的 2/3（图 6-3）。

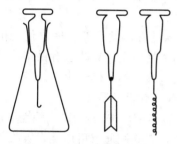

图 6-3　简易燃烧瓶

2. 操作步骤

（1）称样与包样

精确称取供试品（如为固体，应研细），除另有规定外，置于无灰滤纸中心，按规定折叠后（图 6-4），固定于铂丝下端的网内或螺旋处，使尾部露出。如为液体供试品（包样方法见图 6-5），可在透明胶纸和滤纸做成的纸袋中称样，方法为将透明胶纸剪成规定的大小和形状，中部贴一约 16mm×6mm 的无灰滤纸条，并于其突出部分贴一 6mm×35mm 的无灰滤纸条，将胶纸对折，紧粘住底部及另一边，并使上口敞开；精确称定质量，用滴管将供试品从上口滴在无灰滤纸条上，立即捏紧粘住上口，精确称定质量，两次质量之差即为供试品质量，将含有供试品的纸袋固定于铂丝下端的网内或螺旋处，使尾部露出。

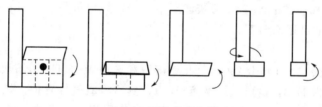

图 6-4　固体样品包样

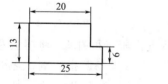
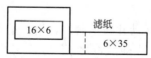
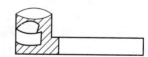

单位：mm

图 6-5　液体样品包样

（2）在燃烧瓶内燃烧分解

在燃烧瓶内按规定加入吸收液，并将瓶口用水润湿，小心急速通入氧气约 1min（通气管应接近液面，使瓶内空气排尽），立即用表面皿覆盖瓶口，移置他处；点燃包有供试品的滤纸尾部，迅速放入燃烧瓶中，按紧瓶塞，并小心倾斜燃烧瓶，见图 6-6。待燃烧完毕（应无黑色碎片，如有黑色小粒或滤纸碎片，则表明样品分解不完全），充分振摇，使生成的烟雾完全吸入吸收液中，放置 15min，用少量水冲洗瓶塞及铂丝，合并洗液及吸收液。为安全起见，燃烧分解时，分析者戴护目镜及皮手套。同法另做空白试验。

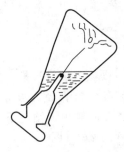

图 6-6 试样的燃烧分解

(3) 检查或测定

根据所测样品的性质进行检查或测定。

3. 注意事项

① 取样用的无灰滤纸剪裁和折叠时，手不能接触滤纸。液体及易挥发的样品，应在燃烧瓶内加入吸收液，通氧气后取样，以减少样品的挥发及在滤纸上的渗透。

② 铂丝绕成螺旋状，在操作中尽量将铂丝底部缠密，使孔隙小，并保持铂丝干燥，便于供试样品燃烧完全。夹持包有供试品的滤纸要松紧适度，夹不紧易掉下，夹过紧也不易燃烧完全。

③ 燃烧时氧气要充足，应以大流量急速通氧。通氧时，周围不能有明火。

④ 样品量大时，可分两次取样燃烧。在第一次取规定量的半量，按法操作，等燃烧完毕后的烟雾完全被吸入吸收液后，再取规定量的另一半量，在原燃烧瓶通氧后燃烧，吸收入同一吸收液中。

⑤ 点燃样品包燃烧时要压紧瓶塞，防止产生的热气顶冲瓶塞，烟雾逸出。

⑥ 整个操作务必小心防爆。

⑦ 测定含氟有机物时，需选用石英燃烧瓶。

【实验过程】

1. 称样

准确称取试样 10~15mg，置于无灰滤纸中央，按规定折叠后（图 6-4），夹于燃烧瓶铂丝的螺旋钩上，使滤纸尾部向下。

2. 燃烧和吸收

在燃烧瓶中依次加入 10mL 2% 氢氧化钠溶液和 5 滴 30% H_2O_2 溶液（因有机氯化物燃烧分解时完全转变为 HCl，也可只用碱液吸收），然后将氧气导管伸入燃烧瓶中，管尖接近吸收液液面，通入氧气约 1min，取出导管，点燃滤纸尾部，迅速插入燃烧瓶中，压紧瓶塞，小心倾斜燃烧瓶，让吸收液封住瓶口（图 6-6）。待燃烧完毕，按紧瓶塞，用力振摇 15min，至瓶内白烟完全消失，说明吸收完全。

3. 滴定

在燃烧瓶的槽沟中加少量水，转动并拔下瓶塞，用少量水洗涤瓶塞和铂丝，将溶液煮沸浓缩至 5mL（除去过量的 H_2O_2），冷却后，加入 20mL 乙醇、3 滴溴酚蓝指示剂，逐滴加入 $0.5mol·L^{-1}$ 硝酸至吸收液刚显黄色，再过量 1 滴，加入 5 滴二苯卡巴腙指示剂，用 $0.005mol·L^{-1}$ 硝酸汞标准溶液滴定至溶液由黄色变为紫红色即为终点。同样条件进行空白试验。

【思考题】

1. 试样燃烧分解不完全的原因有哪些？

2. 在开始滴定前，以溴酚蓝作指示剂，用稀硝酸将吸收液调至黄色的作用是什么？为何要加入 95% 乙醇？

3. 如果硝酸汞标准溶液中出现絮状物，原因何在？是否还进行标定？

【拓展性实验资源】

设计实验，利用氧瓶燃烧法测定硫化橡胶全硫含量。

实验47　氯化钡中钡含量的测定

【知识链接】

重量分析法是准确地称量出一定量的试样，然后利用适当的化学反应（沉淀、均相沉淀、电解、气体发生或吸收）把其中欲测成分变成纯化合物或单体析出，采用沉淀过滤、挥发等方法与其它成分分离，经干燥或灼烧后称量，直至恒重，求出欲测成分在试样中的含量。重量分析法作为一种经典的化学分析方法，虽然操作繁琐，耗时长，但具有准确度高，不需要与标准试样或基准物质进行比较等优点。

氯化钡主要用于金属热处理、钡盐制造、电子仪表，也用于机械加工中作热处理剂。目前 $BaCl_2$ 中 Ba 含量测定有 EDTA 配位滴定法、沉淀电导滴定法和重量分析法。

重量分析法通常以稀硫酸为沉淀剂，用沉淀重量法测定钡盐中钡含量。也可以 Ba^{2+} 为沉淀剂用该法来测定 SO_4^{2-}。

在重量分析法中，将沉淀形式转化为称量形式的方法有两种，分别是传统的灼烧法和微波炉干燥法。微波炉干燥法简单、快速，但因为干燥时间短，选用的微波炉功率低，干燥沉淀时，包藏在 $BaSO_4$ 沉淀中的高沸点杂质如 H_2SO_4 等不易在干燥过程中被分解或挥发而除去。本实验仍采用传统的灼烧方法获得称量形式。

【实验目的】

1. 掌握晶形沉淀的制备、过滤、洗涤、灼烧及恒重等重量分析基本操作。
2. 掌握重量分析法测定 $BaCl_2·2H_2O$ 中钡含量的原理和方法。
3. 了解本实验误差的来源及其消除方法。

【方法引导】

1. 重量分析法中测定可溶性钡盐中钡含量为什么以 $BaSO_4$ 为沉淀形式？

Ba^{2+} 能生成 $BaSO_4$、$BaCO_3$、BaC_2O_4、$BaCrO_4$、$BaHPO_4$ 等一系列难溶化合物，其中 $BaSO_4$ 的溶解度最小（$K_{sp} = 1.1 \times 10^{-10}$，100mL 溶液中，100℃ 时 $BaSO_4$ 溶解 0.4mg，25℃ 时仅溶解 0.25mg。当过量沉淀剂存在时，溶解度更小，一般可以忽略不计），在一定温度下灼烧时，组成不变，其组成与化学式相符合，性质稳定，摩尔质量较大，符合重量分析对沉淀的要求。

2. 使用稀 H_2SO_4 沉淀剂应注意什么问题？

为了使 $BaSO_4$ 能沉淀完全，稀 H_2SO_4 应过量。H_2SO_4 在高温下可挥发除去，因此沉淀带下的 H_2SO_4 不致引起误差，沉淀剂可过量 50%～100%。如果用 $BaSO_4$ 重量法测定 SO_4^{2-}，用 Ba^{2+} 为沉淀剂，$BaCl_2$ 灼烧时不易挥发除去，沉淀剂 $BaCl_2$ 只允许过量 20%～30%。

3. $BaSO_4$ 沉淀过程中应遵循的实验条件是什么？

$BaSO_4$ 是晶形沉淀，故应满足"稀、热、慢、搅、陈"的沉淀条件。

4. 实验过程中加稀 HCl 溶液酸化的目的是什么？

沉淀在 0.05mol·L^{-1} 左右盐酸介质中进行沉淀的目的有两个：一方面可以防止其它微溶性钡盐的生成及防止生成 $Ba(OH)_2$ 共沉淀，提高测定的选择性；另一方面，适当提高酸度，使 SO_4^{2-} 成为 HSO_4^-，稍微增大沉淀的溶解度，以降低其相对过饱和度，有利于获得较好的晶形沉淀。

5. 本实验的误差来源有哪些？如何减少或避免？

误差主要来源于沉淀的溶解损失、沾污和称量。沉淀溶解损失一方面可通过加入过量的沉淀剂来避免；另一方面洗涤沉淀时，用稀 H_2SO_4 少量多次洗涤，也可减少沉淀量的损失。沉淀的沾污主要来自于溶液中的共存离子。$PbSO_4$ 和 $SrSO_4$ 的溶解度均较小，Pb^{2+}、Sr^{2+} 对钡的测定有干扰。NO_3^-、ClO_3^-、Cl^- 等阴离子和 K^+、Na^+、Ca^{2+}、Fe^{3+} 等阳离子均可以引起共沉淀现象，故应严格掌握沉淀条件，减少共沉淀现象，以获得纯净的 $BaSO_4$ 晶形沉淀。称量时为了避免引起不必要的误差，要建立恒重的概念与正确操作。

【仪器与试剂】

仪器：高温箱式电阻炉（公用）、电子天平、瓷坩埚（25mL，2~3个）、玻璃漏斗（2个）、定量滤纸（慢速或中速）、沉淀帚（一把）。

试剂：H_2SO_4（1mol·L^{-1}，0.1mol·L^{-1}）、HCl（2mol·L^{-1}）、HNO_3（2mol·L^{-1}）、$AgNO_3$（0.1mol·L^{-1}）、$BaCl_2·2H_2O$(AR)。

【操作指南】

① 重量分析基本操作（见本实验附注）。

② 称量操作：由于刚灼烧后的坩埚和沉淀是非常干燥的，在冷却，尤其是称量过程中会不断吸收空气中的水分使质量持续增加。因此坩埚和沉淀进行称量操作时，应注意每次放置冷却的时间相同、称重的时间相同。总之，冷却称量过程中，要保持各种操作的一致性。

③ 滤纸灰化时空气要充足，否则 $BaSO_4$ 易被滤纸的炭还原为灰黑色的 BaS：

$$BaSO_4 + 4C \Longrightarrow BaS + 4CO\uparrow$$
$$BaSO_4 + 4CO \Longrightarrow BaS + 4CO_2\uparrow$$

如遇此情况，可用 2~3 滴（1+1）H_2SO_4，小心加热，冒烟后重新灼烧。

④ 灼烧 $BaSO_4$ 沉淀的温度不能超过 950℃，否则，沉淀部分分解，而使结果偏低：

$$BaSO_4 \Longrightarrow BaO + SO_3\uparrow$$

【实验过程】

1. 瓷坩埚的准备、恒重

取两只洁净带盖的瓷坩埚，编号。然后置于高温炉中，800~850℃下灼烧第一次。30~40min 后，取出，稍冷，放入干燥器内冷至室温后称重。第二次灼烧 15~20min，按上述操作再称重，直至恒重（指相邻两次灼烧后的称量差不大于 0.4mg）为止。记下空坩埚的质量。

2. 称样及沉淀的制备

准确称取 0.4~0.6g $BaCl_2·2H_2O$ 试样一份置于 250mL 烧杯中，加水 100mL 使其溶解（搅拌棒不可取出），加入 2mol·L^{-1} HCl 溶液 2~3mL 使其酸化，加热近沸，另取 1mol·L^{-1} H_2SO_4 4mL 及 30mL 水置于小烧杯中，加热近沸，将热、近沸的 H_2SO_4 溶液慢慢地滴加到热的钡盐溶液中，并用玻璃棒不断搅拌。沉淀完毕放置，待 $BaSO_4$ 沉淀沉降后，在上层清液中加入 1~2 滴 0.1mol·L^{-1} H_2SO_4 溶液，检验沉淀是否完全，盖上表面皿（切勿将玻璃棒拿出杯外），放置陈化 12h（或放置过夜），或置于水浴或沙浴上加热，陈化 0.5~1h。

在同样的实验条件下，平行制备两份沉淀。

3. 沉淀的过滤及洗涤

用慢速或中速的定量滤纸过滤。按漏斗角度的大小折叠好滤纸，使其与漏斗很好地贴合，以水润湿，并使漏斗颈内保持水柱，将漏斗置于漏斗架上，漏斗下面放一只清洁的烧杯。过滤时，先将上层清液用倾析法沿玻璃棒注入漏斗，再用稀 H_2SO_4 洗涤液（1mL 1mol•L^{-1} H_2SO_4，加入 100mL 蒸馏水配成）洗涤沉淀 3～4 次，每次用约 10mL，均用倾析法过滤。然后将沉淀小心定量转移到滤纸上，附着在杯壁及玻璃棒上的沉淀，用沉淀帚由上到下擦拭干净，用折叠滤纸时撕下的小片滤纸擦拭杯壁，一并转入滤纸上，再用稀 H_2SO_4 洗涤液洗涤沉淀 4～6 次，将沉淀洗至滤纸底部，并直至滤液中不含 Cl^- 为止。检查时用试管收集 2mL 滤液，加 1 滴 2mol•L^{-1} HNO_3 酸化，加入 2 滴 $AgNO_3$，若无白色浑浊产生，则说明 Cl^- 已洗净。

4. 沉淀的灼烧及称量

将盛有沉淀的滤纸折成小包，放入已恒重的坩埚中，经烘干、炭化、灰化，待滤纸由黑色变成灰白色，放入马弗炉，在 800～850℃ 温度下灼烧 30～40min，取出置于干燥器内冷却、称重，第二次在相同温度下，再灼烧 15～20min，冷至室温后再称重，直至恒重为止。根据样品和沉淀的质量，计算样品中钡的含量。

【思考题】

1. 沉淀 $BaSO_4$ 时为什么要在稀溶液中进行？不断搅拌的目的是什么？
2. 为什么沉淀 $BaSO_4$ 时要在热溶液中进行？
3. 洗涤沉淀时，为什么使用洗涤液要少量多次？为保证 $BaSO_4$ 沉淀的溶解损失不超过 0.1%，洗涤沉淀用水量最多不超过多少毫升？
4. 什么叫恒重？为什么空坩埚也要预先恒重？
5. 为什么要在控制一定酸度的盐酸介质中进行沉淀？

【附注】

重量分析基本操作

重量分析法是利用沉淀反应、气化法或电解法，使被测组分与试样中的其它组分分离后，转变成一定的称量形式，然后称重，由称得的物质的质量计算该组分含量的方法。其中沉淀重量法应用最多。根据沉淀性质采取不同的操作方法。重量分析的基本操作包括试样溶解、沉淀、过滤、洗涤、干燥和灼烧等步骤。

1. 试样溶解

溶样方法主要有两种：一种是用蒸馏水或酸溶解，另一种是高温熔融后再用溶液溶解。

2. 沉淀

重量分析对沉淀的要求是尽可能完全和纯净，为了达到这个要求，应该按照沉淀的不同类型选择不同的沉淀条件，如沉淀时溶液的体积、温度、加入沉淀剂的浓度、数量、加入速度、搅拌速度、放置时间，等等。因此，必须按照规定的操作步骤进行。例如，对于晶形沉淀，其沉淀条件为"稀、热、慢、搅、陈"，即沉淀溶液适当稀，沉淀时将溶液加热、不断搅拌下加入沉淀剂，沉淀完全后要放置陈化。

3. 过滤和洗涤

（1）用滤纸过滤

① 滤纸的选择

重量分析法使用定量滤纸，即无灰滤纸，每张滤纸的灰分质量为 0.08mg 左右，其质量可忽略不计。定量滤纸一般为圆形,按直径分有 7cm、9cm、11cm、15cm 等几种;按滤纸孔隙大小分有"快速"、"中速"和"慢速"3 种。表 6-2 是常用国产定量滤纸的灰分质量,表 6-3 是国产定量滤纸的类型。

表 6-2 国产定量滤纸的灰分质量

直径/cm	7	9	11	12.5
灰分/g·张$^{-1}$	3.5×10^{-5}	5.5×10^{-5}	8.5×10^{-5}	1.0×10^{-4}

表 6-3 国产定量滤纸的类型

类型	滤纸盒上色带标志	滤速/s·(100mL)$^{-1}$	适用范围
快速	蓝色	60~100	无定形沉淀,如 $Fe(OH)_3$
中速	白色	100~160	中等粒度沉淀,如 $MgNH_4PO_4$
慢速	红色	160~200	细粒状沉淀,如 $BaSO_4$、$CaC_2O_4·2H_2O$

② 漏斗的选择

用于重量分析的漏斗应该是长颈漏斗,颈长为 15~20cm,漏斗锥体角应为 60°,颈的直径不能太大,一般为 3~5mm,以便在颈内容易保留水柱,颈口出口处磨成 45°角。如图 6-7 所示。漏斗的大小应与滤纸的大小相适应。应使折叠后的滤纸上缘低于漏斗上沿 0.5~1cm,绝不能超出漏斗边缘。漏斗在使用前应洗净。

③ 滤纸的选择、折叠与安放

④ 做水柱

⑤ 倾泻法过滤和初步洗涤

⑥ 沉淀的转移

⑦ 洗涤

③~⑦各步操作见实验 6。

图 6-7 漏斗的规格   图 6-8 微孔玻璃坩埚和漏斗

(2) 用微孔玻璃坩埚(漏斗)过滤

有些沉淀不能与滤纸一起灼烧,因其易被还原,如 AgCl 沉淀。有些沉淀不需灼烧,只需烘干即可称量,如丁二酮肟镍沉淀、磷铝酸喹啉沉淀等,但也不能用滤纸过滤,因为滤纸烘干后,重量改变很多,这时,应该用微孔玻璃坩埚(或微孔玻璃漏斗)过滤,如图 6-8 所示。

这种滤器的滤板是用玻璃粉末在高温熔结而成的。

这类滤器的分级和牌号见表 6-4。

滤器的牌号规定以每级孔径的上限值前置以字母"P"表示，上述牌号是我国1990年开始实施的新标准。

表 6-4 滤器的分级和牌号①

牌号	孔径分级/μm		牌号	孔径分级/μm	
	>	≤		>	≤
$P_{1.6}$	—	1.6	P_{40}	16	40
P_4	1.6	4	P_{100}	40	100
P_{10}	4	10	P_{160}	100	160
P_{16}	10	16	P_{250}	160	250

① 资料引自 GB/T 11415—1989。

分析实验中常用 P_{40} 和 P_{16} 号玻璃滤器，例如，过滤金属汞用 P_{40} 号，过滤 $KMnO_4$ 溶液用 P_{16} 号漏斗式滤器，重量法测 Ni 用 P_{16} 号坩埚式滤器。

$P_4 \sim P_{1.6}$ 号常用于过滤微生物，所以这种滤器又称为细菌漏斗。

这种滤器在使用前，先用强酸（HCl 或 HNO_3）处理，然后再用水洗净。洗涤时通常采用抽滤法。在抽滤瓶瓶口配一块稍厚的橡皮垫，垫上挖一个圆孔，将微孔玻璃坩埚（或漏斗）插入圆孔中，抽滤瓶的支管与真空泵缓冲瓶抽气管相连接。先将强酸倒入微孔玻璃坩埚（或漏斗）中，然后开真空泵，关闭缓冲瓶上放空支管抽滤。当结束抽滤时，应先开放缓冲瓶上放空支管，再关闭真空泵。

这种滤器耐酸不耐碱，因此，不可用强碱处理，也不适于过滤强碱溶液。

将已洗净烘干且恒重的微孔玻璃坩埚（或漏斗）置于干燥器中备用。过滤时，所用装置和上述洗涤时装置相同，在开动真空泵抽滤下，用倾泻法进行过滤，其操作与上述用滤纸过滤相同，不同之处是在抽滤下进行。

4. 干燥和灼烧

沉淀的干燥和灼烧是在一个预先灼烧至恒重的坩埚中进行的，因此，在沉淀的干燥和灼烧前，必须预先准备好坩埚。

（1）坩埚的准备

先将瓷坩埚洗净，小火烤干或烘干，编号（可用含 Fe^{3+} 或 Co^{2+} 的蓝黑墨水或 $K_4[Fe(CN)_6]$ 溶液在坩埚外壁上编号），然后在所需温度下，加热灼烧。灼烧可在高温电炉中进行。为防止温度骤升或骤降使坩埚破裂，最好将坩埚放入冷的炉膛中逐渐升高温度，或者将坩埚在已升至较高温度的炉膛口预热一下，再放进炉膛中。一般在 800~950℃下灼烧 40~45min（新坩埚需灼烧 1h）。待高温炉降温，从高温炉中取出坩埚，将坩埚移入干燥器中，将干燥器连同坩埚一起移至天平室，冷却至室温，取出称量。随后进行第二次灼烧，约 20min，冷却和称量。然后进行第三次、第四次灼烧，每次灼烧时间 20min，直至相邻两次灼烧后的称量值差别不大于 0.4mg，即可认为坩埚已达质量恒定。灼烧空坩埚的温度必须与以后灼烧沉淀的温度一致。

（2）沉淀的干燥和灼烧

① 沉淀的包裹

利用玻璃棒把滤纸和沉淀从漏斗中取出。对于晶形沉淀，其体积较小，如图 6-9(a)所示，用清洁的玻璃棒将滤纸的三层部分挑起，再用洗净的手将带有沉淀的滤纸取出，打开成半圆形,自右边半径的1/3处向左折叠,再从上边向下折,然后自右向左折卷成小包,把沉淀包卷在里面。对于胶体沉淀,由于体积一般较大,不宜用上述包裹方法,而应用玻璃棒将三层滤纸边挑起(三层边先挑),再向中间折叠(单层边先折叠),将沉淀全部盖住,见图6-9(b),再用玻璃棒将滤纸转移到已恒重的瓷坩埚中(锥体尖头朝上)。此时应特别注意,勿使沉淀有任何损失。如果漏斗上沾有沉淀,可用滤纸碎片擦下,与沉淀包卷在一起。

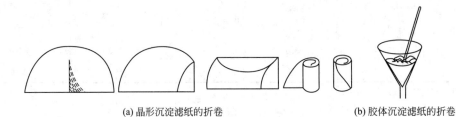

(a) 晶形沉淀滤纸的折卷　　　　　　　　(b) 胶体沉淀滤纸的折卷

图 6-9　过滤后滤纸的折卷

② 烘干、炭化和灰化

烘干、炭化和灰化操作可在煤气灯、电炉上或电热套中进行。炭化是将烘干后的滤纸烤成炭黑状,灰化是将呈炭黑状的滤纸灼烧成灰。将滤纸包装进已质量恒定的坩埚内,使滤纸层较多的一边向上,可使滤纸灰化较易。如用煤气灯,按图6-10所示,斜坩埚于泥三角上,盖上坩埚盖(烘干时,坩埚盖不要盖严,以便水汽逸出),然后如图6-11所示,将滤纸烘干并炭化,在此过程中必须防止滤纸着火,否则会使沉淀飞散而损失。若已着火,应立刻移开煤气灯,并将坩埚盖盖上,让火焰自熄。让坩埚于同一受热状态受热(倾斜或正放),对应于烘干、炭化和灰化,逐步增大火焰,一步一步完成,不要着急。在电炉或电热套上操作,也将坩埚侧放,如图6-10、图6-11。

图 6-10　坩埚侧放泥三角上　　　　　　图 6-11　烘干和炭化

③ 灼烧至恒重

待滤纸灰化后,将坩埚垂直地放在泥三角上,盖上坩埚盖(留一小孔隙),于指定温度下灼烧沉淀,或者将坩埚放在高温电炉中灼烧。一般第一次灼烧时间为40~45min,第二次灼烧20min。每次灼烧完毕从炉内取出后,都需要在空气中稍冷,再移入干燥器中。沉淀冷却到室温后称量,然后再灼烧、冷却、称量,直至质量恒定。

微孔玻璃坩埚(或漏斗)只需烘干即可称量,一般将微孔玻璃坩埚(或漏斗)连同沉淀放在表面皿上,然后放入烘箱中,根据沉淀性质确定烘干温度。一般第一次烘干时间要长些,约2h,第二次烘干时间可短些,约45min~1h,根据沉淀的性质具体处理。沉淀烘干后，取出坩埚（或漏斗），置于干燥器中冷却至室温后称量。反复烘干、称量，直至质量恒定为止。

实验 48　邻二氮菲吸光光度法测定微量铁

【知识链接】

样品中的微量铁，含量或浓度较低在 $mg \cdot L^{-1}$（或 $10^{-5} mol \cdot L^{-1}$）数量级，化学分析方法已经无法使用，这时要用仪器分析方法进行分析。常用的测定微量铁的仪器分析方法有吸光光度法、原子发射光谱法、原子吸收光谱法、电化学法等。吸光光度分析是基于物质对光的选择性吸收而建立的一种方法，由于仪器简单，灵敏度高，稳定性好，干扰容易消除而得到广泛应用。

根据朗伯-比尔定律 $A=\varepsilon bc$，当入射光波长 λ 和液层厚度 b 一定时，在一定浓度范围内，有色物质的吸光度 A 与有色物质的浓度 c 成正比，据此可以绘制标准曲线。这是定量分析的基础。在选择的实验条件下，从低浓度到高浓度分别测量一系列不同浓度的标准溶液的吸光度 A，以浓度 c 为横坐标、吸光度 A 为纵坐标绘制标准曲线（也叫工作曲线）。再测量待测溶液的吸光度 A_x，在标准曲线上就可以查到与之相对应的被测物质的含量 c_x，得到分析结果。

【实验目的】

1. 掌握邻二氮菲法测微量铁的原理。
2. 学会吸收曲线和标准曲线的绘制，学习吸光光度分析的实验条件的选择。
3. 掌握分光光度计、比色皿及吸量管的使用方法，了解分光光度计的构造。

【方法引导】

1. 如何用光度法测定 Fe^{2+} 的含量？

邻二氮菲（又称邻菲罗啉）吸光光度法是测定微量铁的一种常用方法。

在 pH 为 2～9 的溶液中，Fe^{2+} 与邻二氮菲（Phen）生成稳定的橘红色配合物 $[Fe(Phen)_3]^{2+}$，其反应为：

$$Fe^{2+} + 3 \text{（邻二氮菲）} \longrightarrow [Fe(Phen)_3]^{2+}$$

其 $\lg\beta_3=21.3$，摩尔吸光系数 $\varepsilon=1.1\times10^4 L \cdot mol^{-1} \cdot cm^{-1}$。

溶液中如果存在 Fe^{3+}，会和邻二氮菲生成淡蓝色的配合物。所以在加入显色剂之前，需要加入盐酸羟胺将 Fe^{3+} 还原，其反应为：

$$2Fe^{3+} + 2NH_2OH \cdot HCl = 2Fe^{2+} + N_2\uparrow + 4H^+ + 2H_2O + 2Cl^-$$

测定时，酸度太高，反应进行较慢；酸度太低，离子易水解。实验过程中采用 HAc-NaAc 缓冲溶液控制其 pH。

本方法的选择性很高，相当于含铁量 10 倍以上的 Sn^{2+}、Al^{3+}、Ca^{2+}、Mg^{2+}、Zn^{2+}、

Cr^{3+}、Mn^{2+}、Co^{2+}、Cu^{2+}等均不干扰测定。

2. 显色反应需要控制的实验条件有哪些?

显色反应受各种因素的影响,需要通过实验来确定的实验条件包括溶液的酸度、显色剂的用量、显色时间、显色温度、溶剂等。本实验中主要确定溶液的酸度、显色剂的用量、显色时间的影响。

【仪器和试剂】

仪器:7200 型分光光度计、1cm 比色皿、吸量管(1mL 2 支,5mL 3 支)、25mL 比色管 8 支、容量瓶、擦镜纸。

试剂:铁标准溶液(10.0mg·L^{-1}),准确称取 0.8634g 的 $NH_4Fe(SO_4)_2·12H_2O$,置于烧杯中,加入 20mL 6mol·L^{-1} HCl 溶液和少量水,溶解后定量地转移至 1L 容量瓶中,用蒸馏水稀释至刻度,摇匀,得到浓度为 100mg·L^{-1} 的铁标准溶液,再将该溶液稀释 10 倍即可;邻二氮菲(1.5g·L^{-1});盐酸羟胺($NH_2OH·HCl$)(100g·L^{-1} 水溶液),用时现配制;NaAc 溶液(1mol·L^{-1});HCl(6mol·L^{-1});待测铁样品,合成样品或水样。

【操作指南】

① 分光光度计的使用(实验 16)、吸量管的使用(实验 4)。
② 在实验过程中铁标准溶液、样品液、显色剂邻二氮菲的加入体积要准确。
③ 在作吸收曲线时,每改变一次波长,都要重新用黑体和参比液重新校正"0%T"和"100%T"。

【实验过程】

1. 吸收曲线的绘制

用吸量管吸取 2.0mL 10.0mg·L^{-1} 的铁标准溶液于 25mL 比色管中,加入 0.5mL 盐酸羟胺溶液、1.0mL 邻二氮菲、2.5mL NaAc,每加入一种试剂都要摇匀,用水稀释至刻度,摇匀。放置 10min 后,用 1cm 比色皿,以蒸馏水为参比溶液,在 440~560nm 之间,每隔 10nm 测一次吸光度。以波长 λ 为横坐标、吸光度 A 为纵坐标,绘制 A 和 λ 关系的吸收曲线。从吸收曲线上选择测定 Fe 的适宜波长,一般选用最大吸收波长 λ_{max}。

2. 实验条件的确定

(1) 显色剂用量的确定

取 6 支 25mL 比色管,按表 6-5 由上到下的顺序和用量加入试剂,每加入一种都需摇匀。

表 6-5 显色剂用量的影响

比色管	1#	2#	3#	4#	5#	6#
铁标准溶液体积/mL	2.00	2.00	2.00	2.00	2.00	2.00
盐酸羟胺体积/mL	0.50	0.50	0.50	0.50	0.50	0.50
邻二氮菲体积/mL	0.30	0.50	0.80	1.00	1.50	2.00
NaAc 体积/mL	2.50	2.50	2.50	2.50	2.50	2.50

放置 10min 后,用 1cm 比色皿,以蒸馏水为参比溶液,在选定的波长下测定各溶液的吸光度。以邻二氮菲浓度(或体积)为横坐标、吸光度 A 为纵坐标,绘制 A-$V_{显色剂}$ 曲线,

确定实验过程中应加入的显色剂的最佳体积。

(2) 酸度的确定

取 6 支 25mL 比色管,按表 6-6 由上到下的顺序和用量加入试剂,每加入一种都需摇匀。

表 6-6　酸度的影响

比色管	1#	2#	3#	4#	5#	6#
铁标准溶液体积/mL	2.00	2.00	2.00	2.00	2.00	2.00
盐酸羟胺体积/mL	0.50	0.50	0.50	0.50	0.50	0.50
邻二氮菲体积/mL	1.00	1.00	1.00	1.00	1.00	1.00
NaAc 体积/mL	1.00	1.50	2.00	2.50	3.00	3.50

放置 10min 后,用 1cm 比色皿,以蒸馏水为参比溶液,在选定的波长下测定各溶液的吸光度。以 NaAc 体积为横坐标、吸光度 A 为纵坐标、绘制 A-V_{NaAc} 曲线,确定实验过程中最佳的用量。

(3) 显色时间的确定

用吸量管吸取 2.00mL 10.0mg·L^{-1} 铁标准溶液于 25mL 比色管中,加入 0.50mL 盐酸羟胺溶液、1.00mL 邻二氮菲、2.50mL NaAc,每加入一种试剂都要摇匀,用蒸馏水稀释至刻度,摇匀。立即在选定的波长下用 1cm 比色皿,以蒸馏水为参比溶液,测定吸光度。然后放置 5min、10min、20min、30min、60min 分别测定其吸光度。以时间 t 为横坐标、吸光度 A 为纵坐标,绘制 A-t 关系曲线,确定合适的测量时间。

3. 待测样品中铁含量的测定

(1) 标准曲线的绘制

取 6 支 25mL 比色管,按表 6-7 由上到下的顺序和用量加入试剂,每加入一种试剂都需摇匀。

表 6-7　标准系列溶液配制

比色管	0#	1#	2#	3#	4#	5#
铁标准溶液体积/mL	0.00	1.00	2.00	3.00	4.00	5.00
盐酸羟胺体积/mL	0.50	0.50	0.50	0.50	0.50	0.50
邻二氮菲体积/mL	1.00	1.00	1.00	1.00	1.00	1.00
NaAc 体积/mL	2.50	2.50	2.50	2.50	2.50	2.50

放置 10min 后,用 1cm 比色皿,以试剂空白(即 0 号比色管)为参比溶液,在选定的波长下测定各溶液的吸光度,然后以浓度为横坐标、以对应的吸光度为纵坐标绘制工作曲线(即 A-c 曲线)。

(2) 试液中铁含量的测定

准确移取 5.00mL 待测试液 3 份,分别置于 25mL 比色管中,各加入 0.50mL 盐酸羟胺溶液、1.00mL 邻二氮菲、2.50mL NaAc,每加入一种试剂都要摇匀,用蒸馏水稀释至刻度,摇匀。放置 10min,在选定的波长下用 1cm 比色皿,以试剂空白为参比溶液,测定 3 份溶液的吸光度。根据样品吸光度在工作曲线上得到对应的铁含量,根据取样体积计算转化为原试液中铁的浓度(以 mg·L^{-1} 表示)。

4. 实验数据处理

① 绘制吸收曲线，确定测定波长。

② 绘制各种实验条件曲线，确定最佳实验条件。

③ 绘制工作曲线，由工作曲线查出样品浓度。

吸收曲线、各种条件实验曲线、工作曲线可在坐标纸上进行绘制。用坐标纸绘制吸收曲线、条件实验曲线时一般将各个实验点用平滑线连接。绘制工作曲线时，绘直线，实验点一般平均分布在直线两侧，让该直线能最好地代表各个实验点的趋势。然后将样品的吸光度作平行于横轴的直线交于工作曲线一点，由该点作垂线交于横轴一点即为比色管样品的浓度。然后根据取样体积计算转化为原样品液浓度。

也可在 Microsoft Office Excel 中的图表功能或 Oringin 等绘图软件中进行。

在用 Microsoft Office Excel 中的图表功能时，打开"Excel"界面，将横坐标数据输入到"A"列，将纵坐标数据输入到对应的"B"列，然后选中"A"列和"B"列数据，单击"插入"中的"图表"，单击"XY 散点图"，子图表选"平滑线散点图"，单击"下一步"，选"数据产生在列"，单击"下一步"，在"图表选项"窗口中设置"标题"、"坐标轴"、"网格线中"、"图例"、"数据标志"等选项，即可作出吸收曲线和实验条件曲线。如果作工作曲线，在"XY 散点图"窗口中，子图表选"散点图"，其它处理同"平滑线散点图"。作出散点图后，选中任一数据点，单击鼠标右键，选"添加趋势线"，"类型"中选"线性"，"选项"选"显示公式"，"显示 R 平方值"，即可得到工作曲线图、线性方程及相关系数 r 的平方值。将样品吸光度代入线性方程即可得到样品浓度值。

【思考题】

1. 吸收曲线与标准曲线有何区别？各有何实际意义？
2. 本实验中盐酸羟胺、NaAc 的作用各是什么？
3. 为什么条件确定和测定吸收曲线时以蒸馏水为参比，而确定标准曲线却以空白试液作参比？

思考题参考答案

实验1　仪器认领洗涤与试剂取用

1. 玻璃仪器洗涤干净的标准是什么？

答：仪器壁上水膜应均匀分布，既不挂水珠，也不会成股流下。

2. 带有刻度的度量仪器能否用加热的方法进行干燥？为什么？

答：不能。因为加热易使仪器变形，影响仪器的准确度。

3. 将 NaCl 固体加入到试管中时，若药匙头太大无法伸入试管中，应如何做？

答：可使用药匙的小头加入；或者根据试管口径大小，折一长宽合适的干净纸槽，用药匙取 NaCl 固体于纸槽的凹槽处，用纸槽辅助加入试管中。

实验2　加热操作和玻璃管加工练习

1. 酒精灯使用过程中发现酒精量过少，应如何做？

答：若酒精灯使用过程中发现酒精量过少，则应先熄灭酒精灯，待冷却后，用漏斗添加酒精至灯壶容积的 1/2~2/3。

2. 玻璃管加工时加热的程度，玻璃管的旋转、弯曲或拉伸的速度对结果有无影响？

答：有影响。若加热软化程度不够，则不易弯曲或拉伸；旋转不匀速，用力不均匀会导致各部位受热不均、玻璃管扭曲；若弯曲或拉伸速度过慢，则玻璃易冷却硬化。

3. 常见的热浴间接加热方法有哪些？

答：有水浴、甘油浴、石蜡浴和沙浴加热。

实验3　天平称量练习

1. 电子天平的称量方法有哪几种？各适合称量什么样的样品？

答：有直接称量法、固定质量称量法和递减称量法。

直接称量法适用于称量出某一确定的被称量物的质量。

若需获得某一固定质量的试剂，可用固定质量称量法。

递减称量法用于称量一定质量范围的样品或试剂。易吸水、易氧化或在空气中性质不稳定的试样，可用此法来称量；需平行多次称取某试剂时，也常用此方法。

2. 使用称量瓶时，如何操作才能不损失试样？

答：将称量瓶从天平上取出，打开瓶盖，在接收容器的上方倾斜瓶身，用称量瓶盖轻敲瓶口上部使试样慢慢落入容器中，瓶盖始终不要离开接收器上方。当倾出的试样接近所需量时，一边继续用瓶盖轻敲瓶口，一边逐渐将瓶身竖直，使黏附在瓶口上的试样落回称量瓶，然后盖好瓶盖，准确称其质量。

实验4　溶液的配制

1. 配制 100mL 0.2mol·L^{-1} Na$_2$CO$_3$ 溶液，用托盘天平称取一定量的碳酸钠固体，在容量瓶中定容至 100mL，此操作是否正确？为什么？

答：不正确。因为要求配制的溶液的浓度为 0.2mol·L^{-1}，属于粗配溶液，所以用托盘天平称取固体后在烧杯中定容即可，而不必在容量瓶中定容。

2. 用容量瓶配制溶液时，是否需要用待稀释溶液润洗？为什么？

答：不需要。因为溶质的用量是通过准确称量或移取的，如果用待稀释液来润洗，会使其浓度偏高。

3. 某光度分析中需用 1.79×10^{-3}mol·L^{-1} 标准铁溶液，计算得知需准确称取 10mg 高纯金属铁，但因其量太小，直接在电子天平上称量误差大。如何解决这一问题？

答：先配制储备标准溶液，然后再稀释至所要求的标准溶液的浓度。例如，先配制 1.79×10^{-2}mol·L^{-1} 标准铁溶液，移取此溶液 10.00mL 于 100mL 容量瓶中，用 1mol·L^{-1} 盐酸稀释至刻度，摇匀，则此标准溶液含铁 1.79×10^{-3}mol·L^{-1}。

实验 5　滴定分析基本操作练习

1. 滴定时选择指示剂的原则是什么？

答：选择指示剂的原则是：①指示剂的变色范围或变色点应全部或部分落在突跃范围内，离化学计量点 pH 越近越好；②指示剂变色点应容易观察和辨别。

2. 滴定过程中使用的滴定管和移液管是否需要润洗？锥形瓶是否需要润洗？为什么？

答：滴定管和移液管需要润洗，目的是将滴定管或移液管中残留的蒸馏水洗去，使管内壁附着液体的浓度与待装液的浓度一致，减小实验过程中的误差。

锥形瓶不需要润洗，因为加入的是被滴定溶液，其体积是由量取该溶液的移液管确定的，如果用被滴液润洗，会使被滴液中溶质偏多，导致滴定结果偏大。

实验 6　粗食盐的提纯（化学沉淀法）

1. 本实验在溶解、过滤和蒸发过程中均用到玻璃棒，分别有什么作用？

答：溶解过程用于搅拌，加速溶解。

过滤过程用于引流。

蒸发过程用于搅拌，使液体均匀受热，防止液体飞溅。

2. 提纯时能否将泥沙、$BaSO_4$、$CaCO_3$ 等所有沉淀通过一次过滤而一同除去？为什么？

答：不能。泥沙等不溶性杂质可在加入 $BaCl_2$ 后与 $BaSO_4$ 一同过滤除去，而 $BaSO_4$ 则需要在加入 Na_2CO_3 之前先过滤除去。因为若 $BaSO_4$ 不过滤除去，在加入 Na_2CO_3 后可能会部分转化为 $BaCO_3$。

3. 在除去 Ca^{2+}、Mg^{2+}、SO_4^{2-} 时为什么先加 $BaCl_2$ 溶液，然后再加 Na_2CO_3 溶液？反之，是否可以？为什么？

答：不可以。因为先加 $BaCl_2$ 溶液除去 SO_4^{2-}，过量的 Ba^{2+} 可用 Na_2CO_3 除去；而如果先加 Na_2CO_3 后加 $BaCl_2$ 溶液，则过量的 Ba^{2+} 将无法除去。所以，反之不可以。

4. K^+ 在哪一步实验中除去的？查阅资料，画出 KCl 和 NaCl 的溶解度随温度的变化图。

答：因为 K^+ 含量少，在蒸发浓缩过程中，溶解度较大，NaCl 晶体析出，而 K^+ 仍留在母液中。画出 KCl 和 NaCl 的溶解度随温度的变化图（略）。

实验 7　海带中碘元素的分离（萃取法）

1. 能否用酒精代替四氯化碳萃取滤液中的碘？

答：不能。因为酒精能与水混溶，不能分层。

2. 氧化浸出液时，酸化的作用是什么？

答：海带灰浸出液中含有碳酸钠（碳酸钾）等使溶液呈碱性的物质，酸化的目的是使溶液呈弱酸性，有利于氧化剂把 I^- 氧化为 I_2。

3. 将碘单质从四氯化碳溶液中提取出来，可采用什么方法？

答：可用浓 NaOH 溶液反萃取法。碘的 CCl_4 溶液中的碘在碱性条件下会发生歧化反应，所以可以用较浓的 NaOH 溶液对碘的 CCl_4 溶液进行反萃取，分液后使 CCl_4 得到回收。碘与 NaOH 反应后，能以盐 NaI 和 $NaIO_3$ 的形式富集，在水相中加入足量的硫酸，可将碘元素转变成单质碘得以回收。这种方法方便实验室操作。

实验 8　Fe^{3+}、Cu^{2+}、Mn^{2+} 的分离（纸色谱法）

1. 为什么要用铅笔而不能用钢笔或圆珠笔在滤纸上画原点线？

答：因为铅笔的主要成分是石墨和黏土，是固体，不会随流动相而移动，而钢笔或圆珠笔中的组分会随流动相而移动。

2. 影响 R_f 值的因素有哪些？

答：物质的结构与极性、pH、滤纸的质量。

3. 展开剂中为什么加入盐酸？

答：为防止金属离子的水解。

实验 9　水的净化（离子交换法）

1. 离子交换法制备去离子水的原理是什么？

答：离子交换法制备去离子水是用阳离子交换树脂除去自来水中的阳离子，用阴离子交换树脂除去水中的阴离子。当水样通过阳离子交换树脂时，水中的阳离子与树脂中的 H^+ 交换；当水样通过阴离子交换树脂时，水中的阴离子与树脂中的 OH^- 交换。H^+ 和 OH^- 即结合生成 H_2O。

2. 用电导率仪检验水纯度的依据是什么？

答：水的纯度取决于水中可溶性电解质的含量，由于一般水中含有极其微量的 Na^+、K^+、Ca^{2+}、Mg^{2+}、Cl^-、SO_4^{2-} 等多种离子，所以具有导电能力。离子浓度越大，导电能力越强，电导率越大；反之，水的纯度越高，离子浓度越小，电导率越小。因此可通过测定电导率检验水的纯度。

实验 10　二氧化碳相对分子质量的测定（气体相对密度法）

1. 针对实验结果，分析误差产生的可能原因是什么？

答：原因可能有很多，根据自己实验结果来分析，有些近似处理如将气体视为理想气体，容器体积计算时的近似处理，称量时产生的系统误差或偶然误差，气体收集时是否充满容器等都有可能导致误差产生。

2. 为什么充满水的具塞锥形瓶的质量可在托盘天平上称量，而其它的则需在电子天平上称量？

答：因为水的质量比较大，因此充满水的具塞锥形瓶在托盘天平上称量，根据有效数字运算规则相对误差不会很大。而气体质量比较小，充满气体的具塞锥形瓶需在电子天平上称量，若在托盘天平上称量误差太大。

3. 锥形瓶的容积除了实验中所用的测量方法外，你还能想到什么方法？

答：也可以考虑用滴定管滴加水至具塞锥形瓶中充满，通过滴定管读出所用水的体积。

实验 11　摩尔气体常数的测定

1. 为什么反应前要将镁条打磨干净？

答：若镁条表面有氧化物或脏物，则通过称得的镁条质量计算出的氢气的物质的量将不准确，将使 R 测定结果不准确。

2. 为什么测定氢气体积读数时，量气管内液面要和漏斗内液面相平？

答：两液面保持同一水平时，量气管内的压力等于大气压，测得的量气管内氢气体积才正确。若不水平，量气管内液面高，则管内的压力小于大气压，测得的氢气体积比真实值大；反之，测得的氢气体积比真实值小。

3. 为什么在反应前要将漏斗降低，反应时随管内液面下降，漏斗相应移动？

答：避免量气管内的压力过大。若漏斗未下移，漏斗内液面位置高于量气管内液面，管内压力过大，H_2 易泄漏。

实验 12　$I_3^- \rightleftharpoons I_2 + I^-$ 平衡常数的测定

1. 实验中 I_2 是否需要用分析天平称取？为什么？量取溶液时有的用量筒，有的用移液管或吸量管，为什么？

答：不需要。因 I_2 固体是过量的，溶液为 I_2 的饱和溶液。KI 溶液的体积也无须用移液管准确量取，因为一定温度下的平衡常数与溶液初始浓度没有关系，但盛放它的碘量瓶必须是干燥的，滴定时必须准确移取溶液，因为在计算平衡常数时各浓度要求是准确的。

2. 本实验中固体 I_2 和 KI 溶液反应时，如果 I_2 的量不够，对结果有影响吗？为什么？

答：有影响。因为实验采用过量 I_2 固体与 KI 溶液反应得到 $I_2(s)$ 的饱和 KI 溶液的平衡体系，若 I_2 固体量太少，达不到饱和状态，实验中就不能用 $I_2(s)$ 在水中的饱和浓度代替 KI 溶液中 I_2 的平衡浓度，而会导致 $[I_3^-]$ 偏小，$[I^-]$ 偏大，平衡常数值偏大。

3. 本实验中对 I_2 的平衡浓度作了近似处理，这样会对平衡常数 K 有何影响？

答：在存在有 KI 溶液的溶液中，I_2 的活度受到离子强度的影响，导致活度降低，$[I_2]$ 增大，但这种影响非常小，因此可以忽略。

实验 13　醋酸解离度和解离平衡常数的测定（pH 法）

1. 在一定温度下，不同浓度的 HAc 溶液的解离平衡常数是否相同？解离度是否相同？

答：解离平衡常数是温度的函数，与浓度无关，所以在一定温度下，不同浓度的 HAc 溶液的解离平衡常数相同。解离度的大小与 HAc 溶液的起始浓度有关，温度一定时，HAc 溶液的起始浓度越小，解离度越大。所以在一定温度下，不同浓度的 HAc 溶液的解离度不同。

2. 测定醋酸溶液 pH 时，若先测浓度高的溶液，再测浓度低的溶液，会有什么影响？

答：若先测浓度高再测浓度低的溶液，会使 pH 计测量响应时间增长，且会增大误差。

实验 14　化学反应速率常数和活化能的测定

1. 如何设计实验证明催化剂对反应速率的影响？

答：按实验过程表 3-6 中实验 Ⅳ 的用量和反应温度，在盛有 KI、$Na_2S_2O_3$、KNO_3 和淀粉的混合溶液的烧杯中加入 2 滴 $0.02\ mol\cdot L^{-1}$ 的催化剂 $Cu(NO_3)_2$ 溶液，然后迅速加入

$K_2S_2O_8$ 溶液，搅拌并按动秒表计时，当溶液中刚出现蓝色时按停秒表，记录反应时间，计算反应速率。将其与实验过程表 3-6 中实验Ⅳ的反应速率进行比较，得出结论。

2. 本实验中反应速率表达式是以 $S_2O_8^{2-}$ 的浓度变化来推导的，如果采用 I^- 的浓度变化来推导，反应速率常数 k 是否相同？为什么？

答：不相同。因为反应 $K_2S_2O_8 + 3KI \rightleftharpoons 2K_2SO_4 + KI_3$ 中 $K_2S_2O_8$ 和 KI 系数不同，单位时间内的浓度变化也不同。

3. 是否经过了 Δt 时间溶液变蓝后，$K_2S_2O_8$ 和 KI 的反应就结束了？

答：没有结束。溶液变蓝只是说明加入的 $Na_2S_2O_3$ 全部反应消耗掉了，但是 $K_2S_2O_8$ 和 KI 的反应依然在进行。

实验 15 硫酸铜晶体结晶水含量的测定

1. 分析以下操作将如何影响 $CuSO_4 \cdot xH_2O$ 中的 x 值。

答：(1) 偏小；(2) 偏小；(3) 偏大；(4) 偏大；(5) 偏大；(6) 偏小。

2. 该实验为什么以两次称量之差不超过 1mg 作为"恒重"的标准？

答：用加热的方法除去 $CuSO_4 \cdot 5H_2O$ 中的结晶水，为了避免加热时间过长或温度过高造成的 $CuSO_4$ 分解，就不可避免地没有使 $CuSO_4 \cdot 5H_2O$ 中的结晶水全部失去，这势必会造成新的误差。为此，本实验采取多次加热、冷却和称量的方法，以保证使晶体中的结晶水全部失去。根据电子天平的感量，两次称量误差不超过 1mg，完全可以说明晶体中的结晶水已全部失去。

实验 16 磺基水杨酸合铁(Ⅲ) 配合物稳定常数的测定

1. 若入射光不是单色光，能否准确测出配合物的组成和稳定常数？

答：若不是单色光不能准确测出配合物组成和稳定常数，因为非单色光会导致偏离朗伯-比尔定律。

2. 实验中每份溶液的 pH 是否一样？若不一样会对结果产生什么影响？

答：pH 应该一样，pH 不一样会影响到 Fe^{3+} 与磺基水杨酸的配位比。

3. 使用分光光度计需要注意哪些操作？

答：①比色皿透明面朝向入射光，手拿毛玻璃面。

②比色皿应用蒸馏水洗净，然后用待测溶液润洗 2～3 次再装液。如果是系列溶液，应按照由稀到浓的顺序装液测定。

③被测溶液一般装至比色皿高度的 3/4 处。装好后应用滤纸吸去比色皿外部液体，再用擦镜纸轻轻擦拭。

④实验完毕比色皿要洗净、晾干。忌用碱液和强氧化性洗涤剂洗涤。

⑤每改变波长，需要重新校正透光率为"0"和吸光度为"0"。

实验 17 硝酸钾的制备（转化法）

1. 为什么硝酸钾制备反应的温度要控制在 120℃？

答：反应体系为含有盐的水溶液，在常压下水的沸点是 100℃，由于水中含有很多盐类，所以其沸点应高于 100℃，因此可使加热温度维持在 120℃左右，以使溶液保持微沸状态。

2. 使用甘油浴时应该注意什么问题？

答：甘油浴温度不要超过160℃，避免甘油分解，产生刺激性的丙烯醛。

3. 制备 KNO_3 晶体时，为什么要采用热过滤？如果用普通过滤会发生什么现象？

答：防止由于温度下降造成硝酸钾晶体析出而混入氯化钠晶体中，使产品产率降低。如果用普通漏斗过滤，则由于温度的降低，会有硝酸钾晶体析出，而硝酸钾应该留在溶液中以便与氯化钠分离。

实验18 莫尔盐的制备（复盐的制备方法）

1. 计算硫酸亚铁铵的产率时，应以哪种物质为基准？

答：应以 H_2SO_4 为基准，因为铁屑过量。铁屑过量可以防止 Fe^{3+} 的产生。

2. 能否将最后产物 $FeSO_4 \cdot (NH_4)_2SO_4 \cdot 6H_2O$ 直接放在蒸发皿内加热干燥？为什么？

答：不能。因为这样做会使 $FeSO_4 \cdot (NH_4)_2SO_4 \cdot 6H_2O$ 中的结晶水部分失去甚至全部失去。

3. 为什么在检验产品中 Fe^{3+} 含量时，一定要用不含氧的蒸馏水溶解产品？

答：防止水中溶有的氧把 Fe(Ⅱ) 氧化为 Fe(Ⅲ)，影响产品等级的判定。

实验19 微乳液法制备硫化镉纳米粒子（纳米材料的制备方法）

1. 请说明制备微乳液时所用的正己烷、1-戊醇、CTAB 的作用分别是什么？

答：正己烷为溶剂，CTAB 为表面活性剂，1-戊醇为助表面活性剂，用来稳定表面活性剂形成的胶束。

2. 为什么 CTAB 不在正己烷中溶解？

答：因为正己烷-戊醇混合液中不含有充足的极性分子，所以与 CTAB 的亲水基团没有偶极-偶极分子间相互作用力。

3. 微乳液法制备纳米粒子有哪些特点？

答：与其它化学合成法相比，微乳液法制备的纳米粒子不易聚结，大小可控，分散性好。

实验20 高锰酸钾的制备（固体碱熔氧化法）

1. 为使 K_2MnO_4 发生歧化反应，需要通入 CO_2 气体，能否用 HCl 代替 CO_2？为什么？可以用哪种物质代替 CO_2？

答：不能。因为 HCl 具有还原性，若用 HCl，则会发生氧化还原反应产生 Cl_2。可以用 HAc 代替 CO_2，即向 K_2MnO_4 浸取液中滴加 HAc，至 K_2MnO_4 全部歧化为止。

2. K_2MnO_4 发生歧化反应生成 $KMnO_4$，最大转化率为多少？还可以采用何种方法制备 $KMnO_4$ 以提高转化率？

答：根据反应方程式 $3K_2MnO_4 + 2CO_2 =\!=\!= 2KMnO_4 + MnO_2 + 2K_2CO_3$ 最多有 2/3 的 K_2MnO_4 转化为 $KMnO_4$，还有 1/3 的 K_2MnO_4 被还原为 MnO_2，转化率较低。欲提高转化率，可以采用电解 K_2MnO_4 的方法。

实验21 三氯化六氨合钴(Ⅲ)的制备（配合物的制备方法）

1. 实验过程中两次加入浓盐酸的作用分别是什么？第二次为什么需要慢慢加入？

答：第一次加入 1mL 浓盐酸，生成的 $[Co(NH_3)_6]Cl_3$ 会发生如下解离 $[Co(NH_3)_6]Cl_3 \rightleftharpoons [Co(NH_3)_6]^{3+} + 3Cl^-$，加入浓 HCl 是为了使平衡向左移动，抑制 $[Co(NH_3)_6]Cl_3$ 的解

离,从而提高产率。

第二次加入 2mL 浓盐酸,借助同离子效应使产品析出。慢慢加入的目的是得到较大的晶体,便于后续的过滤。

2.影响本实验制备产品质量的关键因素有哪些?

答:反应温度的控制、水浴加热和冷水冷却时间是否充足、加入 H_2O_2 和第二次加入浓 HCl 的速度控制等。

实验 22 碱式碳酸铜的制备(制备反应条件的探究与控制)

1.何种颜色产物的碱式碳酸铜含量高?

答:绿色。若所得沉淀呈蓝绿色,有可能生成了部分碱式硫酸铜或氢氧化铜。

2.碱式碳酸铜制备过程中为什么是将 $CuSO_4$ 溶液加入 Na_2CO_3 溶液中?顺序对调是否可以?

答:不可以。因为如果将 Na_2CO_3 溶液加入 $CuSO_4$ 溶液中,由于 $CuSO_4$ 溶液不能溶解碱式碳酸铜,因此反应一开始就有碱式碳酸铜从母液中析出,加上形成的颗粒较大,会将 $CuSO_4$ 包裹在颗粒中,硫酸铜不能实现完全转化,而且被包裹的 $CuSO_4$ 在沉降和洗涤中还会渗出。因此加料顺序不能对调。

实验 23 物质溶解性的研究

1.用酸溶解磷酸银沉淀,在盐酸、硫酸、硝酸中选用哪一种最适宜?为什么?

答:最适宜用硝酸。因为 AgCl 和 Ag_2SO_4 均难溶于水,所以不适合用盐酸或硫酸。

2.【实验过程】6.①中生成 AgCl 沉淀后,为什么要经离心分离操作后再向沉淀中滴加 KI 溶液?

答:如果不经离心分离操作而直接向沉淀中滴加 KI 溶液,则反应体系中剩余的 $AgNO_3$ 溶液也可以与 KI 溶液生成黄色 AgI 沉淀,从而无法判断 AgCl 沉淀能否转化为 AgI 沉淀。

3.如何除去锅炉内壁的锅垢(主要成分是 $CaSO_4$)?

答:可以利用沉淀的转化原理,先用 Na_2CO_3 将既难溶于水又难溶于酸的 $CaSO_4$ 转化为疏松且可溶于酸的 $CaCO_3$,然后用酸溶解除去。

实验 24 物质酸碱性与水解性的研究

1.如何以 $NH_3 \cdot H_2O$ 的解离平衡为例,设计实验验证同离子效应?

答:取一支试管,加入 1mL 0.1mol·L^{-1} $NH_3 \cdot H_2O$ 溶液,再加入 1 滴酚酞,混合均匀,观察溶液颜色。

向上述试管中加入少量 $NH_4Cl(s)$,振荡使其溶解,观察指示剂颜色的变化。

2.【实验过程】2.验证 $Pb(OH)_2$ 酸碱性时为什么不能用 HCl?

答:因为 $PbCl_2$ 是难溶于冷水中的白色沉淀,如果用 HCl 的话,无法判断 $Pb(OH)_2$ 是否溶解。而 $Pb(NO_3)_2$ 是易溶的,所以验证 $Pb(OH)_2$ 酸碱性的实验中需要用 HNO_3 而不是 HCl。

3.配制 $SbCl_3$ 溶液时应注意什么问题?

答:通常是把 $SbCl_3$ 固体溶在浓盐酸中,待完全溶解后,再加水稀释至所需要的浓度,以防止 $SbCl_3$ 的水解。

实验 25　物质氧化还原性的研究

1. 【实验过程】1. ①和②中加入 CCl_4 和 KSCN 溶液的作用是什么？

答：【实验过程】1. ①加入 CCl_4 的作用是可以通过观察 CCl_4 层颜色，方便地判断 $FeCl_3$ 是否与 KI 反应生成了 I_2。

【实验过程】1. ②中加入 KSCN 溶液的作用是利用 KSCN 能与 Fe^{3+} 反应使溶液呈血红色这一特征现象，判断溴水是否将 $FeSO_4$ 氧化成了 $Fe_2(SO_4)_3$。

2. 温度和浓度对氧化还原反应的速率有何影响？电动势越大的氧化还原反应，其反应速率一定越快吗？

答：加大反应物浓度和升高温度可加快氧化还原反应的速率。电动势大的氧化还原反应速率不一定快。

3. 如何通过实验证明 H_2O_2 既具有氧化性又具有还原性？

答：通过酸性介质中 H_2O_2 与 KI 溶液反应的实验证明其具有氧化性，通过 H_2O_2 与 $KMnO_4$ 反应的实验证明其具有还原性。

4. 选用酸作为氧化还原反应介质时，一般不用 HNO_3 和 HCl，为什么？

答：因为无论稀 HNO_3 还是浓 HNO_3 都具有强氧化性，所以不用作氧化还原反应介质。HCl 是非氧化性酸，但一般也不用它调节溶液的酸度，是因为氯离子具有一定的还原性，可被强氧化剂氧化。一般用稀硫酸作介质。

实验 26　含氧酸盐热稳定性的研究

1. 对于带结晶水盐而言，其热分解有什么规律？举例说明。

答：①难挥发性含氧酸的盐、碱金属或其它金属性较强的金属盐受热直接脱水生成无水盐。例如，$CuSO_4 \cdot 5H_2O$、$Na_2CO_3 \cdot 10H_2O$ 和 $MgSO_4 \cdot 7H_2O$。

②金属离子电荷较高、半径较小（Be^{2+}、Mg^{2+}、Fe^{3+}、Al^{3+}）且酸根对应的含氧酸有挥发性的，此类带结晶水的盐在受热分解的同时会发生水解而得不到相应的无水盐。例如，$Fe(NO_3)_3 \cdot 9H_2O \longrightarrow Fe(OH)_3$、$Mg(NO_3)_2 \cdot 6H_2O \longrightarrow Mg(OH)NO_3$

2. 固体 Na_2CO_3 和 $NaHCO_3$ 热稳定性比较的装置中，将试管中 Na_2CO_3 和 $NaHCO_3$ 对调可以吗？为什么？

答：不可以。因为原装置中，直接加热的 Na_2CO_3 不分解，但间接加热的 $NaHCO_3$ 分解，方能说明热稳定性是 $Na_2CO_3 > NaHCO_3$。如果对调的话，$NaHCO_3$ 直接加热，而 Na_2CO_3 间接加热，一方面会使热稳定性大小的结论无说服力，同时 $NaHCO_3$ 受热分解产生的水容易使盛 Na_2CO_3 的试管炸裂。

实验 27　配合物性质的研究

1. 衣服上沾有铁锈时，可以用草酸洗去，为什么？

答：因为可以生成可溶于水的 $[Fe(C_2O_4)_3]^{3-}$。

2. 哪些类型的反应能使 $[Fe(SCN)_n]^{3-n}$ 的血红色褪去？

答：配位反应，加入能够与 Fe^{3+} 形成更稳定的配合物的配离子，例如 F^-；或与配离子 SCN^- 形成更稳定的配合物的金属离子，例如 Cu^+ 等。

氧化还原反应，加入能够将 Fe^{3+} 还原的物质，例如 I^-。

3. 如何利用配合物的稳定性进行硬水的软化？

答：取两只烧杯各盛 50mL 硬水，向其中一只烧杯中加热 5 滴 $0.1mol·L^{-1}$ EDTA 二钠盐溶液。然后将两只烧杯中的水加热煮沸 10min。

实验现象：未加 EDTA 二钠盐溶液的烧杯中有白色悬浮物产生，而加入 EDTA 二钠盐的烧杯中则没有。

实验 28　缓冲溶液性质的研究

1. 缓冲溶液的 pH 由哪些因素决定？

答：缓冲溶液的 pH 由弱酸的酸常数、弱酸和共轭碱的浓度比、温度等因素决定。

2. 怎样根据缓冲溶液的 pH 选定缓冲物质？请举例说明。

答：pH 越接近缓冲对中的弱酸的 $pK_a^{\ominus}$ 越好。当 $pH=pK_a^{\ominus}$ 时缓冲溶液的缓冲容量最大，缓冲溶液的有效缓冲范围：$pH=pK_a^{\ominus}\pm 1$。

例如：欲配制 $pH=7$ 的缓冲溶液，可以选择 NaH_2PO_4-Na_2HPO_4 缓冲体系，因为 H_3PO_4 的 $pK_{a2}^{\ominus}(H_3PO_4)=7.21$；而欲配制 $pH=5$ 的缓冲溶液，则可选择 HAc-NaAc 缓冲体系，因为 $pK_a^{\ominus}(HAc)=4.76$。

实验 29　某确定物质性质的研究（以过氧化氢为例）

1. 过氧化氢作氧化剂的优点有哪些？

答：过氧化氢本身无毒，而且其作为氧化剂的还原产物是 H_2O，不会给反应体系引入新的杂质。另外，过量的 H_2O_2 很容易在加热条件下分解为 H_2O 和 O_2，O_2 可从体系中逸出也不会增加新的杂质。

2. 常见氧化剂中哪些能把过氧化氢氧化？

答：$KMnO_4$、$K_2Cr_2O_7$、Cl_2 等。

3. 过氧化氢含量的测定实验中，$KMnO_4$ 标准溶液为什么不能用直接法配制？

答：一方面，高锰酸钾试剂本身常含有少量 MnO_2 和其它杂质，使溶液不够稳定。另一方面，高锰酸钾的氧化能力很强，可以与很多还原性物质发生反应。蒸馏水中含有的微量还原性物质，可与高锰酸钾反应而析出 $MnO(OH)_2$ 沉淀。这些生成物以及外界的光、热、酸碱等条件均会促进高锰酸钾的分解，所以不能直接配制。

实验设计方案参考

H_2O_2 的氧化性实验方案设计参考

在试管中加入 0.5mL $0.1mol·L^{-1}$ KI 溶液，再加入 2 滴 $3mol·L^{-1}$ H_2SO_4 溶液酸化，然后向该试管中加入 5 滴 3% H_2O_2 溶液和 10 滴 CCl_4，振荡试管。观察现象。（也可选择 $FeSO_4$ 溶液作还原剂）

H_2O_2 的还原性实验方案设计参考

在试管中加入 0.5mL $0.01mol·L^{-1}$ $KMnO_4$ 溶液，再加入 1 滴 $3mol·L^{-1}$ H_2SO_4 溶液酸化，然后向该试管中滴加 3% H_2O_2 溶液，振荡试管。观察现象。（也可选择氯水作氧化剂）

介质的酸碱性对 H_2O_2 的氧化还原性的影响实验方案设计参考

在一支试管中加入 0.5mL 3% H_2O_2 溶液，加入数滴 $2mol·L^{-1}$ NaOH 溶液至呈碱性。再加数滴 $0.1mol·L^{-1}$ $MnSO_4$ 溶液。观察现象。

$$H_2O_2 + Mn^{2+} + 2OH^- =\!=\!= 2H_2O + MnO_2 \downarrow$$

将上述溶液静置后倾去清液，向沉淀中加入 3mol·L^{-1} H$_2$SO$_4$ 酸化，再加入数滴 3% H$_2$O$_2$ 溶液。观察现象。

$$H_2O_2 + MnO_2 + 2H^+ =\!=\!= Mn^{2+} + O_2 \uparrow + 2H_2O$$

设计实验模拟利用 H$_2$O$_2$ 修复被硫化氢污染的油画

在离心试管中加入 0.5mL 0.2mol·L^{-1} Pb(NO$_3$)$_2$ 溶液，再滴加 0.2mol·L^{-1} Na$_2$S 溶液至沉淀生成。观察沉淀颜色。

离心分离后，弃去清液，用水洗沉淀 2 次，然后向其中滴加 3% H$_2$O$_2$ 溶液，振荡试管。观察沉淀颜色的变化。

实验 30　混合离子的分离与鉴定

1. 如何设计 Ca^{2+}、Mg^{2+} 和 Ba^{2+} 混合溶液的分离方案？

答：向混合液中加入 1mL NH$_3$·H$_2$O-NH$_4$Cl 缓冲液，再加入足量 0.5mol·L^{-1} (NH$_4$)$_2$CO$_3$ 溶液，微热，将 Mg^{2+} 与 Ca^{2+} 和 Ba^{2+} 分离出。然后，向 Ca^{2+} 和 Ba^{2+} 的混合液中，加入 1mL HAc-NH$_4$Ac 缓冲溶液，再加入 0.1mol·L^{-1} K$_2$CrO$_4$ 溶液，分离 Ca^{2+} 和 Ba^{2+}。

2. 混合阴离子鉴定时进行的初步试验通常包括哪几方面？

答：通常包括酸碱性试验、挥发性试验、沉淀试验和氧化还原试验。

实验 31　茶叶中某些元素的鉴定

1. 如何确定茶叶灰化的程度？

答：将茶叶在酒精灯上加热灰化至黑色变为灰白色。

2. 【实验过程】2.（2）中为什么用 NH$_3$·H$_2$O 控制溶液 pH 在 7 左右？

答：因为 pH 过高的话 Ca^{2+} 和 Mg^{2+} 也开始沉淀，而 pH 过低，Fe^{3+} 和 Al^{3+} 沉淀不完全。pH 在 7 左右可以使 Fe^{3+} 和 Al^{3+} 沉淀完全，而 Ca^{2+} 和 Mg^{2+} 不沉淀。

3. 写出实验中鉴定 Ca^{2+}、Fe^{3+} 和 PO$_4^{3-}$ 的有关方程式。

答：$Ca^{2+} + C_2O_4^{2-} =\!=\!= CaC_2O_4 \downarrow$（白色）

$Fe^{3+} + nSCN^- =\!=\!= [Fe(SCN)_n]^{3-n}$ $(n=1\sim6)$（血红色）

$PO_4^{3-} + 3NH_4^+ + 12MoO_4^{2-} + 24H^+ =\!=\!= (NH_4)_3[P(Mo_3O_{10})_4]\cdot 6H_2O \downarrow$（黄色）$+ 6H_2O$

实验 32　盐酸标准溶液配制标定及工业纯碱总碱度测定

1. 为什么本实验选用甲基橙为指示剂？

答：因为 $2HCl + Na_2CO_3 =\!=\!= H_2O + CO_2 \uparrow + 2NaCl$，反应化学计量点的 pH 约为 3.9，与甲基橙的 pK_a 值比较接近，且甲基橙由黄色变橙色的颜色在 pH=4.0 左右，所以选用甲基橙。

2. 无水碳酸钠和硼砂作为标定 HCl 溶液的基准物质各有什么优缺点？

答：无水碳酸钠廉价，易制得纯品，但具有吸湿性，长时间放置会发生反应。硼砂稳定，易制得纯品，摩尔质量大，称量误差小，但空气中易风化失水。

3. 若用来标定 HCl 标准溶液的无水碳酸钠基准物质由于保存不当，部分吸水，对标定结果会产生什么影响？

答：无水碳酸钠吸水后，称量同样质量的基准物，标定时消耗的 HCl 溶液的体积变小，计算得到的 HCl 标准溶液的标定浓度偏大。

4. 以 HCl 标准溶液滴定时，如何使用甲基橙和酚酞两种指示剂来判别试样是由 NaOH-Na_2CO_3 或 Na_2CO_3-$NaHCO_3$ 组成的？

答：以 HCl 标准溶液滴定，加入酚酞为指示剂，滴定至红色消失，记录消耗的 HCl 体积 V_1；继续加入甲基橙为指示剂，滴定至溶液由黄变橙，记录消耗的 HCl 体积为 V_2。如果 $V_1 > V_2$，说明试样由 NaOH-Na_2CO_3 组成；如果 $V_2 > V_1$，说明试样由 Na_2CO_3-$NaHCO_3$ 组成。

实验 33　NaOH 标准溶液配制标定及硫酸铵中氮含量测定

1. NH_4HCO_3 中的含氮量是否可以用甲醛法测定？

答：不可以。甲醛强化 NH_4^+ 过程中会有 H^+ 生成，H^+ 与 HCO_3^- 反应生成 H_2CO_3，分解为 CO_2 和 H_2O，使测定结果偏低，所以不能用甲醛法测定。

2. 称取 NaOH 固体和邻苯二甲酸氢钾时，各使用什么天平？为什么？

答：称取 NaOH 固体用托盘天平，因为是粗配溶液，不需要准确度太高。而邻苯二甲酸氢钾是作为基准物质用来标定 NaOH 溶液的，需要准确称量，所以需要用电子天平称量邻苯二甲酸氢钾。

3. 标定 NaOH 溶液时，终点颜色由无色变为微红色且半分钟不褪色，长时间放置会褪色吗？褪色的原因是什么？

答：会褪色，是因为吸收了空气中的 CO_2，溶液酸度增加，pH 降低，酚酞又变回无色。

实验 34　酸碱滴定法测定甲醛含量

1. 配制 Na_2SO_3 溶液和 NaOH 溶液时，需要标定其准确浓度吗？

答：配制亚硫酸钠溶液和氢氧化钠溶液时，因为在实验过程不需要知道其准确浓度，可以用托盘天平称量，不用标定其准确浓度。

2. Na_2SO_3 溶液预处理时，为什么要用 HCl 标准溶液中和至溶液呈无色？

答：Na_2SO_3 溶液可能含有少量的 NaOH，使百里酚酞指示剂显蓝色，给测定带来误差，因此应先用 HCl 标准溶液中和至溶液呈无色。

3. 预处理 Na_2SO_3 和甲醛试液时，所消耗的 HCl 和 NaOH 溶液的体积需要记录吗？为什么？

答：不需要记录，因为预处理是中和 Na_2SO_3 中的 NaOH 和甲醛中的甲酸，所消耗的 HCl 和 NaOH 溶液体积不影响甲醛含量的计算。

实验 35　非水滴定法测定胺基含量

说明非水滴定法测定胺基的原理。写出其反应方程式。

答：在非水溶剂中滴定弱碱时，常用的滴定剂是高氯酸的冰醋酸溶液，指示剂是 1% 的结晶紫冰醋酸溶液，终点呈绿色。

$$RNH_2 + CH_3COOH \longrightarrow RNH_3^+ + CH_3COO^-$$
$$HClO_4 + CH_3COOH \longrightarrow CH_3COOH_2^+ + ClO_4^-$$

$$CH_3COOH_2^+ + CH_3COO^- \longrightarrow 2CH_3COOH$$

总反应式为:

$$RNH_2^+ + HClO_4 \longrightarrow RNH_3^+ + ClO_4^-$$

从总的滴定结果看,是高氯酸滴定了胺基,但从滴定过程中可以看出,实质上是强酸 $CH_3COOH_2^+$ 滴定较强的碱 CH_3COO^- 的过程,所以终点敏锐。

解离常数大于 10^{-12} 的有机碱可在冰醋酸中滴定,解离常数在 $10^{-12} \sim 10^{-14}$ 之间的有机碱可在醋酸酐中滴定。

实验36 EDTA 标准溶液的配制标定及自来水总硬度测定

1. 配制 $CaCO_3$ 溶液和 EDTA 溶液时,各采用何种天平称量?为什么?

答:称量 $CaCO_3$ 时用电子天平,因为 $CaCO_3$ 为基准试剂,可以直接配制准确浓度的溶液,所以需要准确称量;称量 EDTA 时用托盘天平,因为 EDTA 不是基准试剂,不能直接配制准确浓度的溶液,所以不需要准确称量。

2. 以 HCl 溶液溶解 $CaCO_3$ 基准物质时,操作中应注意些什么?

答:在加入盐酸前,必须先用几滴水润洗碳酸钙,并盖上表面皿,滴加盐酸时应逐滴滴加至碳酸钙全部溶解即可,防止盐酸过量。

3. 配位滴定中为什么要加入缓冲溶液?

答:配位滴定必须在一定的 pH 条件下进行,在滴定过程中,随着滴定剂的加入,溶液 pH 会发生改变,因此在配位滴定中加入缓冲溶液可以控制溶液的 pH,减小 EDTA 的酸效应。

4. 用 EDTA 法测定水的硬度时,哪些离子的存在有干扰?如何消除?

答:铁离子和铝离子会封闭指示剂,干扰测定,可以加入三乙醇胺掩蔽。

实验37 轻质碳酸钙中碳酸钙含量的测定

1. 实验中用三乙醇胺掩蔽 Al^{3+}、Fe^{3+}、Mn^{2+} 等离子时,能否先加 NaOH 溶液后加三乙醇胺?为什么?

答:用三乙醇胺掩蔽 Al^{3+}、Fe^{3+}、Mn^{2+} 等离子时,不能先加 NaOH 溶液后加三乙醇胺,如果先加 NaOH 溶液,Al^{3+}、Fe^{3+}、Mn^{2+} 等离子会生成沉淀,所以应先加三乙醇胺掩蔽干扰离子。

2. 若试样中存在 Cu^{2+}、Zn^{2+},需要加入 KCN 掩蔽时,应在酸性还是碱性条件下加入?为什么?

答:需要加入 KCN 掩蔽干扰离子时,应在碱性条件下加入,因为在酸性条件下加入会生成剧毒的 HCN。

3. 实验中加入 NaOH 溶液的作用是什么?

答:实验中加入 NaOH 溶液的作用是调节溶液的 pH。

实验38 EDTA 标准溶液配制标定及铋、锌含量的连续测定

1. 用 ZnO 作基准物质,二甲酚橙作指示剂标定 EDTA 溶液浓度时,溶液的酸度应控制在什么 pH 范围?为什么?如何控制?

答:溶液的酸度应控制在 pH<6.3,因为二甲酚橙在 pH>6.3 时显红色,pH<6.3 时

显亮黄色，而二甲酚橙与金属离子的配合物则是紫红色的，故它只能在 pH<6.3 的酸性溶液中作用。通过加入六亚甲基四胺溶液调节溶液的 pH。

2. 滴定 Bi^{3+}、Zn^{2+} 时，溶液酸度各应该控制在什么 pH 范围？为什么？如何调节？

答：先用 HNO_3 调节溶液 pH=1.0 [此时 Zn^{2+} 既不与 EDTA 配位，也不与二甲酚橙（XO）配位]，Bi^{3+} 与二甲酚橙（XO）形成紫红色的配合物，用 EDTA 标准溶液滴定至溶液由紫红色突变为亮黄色，即为滴定 Bi^{3+} 的终点。测定 Bi^{3+} 的含量后，向溶液中加入六亚甲基四胺，调节溶液 pH 为 5~6，此时 Zn^{2+} 与 XO 形成紫红色配合物，继续用 EDTA 标准溶液滴定至溶液由紫红色突变为亮黄色，即为滴定 Zn^{2+} 的终点。

3. 实验过程中，锥形瓶中溶液颜色如何变化？解释颜色变化的原因。

答：锥形瓶中溶液颜色为紫红色→亮黄色→紫红色→亮黄色，因为 pH=1.0 时 Bi^{3+} 与二甲酚橙形成紫红色的配合物，用 EDTA 标准溶液滴定至 Bi^{3+} 的终点时，Bi^{3+} 与 EDTA 配位，二甲酚橙游离，显示自身的亮黄色，向溶液中加入六亚甲基四胺，调节溶液 pH 为 5~6，此时 Zn^{2+} 与 XO 形成紫红色配合物，继续用 EDTA 标准溶液滴定至 Zn^{2+} 的终点时，二甲酚橙再次游离，显示自身的亮黄色。

实验 39　钛白粉中二氧化钛含量的测定

1. 第一次用铜标准溶液滴定至溶液由黄色变为紫红色时不计读数，为什么？

答：第一次用铜标准溶液滴定的是反应剩余的 EDTA 的量，因本实验用置换滴定法测定，只有加入苦杏仁酸置换出的 EDTA 才对应 Ti 的含量，所以第一次不计读数。

2. 实验中加入苦杏仁酸的作用是什么？

答：实验中加入苦杏仁酸的作用是与 Ti 形成稳定的配合物，释放出 TiY 中的 EDTA，然后用铜标准溶液进行滴定，从而测定 Ti 的含量，采用置换滴定法可以提高测定的选择性。

实验 40　高锰酸钾标准溶液配制标定及 H_2O_2 含量的测定

1. 在 $KMnO_4$ 法中，如果 H_2SO_4 用量不足，对结果有何影响？

答：$KMnO_4$ 在酸度较低的条件下，会分解为 MnO_2，导致 $KMnO_4$ 用量增多，结果偏高；在中性或弱酸、碱性条件下，还原产物为 MnO_2，而不是 Mn^{2+}，使溶液呈现浑浊，导致 $KMnO_4$ 用量增多，结果偏高。

2. 用 $KMnO_4$ 滴定 H_2O_2 时，溶液是否可以加热？

答：不可以，因为在加热时 H_2O_2 会分解，使测定结果偏低。

实验 41　重铬酸钾法测定铁矿石中全铁量

1. 分解铁矿石时，为什么要在低温下进行？如果加热至沸会对结果产生什么影响？

答：温度低，铁矿石溶解缓慢，为加快溶解，温度应控制在 70~80℃。加热至沸会使 $FeCl_3$ 大量挥发，使实验结果偏低。

2. $SnCl_2$ 还原 Fe^{3+} 的条件是什么？怎样控制 $SnCl_2$ 不过量？

答：在还原 Fe^{3+} 时 HCl 浓度应控制在 $4mol·L^{-1}$，若大于 $6mol·L^{-1}$，则 Sn^{2+} 会先将甲基橙还原为无色，无法指示 Fe^{3+} 的还原反应。HCl 浓度低于 $2mol·L^{-1}$，则甲基橙褪色缓慢。

控制 $SnCl_2$ 不过量的措施是采用甲基橙指示 $SnCl_2$ 还原 Fe^{3+}。

3. 以 $K_2Cr_2O_7$ 溶液滴定 Fe^{2+} 时,加入硫磷混酸的作用是什么?

答:①控制酸度。

②降低 Fe^{3+} 的浓度,降低 Fe^{3+}/Fe^{2+} 电对的电势,使突跃范围下限降低。

③消除 $[FeCl_4]^-$ 的黄色对终点观察的干扰。

实验 42 $Na_2S_2O_3$ 标准溶液配制标定及铜盐中铜含量的测定

1. 碘量法测定铜为什么要在弱酸性介质中进行?

用 $K_2Cr_2O_7$ 标定 $Na_2S_2O_3$ 溶液时为什么要先加入 5mL 6mol·L^{-1} HCl 溶液?用 $Na_2S_2O_3$ 滴定 I_2 时为什么要加入 50mL 水稀释?

答:碘量法测定铜溶液的 pH 一般应控制在 3.0~4.0 之间,酸度过低,Cu^{2+} 易水解,使反应不完全,结果偏低,而且反应速率慢,终点拖长;酸度过高,I^- 被空气中的氧氧化为 I_2,使结果偏高。

$K_2Cr_2O_7$ 标定 $Na_2S_2O_3$ 溶液时,由于 $K_2Cr_2O_7$ 与 I^- 的反应在强酸性溶液中进行,所以先加入 5mL 6mol·L^{-1} HCl 溶液,有利于反应速度加快,但酸度过大,I^- 容易被空气氧化。所以酸度一般控制在 0.4mol·L^{-1} 较为合适。

定量析出 I_2 后,I_2 与 $Na_2S_2O_3$ 的滴定反应在中性或弱酸性介质中进行,滴定前要进行稀释,这样既可以降低酸度,使 I^- 被空气氧化的速度减慢,避免析出过多的 I_2,又可使 $Na_2S_2O_3$ 分解作用减小;而且稀释后 Cr^{3+} 的绿色减弱,便于终点观察。

2. 碘量法测定铜,为什么临近终点时加入 NH_4SCN 或 KSCN?

答:CuI 沉淀强烈吸附 I_2,会使结果偏低。通常的办法是近终点时加入硫氰酸盐,将 CuI 转化为溶解度更小的 CuSCN 沉淀,把吸附的碘释放出来,使反应更为完全。硫氰酸盐应在接近终点时加入,否则 SCN^- 会还原大量存在的 I_2,致使测定结果偏低。

3. 碘量法主要误差来源有哪些?如何避免?

答:碘量法误差主要来源有两方面。一方面是碘的挥发,采取的措施包括加入过量 KI;室温下进行反应;使用碘瓶(或加盖表面皿的锥形瓶);滴定过程中不要过分振荡。另一方面是酸性条件下 I^- 被空气氧化,采取的措施有溶液的酸度不能太高;反应的时间不宜过长;避免光照(暗处放置);催化性物质如 Cu^{2+}、NO_2^- 等应除去。

4. 淀粉指示剂应该何时加入?为什么?

答:淀粉应在临近终点时加入,否则淀粉强烈吸附碘,造成终点变色不敏锐,结果偏低。

实验 43 葡萄糖含量的测定

1. 配制 I_2 溶液时为何要加入 KI?为何要先用少量水溶解后再稀释至所需体积?

答:固体碘在水中的溶解度很小且易于挥发,所以通常将碘溶于 KI 形成 I_3^-,增大溶解度和溶解速度。

2. 为什么氧化葡萄糖时加入 NaOH 的速度要慢,而酸化后要立即用 $Na_2S_2O_3$ 标准溶液滴定?

答:加碱的速度不能过快,否则生成的 NaIO 来不及氧化 $C_6H_{12}O_6$,而歧化为不与葡萄糖反应的 $NaIO_3$ 和 NaI,使测定结果偏低。酸化后 IO_3^- 和 I^- 生成 I_2,而碘易挥发,所以需要立即滴定。

实验 44 溴加成法测定碳碳双键

1. 四氯化碳参与反应了吗？其作用是什么？

答：四氯化碳没有参与反应。因为有机试样不易溶于水，易溶于四氯化碳，所以四氯化碳起到溶剂的作用。

2. 实验中加入汞盐的作用是什么？

答：在混合溶剂中加入汞盐是为了加快反应。汞离子的作用是使溴与汞离子先形成配合物再与碳碳双键加成，它的加成速度要比溴直接与碳碳双键加成快得多，所以实际上汞盐是起了催化剂的作用。

实验 45 可溶性氯化物中氯含量的测定

1. 莫尔法测氯时，为什么溶液的 pH 须控制在 6.5~10.5？若有 NH_4^+ 存在时，其控制的 pH 范围有何不同？为什么？

答：在酸性介质中，铬酸根将转化为重铬酸根，溶液中铬酸根的浓度将减小，指示终点的铬酸银沉淀过迟出现，甚至难以出现。若碱性太强，则有氧化银沉淀析出，溶液中含有氨，则会与银离子形成银氨离子，从而增大氯化银和铬酸银的溶解度，干扰测定。因此，此时滴定 pH 范围要控制在 6.5~7.2。提高酸度以后，溶液中以 NH_3 形态存在的氨就会减少，配位作用可以被削弱。

2. 以 K_2CrO_4 作指示剂时，指示剂浓度过大或过小对测定结果有何影响？

答：浓度过大将会引起终点提前，且 CrO_4^{2-} 本身的黄色会影响终点的观察；太小又会使终点滞后，都会影响滴定的准确度。根据计算，终点时 CrO_4^{2-} 的浓度约为 5×10^{-3} mol·L^{-1} 为宜。

3. 欲用莫尔法测定 Ag^+，其滴定方式与测定 Cl^- 有何不同？为什么？

答：用莫尔法测定 Cl^- 是采用直接法，终点是砖红色 Ag_2CrO_4 沉淀出现，很明显。若用此法直接测定 Ag^+，则由于加入指示剂后立即有 Ag_2CrO_4 生成，终点附近时 Ag_2CrO_4 转化为 AgCl 很慢，颜色的变化缓慢，难以准确测定，因此要用莫尔法测 Ag^+，应采用返滴定法，即先加入过量 NaCl 标准溶液，再用 $AgNO_3$ 标准溶液返滴溶液中过量的 Cl^-。

4. 滴定时为什么要充分摇动溶液？

答：生成的 AgCl 沉淀会吸附溶液中的 Cl^-，从而导致终点提前到达而引入误差，所以为了避免该现象必须在滴定过程中剧烈摇动锥形瓶。

实验 46 有机化合物中氯含量的测定

1. 试样燃烧分解不完全的原因有哪些？

答：①氧气不充足；②样品量过大。

2. 在开始滴定前，以溴酚蓝作指示剂，用稀硝酸将吸收液调至黄色的作用是什么？为何要加入 95% 乙醇？

答：汞量法中二苯卡巴腙指示剂的变色范围为 pH=3.0~3.5，因此，在开始滴定前，以溴酚蓝指示剂显色后，再过量硝酸使试液的 pH 在 3.2 左右。硝酸汞容量滴定法的最佳溶液 pH 为 3.0~3.5，在此条件下加入乙醇介质可有效提升二卤化汞配合物的稳定常数，过量乙醇可以降低其溶解度，当溶液中卤素离子全部转化为卤化汞后，微过量的汞离子立即与加入溶液中的二苯卡巴腙形成紫色的汞化物，因而可使测定限更低。

3. 如果硝酸汞标准溶液中出现絮状物，原因何在？是否还进行标定？

答：硝酸汞发生水解，不能进行标定。

实验 47　氯化钡中钡含量的测定

1. 沉淀 $BaSO_4$ 时为什么要在稀溶液中进行？不断搅拌的目的是什么？

答：沉淀 $BaSO_4$ 时要在稀溶液中进行，溶液的相对饱和度不至于太大，产生的晶核也不至于太多，这样有利于生成粗大的结晶颗粒。不断搅拌的目的是降低过饱和度，避免局部浓度过高的现象，同时也减少杂质的吸附现象。

2. 为什么沉淀 $BaSO_4$ 时要在热溶液中进行？

答：沉淀要在热溶液中进行，使沉淀的溶解度略有增加，这样可以降低溶液的过饱和度，以利于生成粗大的结晶颗粒，同时可以减少沉淀对杂质的吸附。为了防止沉淀在热溶液中的损失，应当在沉淀作用完毕后，将溶液冷却至室温，然后再进行过滤。

3. 洗涤沉淀时，为什么使用洗涤液要少量多次？为保证 $BaSO_4$ 沉淀的溶解损失不超过 0.1%，洗涤沉淀用水量最多不超过多少毫升？

答：为获得纯净的沉淀，必须洗去沉淀表面所吸附的杂质和残留的母液，但洗涤又不可避免地要造成部分沉淀的溶解。因此，洗涤沉淀要采用适当的方法以提高洗涤效率，尽可能地减少沉淀的溶解损失。所以同体积的洗涤液应分多次洗涤，每次用 15～20mL 洗涤液。

4. 什么叫恒重？为什么空坩埚也要预先恒重？

答：两次称量质量差异在万分之二以下可视作恒重。在重量分析法中，经烘干或灼烧的坩埚或沉淀，前后两次称重之差小于 0.2mg，则认为达到了恒重。空坩埚可能有潮气或其它杂质，在定量分析前需经烘干或灼烧至恒重。

5. 为什么要在控制一定酸度的盐酸介质中进行沉淀？

答：一方面可以防止其它微溶性钡盐的生成及防止生成 $Ba(OH)_2$ 共沉淀，提高测定的选择性。另一方面，适当提高酸度，使 SO_4^{2-} 成为 HSO_4^-，稍微增大沉淀的溶解度，以降低其相对过饱和度，有利于获得较好的晶形沉淀。

实验 48　邻二氮菲吸光光度法测定微量铁

1. 吸收曲线与标准曲线有何区别？各有何实际意义？

答：吸收曲线是描述溶液的吸光度随测定波长变化情况的曲线，而标准曲线是描述吸光度与浓度关系的曲线。

2. 本实验中盐酸羟胺、NaAc 的作用各是什么？

答：盐酸羟胺能将溶液中的 Fe^{3+} 还原为 Fe^{2+}，NaAc 的主要作用是控制溶液的 pH。

3. 为什么条件确定和测定吸收曲线时以蒸馏水为参比，而确定标准曲线却以空白试液作参比？

答：进行条件实验和吸收曲线的测定时，只需要比较某种条件对吸光度的影响，所以可以直接用蒸馏水作参比，而绘制标准曲线需要准确的吸光度值，要扣除其它物质的影响，所以需要空白溶液为参比。

附　录

附录 1　实验安全图标

实验安全图标	标志含义	实验安全图标	标志含义
	戴护目镜		当心腐蚀
	穿实验服		当心爆炸
	必须洗手		具有刺激性
	注意通风		使用明火，当心火灾
	当心有毒物质		易燃物，禁止烟火
	当心伤手		小心易碎
	当心触电		有害废弃物
	当心烫伤		注意安全

附录 2　不同温度下水的饱和蒸气压

温度 t/℃	饱和蒸气压 /×10³Pa	温度 t/℃	饱和蒸气压 /×10³Pa	温度 t/℃	饱和蒸气压 /×10³Pa
0	0.61129	13	1.4979	26	3.3629
1	0.65716	14	1.5988	27	3.5670
2	0.70605	15	1.7056	28	3.7818
3	0.75813	16	1.8185	29	4.0078
4	0.81359	17	1.9380	30	4.2455
5	0.87260	18	2.0644	31	4.4953
6	0.93537	19	2.1978	32	4.7578
7	1.0021	20	2.3388	33	5.0335
8	1.0730	21	2.4877	34	5.3229
9	1.1482	22	2.6447	35	5.6267
10	1.2281	23	2.8104	36	5.9453
11	1.3129	24	2.9850	37	6.2795
12	1.4027	25	3.1690	38	6.6298

续表

温度 t/℃	饱和蒸气压 /×10³Pa	温度 t/℃	饱和蒸气压 /×10³Pa	温度 t/℃	饱和蒸气压 /×10³Pa
39	6.9969	75	38.563	111	148.12
40	7.3814	76	40.205	112	153.13
41	7.7840	77	41.905	113	158.29
42	8.2054	78	43.665	114	163.58
43	8.6463	79	45.487	115	169.02
44	9.1075	80	47.373	116	174.61
45	9.5898	81	49.324	117	180.34
46	10.094	82	51.342	118	186.23
47	10.620	83	53.428	119	192.28
48	11.171	84	55.585	120	198.48
49	11.745	85	57.815	121	204.85
50	12.344	86	60.119	122	211.38
51	12.970	87	62.499	123	218.09
52	13.623	88	64.958	124	224.96
53	14.303	89	67.496	125	232.01
54	15.012	90	70.117	126	239.24
55	15.752	91	72.823	127	246.66
56	16.522	92	75.614	128	254.25
57	17.324	93	78.494	129	262.04
58	18.159	94	81.465	130	270.02
59	19.028	95	84.529	131	278.20
60	19.932	96	87.688	132	286.57
61	20.873	97	90.945	133	295.15
62	21.851	98	94.301	134	303.93
63	22.868	99	97.759	135	312.93
64	23.925	100	101.32	136	322.14
65	25.022	101	104.99	137	331.57
66	26.163	102	108.77	138	341.22
67	27.347	103	112.66	139	351.09
68	28.576	104	116.67	140	361.19
69	29.852	105	120.79	141	371.53
70	31.176	106	125.03	142	382.11
71	32.549	107	129.39	143	392.92
72	33.972	108	133.88	144	403.98
73	35.448	109	138.50	145	415.29
74	36.978	110	143.24	146	426.85

续表

温度 $t/℃$	饱和蒸气压 $/×10^3\text{Pa}$	温度 $t/℃$	饱和蒸气压 $/×10^3\text{Pa}$	温度 $t/℃$	饱和蒸气压 $/×10^3\text{Pa}$
147	438.67	183	1073.0	219	2273.8
148	450.75	184	1097.5	220	2317.8
149	463.10	185	1122.5	221	2362.5
150	475.72	186	1147.9	222	2407.8
151	488.61	187	1173.8	223	2453.8
152	501.78	188	1200.1	224	2500.5
153	515.23	189	1226.1	225	2547.9
154	528.96	190	1254.2	226	2595.9
155	542.99	191	1281.9	227	2644.6
156	557.32	192	1310.1	228	2694.1
157	571.94	193	1338.8	229	2744.2
158	586.87	194	1368.0	230	2795.1
159	602.11	195	1397.6	231	2846.7
160	617.66	196	1427.8	232	2899.0
161	633.53	197	1458.5	233	2952.1
162	649.73	198	1489.7	234	3005.9
163	666.25	199	1521.4	235	3060.4
164	683.10	200	1553.6	236	3115.7
165	700.29	201	1568.4	237	3171.8
166	717.83	202	1619.7	238	3288.6
167	735.70	203	1653.6	239	3286.3
168	753.94	204	1688.0	240	3344.7
169	772.52	205	1722.9	241	3403.9
170	791.47	206	1758.4	242	3463.9
171	810.78	207	1794.5	243	3524.7
172	830.47	208	1831.1	244	3586.3
173	850.53	209	1868.4	245	3648.8
174	870.98	210	1906.2	246	3712.1
175	891.80	211	1944.6	247	3776.2
176	913.03	212	1983.6	248	3841.2
177	934.64	213	2023.2	249	3907.0
178	956.66	214	2063.4	250	3973.6
179	979.09	215	2104.2	251	4041.2
180	1001.9	216	2145.7	252	4109.6
181	1025.2	217	2187.8	253	4178.9
182	1048.9	218	2230.5	254	4249.1

续表

温度 $t/℃$	饱和蒸气压 $/×10^3$ Pa	温度 $t/℃$	饱和蒸气压 $/×10^3$ Pa	温度 $t/℃$	饱和蒸气压 $/×10^3$ Pa
255	4320.2	295	7995.2	335	13701
256	4392.2	296	8110.3	336	13876
257	4465.1	297	8226.8	337	14053
258	4539.0	298	8344.5	338	14232
259	4613.7	299	8463.5	339	14412
260	4689.4	300	8583.8	340	14594
261	4766.1	301	8705.4	341	14778
262	4843.7	302	8828.3	342	14964
263	4922.3	303	8952.6	343	15152
264	5001.8	304	9078.2	344	15342
265	5082.3	305	9205.1	345	15533
266	5163.8	306	9333.4	346	15727
267	5246.3	307	9463.1	347	15922
268	5329.8	308	9594.2	348	16120
269	5414.3	309	9726.7	349	16320
270	5499.9	310	9860.5	350	16521
271	5586.4	311	9995.8	351	16825
272	5674.0	312	10133	352	16932
273	5762.7	313	10271	353	17138
274	5852.4	314	10410	354	17348
275	5943.1	315	10551	355	17561
276	6035.0	316	10694	356	17775
277	6127.9	317	10838	357	17992
278	6221.9	318	10984	358	18211
279	6317.2	319	11131	359	18432
280	6413.2	320	11279	360	18655
281	6510.5	321	11429	361	18881
282	6608.9	322	11581	362	19110
283	6708.5	323	11734	363	19340
284	6809.2	324	11889	364	19574
285	6911.1	325	12046	365	19809
286	7014.1	326	12204	366	20048
287	7118.3	327	12364	367	20289
288	7223.7	328	12525	368	20533
289	7330.2	329	12688	369	20780
290	7438.0	330	12852	370	21030
291	7547.0	331	13019	371	21286
292	7657.2	332	13187	372	21539
293	7768.6	333	13357	373	21803
294	7881.3	334	13528	—	—

附录3　常见难溶化合物的溶度积

化学式	$K_{sp}^{\ominus}$	化学式	$K_{sp}^{\ominus}$
AgBr	5.0×10^{-13}	CaF_2	2.7×10^{-11}
AgCl	1.8×10^{-10}	$Ca(OH)_2$	5.5×10^{-6}
AgCN	1.2×10^{-16}	$Ca_3(PO_4)_2$	2.0×10^{-29}
Ag_2CO_3	8.1×10^{-12}	$CaSO_4$	3.16×10^{-7}
$Ag_2C_2O_4$	3.5×10^{-11}	$CdCO_3$	5.2×10^{-12}
$Ag_2Cr_2O_7$	2.0×10^{-7}	CdS	8.0×10^{-27}
AgI	8.3×10^{-17}	$CoCO_3$	1.4×10^{-13}
$AgIO_3$	3.1×10^{-8}	$Co(OH)_2$	1.58×10^{-15}
AgOH	2.0×10^{-8}	$Cr(OH)_3$	6.3×10^{-31}
Ag_3PO_4	1.4×10^{-16}	CuBr	5.3×10^{-9}
Ag_2S	6.3×10^{-50}	CuCl	1.2×10^{-6}
AgSCN	1.0×10^{-12}	CuCN	3.2×10^{-20}
Ag_2SO_3	1.5×10^{-14}	$CuCO_3$	2.34×10^{-10}
Ag_2SO_4	1.4×10^{-5}	CuI	1.1×10^{-12}
$Al(OH)_3$	4.57×10^{-33}	Cu_2S	2.5×10^{-48}
Al_2S_3	2.0×10^{-7}	CuS	6.3×10^{-36}
$AuCl_3$	3.2×10^{-25}	$Fe(OH)_2$	8.0×10^{-16}
$BaCO_3$	5.1×10^{-9}	FeS	6.3×10^{-18}
BaC_2O_4	1.6×10^{-7}	Hg_2Cl_2	1.3×10^{-18}
$BaCrO_4$	1.2×10^{-10}	HgC_2O_4	1.0×10^{-7}
$BaSO_4$	1.1×10^{-10}	Hg_2I_2	4.5×10^{-29}
$Be(OH)_2$	1.6×10^{-22}	HgI_2	2.82×10^{-29}
$CaCO_3$	2.8×10^{-9}	Sb_2S_3	1.5×10^{-93}
$CaC_2O_4\cdot H_2O$	4.0×10^{-9}	$Sn(OH)_2$	1.4×10^{-28}
HgS	4.0×10^{-53}	$Sn(OH)_4$	1.0×10^{-56}
$MgCO_3$	3.5×10^{-8}	SnS	1.0×10^{-25}
$Mg(OH)_2$	1.8×10^{-11}	$SrCO_3$	1.1×10^{-10}
$MnCO_3$	1.8×10^{-11}	$Pb(OH)_2$	1.2×10^{-15}
MnS	2.5×10^{-10}	PbS	1.0×10^{-28}
NiC_2O_4	4.0×10^{-10}	$PbSO_4$	1.6×10^{-8}
$Ni(OH)_2$	2.0×10^{-15}	$SrSO_4$	3.2×10^{-7}
α-NiS	3.2×10^{-19}	SrF_2	2.5×10^{-9}
β-NiS	1.0×10^{-24}	$ZnCO_3$	1.4×10^{-11}
γ-NiS	2.0×10^{-26}	$Zn(OH)_2$	2.1×10^{-16}
$PbBr_2$	4.0×10^{-5}	$ZnC_2O_4\cdot2H_2O$	1.4×10^{-9}
$PbCl_2$	1.6×10^{-5}	α-ZnS	1.6×10^{-24}
$PbCO_3$	7.4×10^{-14}	β-ZnS	2.5×10^{-22}
$PbCrO_4$	2.8×10^{-13}	$SrSO_4$	3.2×10^{-7}
PbF_2	2.7×10^{-8}	SrF_2	2.5×10^{-9}

附录4 常见氢氧化物沉淀的pH

氢氧化物	开始沉淀时的pH 初浓度[M^{n+}]		沉淀完全时pH (残留离子浓度 <10^{-5} mol·L^{-1})	沉淀开始溶解时的pH	沉淀完全溶解时的pH
	1 mol·L^{-1}	0.01 mol·L^{-1}			
Ag_2O	6.2	8.2	11.2	12.7	—
$Al(OH)_3$	3.3	4.0	5.2	7.8	10.8
$Be(OH)_2$	5.2	6.2	8.8	—	—
$Cd(OH)_2$	7.2	8.2	9.7	—	—
$Co(OH)_2$	6.6	7.6	9.2	14.1	—
$Cr(OH)_3$	4.0	4.9	6.8	12	15
$Fe(OH)_2$	6.5	7.5	9.7	13.5	—
$Fe(OH)_3$	1.5	2.3	4.1	14	—
HgO	1.3	2.4	5.0	11.5	—
$Mg(OH)_2$	9.4	10.4	12.4	14	—
$Mn(OH)_2$	7.8	8.8	10.4	—	—
$Ni(OH)_2$	6.7	7.7	9.5	—	—
$Pb(OH)_2$	—	7.2	8.7	—	13
$Sn(OH)_2$	0.9	2.1	4.7	10	13.5
$Sn(OH)_4$	0	0.5	1	13	15
$Zn(OH)_2$	5.4	6.4	8.0	10.5	12~13
$ZrO(OH)_2$	1.3	2.3	3.8	—	—

附录5 常用酸碱的相对密度和浓度（20℃）

试剂	质量分数/%	密度/g·mL^{-1}	物质的量浓度/mol·L^{-1}
盐酸	36~38	1.18~1.19	11.6~12.4
硝酸	65.0~68.0	1.42	14.4~15.2
磷酸	85.0	1.69	14.6
硫酸	95~98	1.83~1.84	17.8~18.4
冰醋酸	99.8（优级纯）	1.05	17.4
乙酸	36.0~37.0	1.04	6.2~6.4
氢氟酸	40.0	1.13	22.5
高氯酸	70.0~72.0	1.68	11.7~12.0
氨水	25.0~28.0	0.88~0.90	13.3~14.8
苯胺		1.022	11.0
三乙醇胺		1.124	7.5

附录6 常用弱电解质的解离常数

试剂	化学式	$K^{\ominus}$	$pK^{\ominus}$
醋酸	HAc	1.76×10^{-5}	4.75
碳酸	H_2CO_3	$K_1=4.30\times10^{-7}$	6.37
		$K_2=5.61\times10^{-11}$	10.25
草酸	$H_2C_2O_4$	$K_1=5.90\times10^{-2}$	1.23
		$K_2=6.40\times10^{-5}$	4.19
亚硝酸	HNO_2	4.6×10^{-4}(285.5K)	3.37
磷酸	H_3PO_4	$K_1=7.52\times10^{-3}$	2.12
		$K_2=6.23\times10^{-8}$	7.21
		$K_3=2.2\times10^{-13}$(291K)	12.67
亚硫酸	H_2SO_3	$K_1=1.54\times10^{-2}$(291K)	1.81
		$K_2=1.02\times10^{-7}$	6.91
硫酸	H_2SO_4	$K_2=1.20\times10^{-2}$	1.92
氢硫酸	H_2S	$K_1=9.1\times10^{-8}$(291K)	7.04
		$K_2=1.1\times10^{-12}$	11.96
氢氰酸	HCN	4.93×10^{-10}	9.31
铬酸	H_2CrO_4	$K_1=1.8\times10^{-1}$	0.74
		$K_2=3.20\times10^{-7}$	6.49
硼酸	H_3BO_3	5.8×10^{-10}	9.24
氢氟酸	HF	3.53×10^{-4}	3.45
过氧化氢	H_2O_2	2.4×10^{-12}	11.62
次氯酸	HClO	2.95×10^{-5}(291K)	4.53
次溴酸	HBrO	2.06×10^{-9}	8.69
次碘酸	HIO	2.3×10^{-11}	10.64
碘酸	HIO_3	1.69×10^{-1}	0.77
砷酸	H_3AsO_4	$K_1=5.62\times10^{-3}$(291K)	2.25
		$K_2=1.70\times10^{-7}$	6.77
		$K_3=3.95\times10^{-12}$	11.40
亚砷酸	$HAsO_2$	6×10^{-10}	9.22
铵离子	NH_4^+	5.56×10^{-10}	9.25
氨水	$NH_3\cdot H_2O$	1.79×10^{-5}	4.75
联胺	N_2H_4	8.91×10^{-7}	6.05
羟胺	NH_2OH	9.12×10^{-9}	8.04
氢氧化铅	$Pb(OH)_2$	9.6×10^{-4}	3.02
氢氧化锂	LiOH	6.31×10^{-1}	0.2

续表

试剂	化学式	$K^{\ominus}$	$pK^{\ominus}$
氢氧化铍	$Be(OH)_2$	1.78×10^{-6}	5.75
	$BeOH^+$	2.51×10^{-9}	8.6
氢氧化铝	$Al(OH)_3$	5.01×10^{-9}	8.3
	$Al(OH)_2^+$	1.99×10^{-10}	9.7
氢氧化锌	$Zn(OH)_2$	7.94×10^{-7}	6.1
甲酸	HCOOH	1.77×10^{-4}(293K)	3.75
柠檬酸	$(HOOCCH_2)_2C(OH)COOH$	$K_1 = 7.1 \times 10^{-4}$	3.14
		$K_2 = 1.68 \times 10^{-5}$(293K)	4.77
		$K_3 = 4.1 \times 10^{-7}$	6.39
酒石酸	$HOOC(CHOH)_2COOH$	$K_1 = 1.04 \times 10^{-3}$	2.98
		$K_2 = 4.55 \times 10^{-5}$	4.34
乙二胺四乙酸(EDTA)	$\begin{array}{l}CH_2-N(CH_2COOH)_2 \\ \mid \\ CH_2-N(CH_2COOH)_2\end{array}$	$K_1 = 1.0 \times 10^{-2}$	2.0
		$K_2 = 2.1 \times 10^{-3}$	2.68
		$K_3 = 6.9 \times 10^{-7}$	6.16
		$K_4 = 5.9 \times 10^{-11}$	10.23

附录7 标准电极电势

1. 酸性溶液中

电对	电极反应方程式	E/V
Ag(Ⅰ)-(0)	$Ag^+ + e^- = Ag$	0.7996
Ag(Ⅰ)-(0)	$AgBr + e^- = Ag + Br^-$	0.07133
Ag(Ⅰ)-(0)	$AgCl + e^- = Ag + Cl^-$	0.22233
Ag(Ⅰ)-(0)	$Ag_2CrO_4 + 2e^- = 2Ag + CrO_4^{2-}$	0.4470
Ag(Ⅰ)-(0)	$AgI + e^- = Ag + I^-$	−0.15224
Al(Ⅲ)-(0)	$Al^{3+} + 3e^- = Al$	−1.662
Al(Ⅲ)-(0)	$AlF_6^{3-} + 3e^- = Al + 6F^-$	−2.069
As(0)-(-Ⅲ)	$As + 3H^+ + 3e^- = AsH_3$	−0.608
As(Ⅲ)-(0)	$HAsO_2 + 3H^+ + 3e^- = As + 2H_2O$	0.248
As(Ⅴ)-(Ⅲ)	$H_3AsO_4 + 2H^+ + 2e^- = HAsO_2 + 2H_2O$	0.560
Au(Ⅰ)-(0)	$Au^+ + e^- = Au$	1.692
Au(Ⅲ)-(0)	$Au^{3+} + 3e^- = Au$	1.498
Au(Ⅲ)-(0)	$[AuCl_4]^- + 3e^- = Au + 4Cl^-$	1.002
Au(Ⅲ)-(Ⅰ)	$Au^{3+} + 2e^- = Au^+$	1.401
B(Ⅲ)-(0)	$H_3BO_3 + 3H^+ + 3e^- = B + 3H_2O$	−0.8698
Ba(Ⅱ)-(0)	$Ba^{2+} + 2e^- = Ba$	−2.912
Be(Ⅱ)-(0)	$Be^{2+} + 2e^- = Be$	−1.847
Bi(Ⅲ)-(0)	$BiO^+ + 2H^+ + 3e^- = Bi + H_2O$	0.320
Bi(Ⅲ)-(0)	$BiOCl + 2H^+ + 3e^- = Bi + Cl^- + H_2O$	0.1583
Br(0)-(−Ⅰ)	$Br_2(aq) + 2e^- = 2Br^-$	1.0873
Br(Ⅰ)-(−Ⅰ)	$HBrO + H^+ + 2e^- = Br^- + H_2O$	1.331
Br(Ⅰ)-(0)	$HBrO + H^+ + e^- = 1/2 Br_2(aq) + H_2O$	1.574

续表

电对	电极反应方程式	E/V
Br(V)-(-I)	$BrO_3^- + 6H^+ + 6e^- \rightleftharpoons Br^- + 3H_2O$	1.423
Br(V)-(0)	$BrO_3^- + 6H^+ + 5e^- \rightleftharpoons 1/2Br_2 + 3H_2O$	1.482
C(IV)-(II)	$CO_2(g) + 2H^+ + 2e^- \rightleftharpoons CO + H_2O$	-0.12
C(IV)-(III)	$2CO_2 + 2H^+ + 2e^- \rightleftharpoons H_2C_2O_4$	-0.49
Ca(II)-(0)	$Ca^{2+} + 2e^- \rightleftharpoons Ca$	-2.868
Cd(II)-(0)	$Cd^{2+} + 2e^- \rightleftharpoons Cd$	-0.4030
Ce(III)-(0)	$Ce^{3+} + 3e^- \rightleftharpoons Ce$	-2.336
Ce(IV)-(III)	$Ce^{4+} + e^- \rightleftharpoons Ce^{3+}$	1.72
Cl(0)-(-I)	$Cl_2(g) + 2e^- \rightleftharpoons 2Cl^-$	1.35827
Cl(I)-(-I)	$HClO + H^+ + 2e^- \rightleftharpoons Cl^- + H_2O$	1.482
Cl(I)-(0)	$HClO + H^+ + e^- \rightleftharpoons 1/2Cl_2 + H_2O$	1.611
Cl(III)-(-I)	$HClO_2 + 3H^+ + 4e^- \rightleftharpoons Cl^- + 2H_2O$	1.570
Cl(III)-(I)	$HClO_2 + 2H^+ + 2e^- \rightleftharpoons HClO + H_2O$	1.645
Cl(IV)-(III)	$ClO_2 + H^+ + e^- \rightleftharpoons HClO_2$	1.277
Cl(V)-(-I)	$ClO_3^- + 6H^+ + 6e^- \rightleftharpoons Cl^- + 3H_2O$	1.451
Cl(V)-(0)	$ClO_3^- + 6H^+ + 5e^- \rightleftharpoons 1/2Cl_2 + 3H_2O$	1.47
Cl(V)-(III)	$ClO_3^- + 3H^+ + 2e^- \rightleftharpoons HClO_2 + H_2O$	1.214
Cl(V)-(IV)	$ClO_3^- + 2H^+ + e^- \rightleftharpoons ClO_2 + H_2O$	1.152
Cl(VII)-(-I)	$ClO_4^- + 8H^+ + 8e^- \rightleftharpoons Cl^- + 4H_2O$	1.389
Cl(VII)-(0)	$ClO_4^- + 8H^+ + 7e^- \rightleftharpoons 1/2Cl_2 + 4H_2O$	1.39
Cl(VII)-(V)	$ClO_4^- + 2H^+ + 2e^- \rightleftharpoons ClO_3^- + H_2O$	1.189
Co(II)-(0)	$Co^{2+} + 2e^- \rightleftharpoons Co$	-0.28
Co(III)-(II)	$Co^{3+} + e^- \rightleftharpoons Co^{2+}$ (2mol·L^{-1} H$_2$SO$_4$)	1.83
Cr(II)-(0)	$Cr^{2+} + 2e^- \rightleftharpoons Cr$	-0.913
Cr(III)-(0)	$Cr^{3+} + 3e^- \rightleftharpoons Cr$	-0.744
Cr(III)-(II)	$Cr^{3+} + e^- \rightleftharpoons Cr^{2+}$	-0.407
Cr(VI)-(III)	$Cr_2O_7^{2-} + 14H^+ + 6e^- \rightleftharpoons 2Cr^{3+} + 7H_2O$	1.33
Cr(VI)-(III)	$HCrO_4^- + 7H^+ + 3e^- \rightleftharpoons Cr^{3+} + 4H_2O$	1.350
Cs(I)-(0)	$Cs^+ + e^- \rightleftharpoons Cs$	-3.026
Cu(I)-(0)	$Cu^+ + e^- \rightleftharpoons Cu$	0.521
Cu(II)-(0)	$Cu^{2+} + 2e^- \rightleftharpoons Cu$	0.3419
Cu(II)-(I)	$Cu^{2+} + e^- \rightleftharpoons Cu^+$	0.153
Cu(II)-(I)	$Cu^{2+} + I^- + e^- \rightleftharpoons CuI$	0.86
F(0)-(-I)	$F_2 + 2e^- \rightleftharpoons 2F^-$	2.866
	$F_2 + 2H^+ + 2e^- \rightleftharpoons 2HF$	3.053
Fe(II)-(0)	$Fe^{2+} + 2e^- \rightleftharpoons Fe$	-0.447
Fe(III)-(0)	$Fe^{3+} + 3e^- \rightleftharpoons Fe$	-0.037
Fe(III)-(II)	$Fe^{3+} + e^- \rightleftharpoons Fe^{2+}$	0.771
Fe(VI)-(III)	$FeO_4^{2-} + 8H^+ + 3e^- \rightleftharpoons Fe^{3+} + 4H_2O$	2.20
Ga(III)-(0)	$Ga^{3+} + 3e^- \rightleftharpoons Ga$	-0.549
Ge(IV)-(0)	$H_2GeO_3 + 4H^+ + 4e^- \rightleftharpoons Ge + 3H_2O$	-0.182
H(I)-(0)	$2H^+ + 2e^- \rightleftharpoons H_2$	0.0000
H(0)-(-I)	$H_2(g) + 2e^- \rightleftharpoons 2H^-$	-2.23
Hg(I)-(0)	$Hg_2^{2+} + 2e^- \rightleftharpoons 2Hg$	0.7973
Hg(I)-(0)	$Hg_2Cl_2 + 2e^- \rightleftharpoons 2Hg + 2Cl^-$ (饱和 KCl)	0.26808
Hg(I)-(0)	$Hg_2I_2 + 2e^- \rightleftharpoons 2Hg + 2I^-$	-0.0405
Hg(II)-(0)	$Hg^{2+} + 2e^- \rightleftharpoons Hg$	0.851
Hg(II)-(I)	$2Hg^{2+} + 2e^- \rightleftharpoons Hg_2^{2+}$	0.920
Hg(II)-(I)	$2HgCl_2 + 2e^- \rightleftharpoons Hg_2Cl_2 + 2Cl^-$	0.63
I(0)-(-I)	$I_2 + 2e^- \rightleftharpoons 2I^-$	0.5355

续表

电对	电极反应方程式	E/V
I(0)-(−I)	$I_3^- + 2e^- \rightleftharpoons 3I^-$	0.536
I(I)-(0)	$2HIO + 2H^+ + 2e^- \rightleftharpoons I_2 + 2H_2O$	1.439
I(I)-(−I)	$HIO + H^+ + 2e^- \rightleftharpoons I^- + H_2O$	0.987
I(V)-(−I)	$IO_3^- + 6H^+ + 6e^- \rightleftharpoons I^- + 3H_2O$	1.085
I(V)-(0)	$2IO_3^- + 12H^+ + 10e^- \rightleftharpoons I_2 + 6H_2O$	1.195
I(VII)-(V)	$H_5IO_6 + H^+ + 2e^- \rightleftharpoons IO_3^- + 3H_2O$	1.601
In(III)-(0)	$In^{3+} + 3e^- \rightleftharpoons In$	−0.3382
K(I)-(0)	$K^+ + e^- \rightleftharpoons K$	−2.931
La(III)-(0)	$La^{3+} + 3e^- \rightleftharpoons La$	−2.379
Li(I)-(0)	$Li^+ + e^- \rightleftharpoons Li$	−3.0401
Mg(II)-(0)	$Mg^{2+} + 2e^- \rightleftharpoons Mg$	−2.372
Mn(II)-(0)	$Mn^{2+} + 2e^- \rightleftharpoons Mn$	−1.185
Mn(IV)-(II)	$MnO_2 + 4H^+ + 2e^- \rightleftharpoons Mn^{2+} + 2H_2O$	1.224
Mn(VII)-(IV)	$MnO_4^- + 4H^+ + 3e^- \rightleftharpoons MnO_2 + 2H_2O$	1.679
N(I)-(0)	$N_2O + 2H^+ + 2e^- \rightleftharpoons N_2 + H_2O$	1.766
N(II)-(I)	$2NO + 2H^+ + 2e^- \rightleftharpoons N_2O + H_2O$	1.591
N(III)-(I)	$2HNO_2 + 4H^+ + 4e^- \rightleftharpoons N_2O + 3H_2O$	1.297
N(III)-(I)	$2HNO_2 + 4H^+ + 4e^- \rightleftharpoons H_2N_2O_2 + 2H_2O$	0.86
N(III)-(II)	$HNO_2 + H^+ + e^- \rightleftharpoons NO + H_2O$	0.983
N(IV)-(II)	$N_2O_4 + 4H^+ + 4e^- \rightleftharpoons 2NO + 2H_2O$	1.035
N(IV)-(III)	$N_2O_4 + 2H^+ + 2e^- \rightleftharpoons 2HNO_2$	1.065
N(V)-(II)	$NO_3^- + 4H^+ + 3e^- \rightleftharpoons NO + 2H_2O$	0.957
N(V)-(III)	$NO_3^- + 3H^+ + 2e^- \rightleftharpoons HNO_2 + H_2O$	0.934
N(V)-(IV)	$2NO_3^- + 4H^+ + 2e^- \rightleftharpoons N_2O_4 + 2H_2O$	0.803
Na(I)-(0)	$Na^+ + e^- \rightleftharpoons Na$	−2.71
Ni(II)-(0)	$Ni^{2+} + 2e^- \rightleftharpoons Ni$	−0.257
O(−I)-(−II)	$H_2O_2 + 2H^+ + 2e^- \rightleftharpoons 2H_2O$	1.776
O(0)-(−II)	$O_2 + 4H^+ + 4e^- \rightleftharpoons 2H_2O$	1.229
O(0)-(−II)	$O_3 + 2H^+ + 2e^- \rightleftharpoons O_2 + H_2O$	2.076
O(0)-(−I)	$O_2 + 2H^+ + 2e^- \rightleftharpoons H_2O_2$	0.695
Os(VIII)-(0)	$OsO_4 + 8H^+ + 8e^- \rightleftharpoons Os + 4H_2O$	0.8
P(0)-(−III)	$P(白) + 3H^+ + 3e^- \rightleftharpoons PH_3(g)$	−0.063
P(I)-(0)	$H_3PO_2 + H^+ + e^- \rightleftharpoons P + 2H_2O$	−0.508
P(III)-(I)	$H_3PO_3 + 2H^+ + 2e^- \rightleftharpoons H_3PO_2 + H_2O$	−0.499
P(V)-(III)	$H_3PO_4 + 2H^+ + 2e^- \rightleftharpoons H_3PO_3 + H_2O$	−0.276
Pb(II)-(0)	$Pb^{2+} + 2e^- \rightleftharpoons Pb$	−0.1262
Pb(II)-(0)	$PbCl_2 + 2e^- \rightleftharpoons Pb + 2Cl^-$	−0.2675
Pb(II)-(0)	$PbI_2 + 2e^- \rightleftharpoons Pb + 2I^-$	−0.365
Pb(II)-(0)	$PbSO_4 + 2e^- \rightleftharpoons Pb + SO_4^{2-}$	−0.3588
Pb(IV)-(II)	$PbO_2 + 4H^+ + 2e^- \rightleftharpoons Pb^{2+} + 2H_2O$	1.455
Pb(IV)-(II)	$PbO_2 + SO_4^{2-} + 4H^+ + 2e^- \rightleftharpoons PbSO_4 + 2H_2O$	1.6913
Pd(II)-(0)	$Pd^{2+} + 2e^- \rightleftharpoons Pd$	0.951
Pt(II)-(0)	$Pt^{2+} + 2e^- \rightleftharpoons Pt$	1.18
Pt(II)-(0)	$[PtCl_4]^{2-} + 2e^- \rightleftharpoons Pt + 4Cl^-$	0.755
Pt(IV)-(II)	$[PtCl_6]^{2-} + 2e^- \rightleftharpoons [PtCl_4]^{2-} + 2Cl^-$	0.68
Rb(I)-(0)	$Rb^+ + e^- \rightleftharpoons Rb$	−2.98
S(0)-(−II)	$S + 2H^+ + 2e^- \rightleftharpoons H_2S(aq)$	0.142
S(II.V)-(II)	$S_4O_6^{2-} + 2e^- \rightleftharpoons 2S_2O_3^{2-}$	0.08
S(IV)-(0)	$H_2SO_3 + 4H^+ + 4e^- \rightleftharpoons S + 3H_2O$	0.449
S(VI)-(IV)	$SO_4^{2-} + 4H^+ + 2e^- \rightleftharpoons H_2SO_3 + H_2O$	0.172

续表

电对	电极反应方程式	E/V
S(Ⅶ)-(Ⅵ)	$S_2O_8^{2-}+2e^- \rightleftharpoons 2SO_4^{2-}$	2.010
Sb(Ⅲ)-(0)	$SbO^++2H^++3e^- \rightleftharpoons Sb+H_2O$	0.212
Sb(Ⅲ)-(0)	$Sb_2O_3+6H^++6e^- \rightleftharpoons 2Sb+3H_2O$	0.152
Sb(Ⅴ)-(Ⅲ)	$Sb_2O_5+6H^++4e^- \rightleftharpoons 2SbO^++3H_2O$	0.581
Se(Ⅳ)-(0)	$H_2SeO_3+4H^++4e^- \rightleftharpoons Se+3H_2O$	0.74
Si(Ⅳ)-(0)	$[SiF_6]^{2-}+4e^- \rightleftharpoons Si+6F^-$	−1.24
Si(Ⅳ)-(0)	(石英)$SiO_2+4H^++4e^- \rightleftharpoons Si+2H_2O$	0.857
Sn(Ⅱ)-(0)	$Sn^{2+}+2e^- \rightleftharpoons Sn$	−0.1375
Sn(Ⅳ)-(Ⅱ)	$Sn^{4+}+2e^- \rightleftharpoons Sn^{2+}$	0.151
Sr(Ⅱ)-(0)	$Sr^{2+}+2e^- \rightleftharpoons Sr$	−2.89
Ti(Ⅳ)-(Ⅲ)	$TiO^{2+}+2H^++e^- \rightleftharpoons Ti^{3+}+H_2O$	0.1
Ti(Ⅱ)-(0)	$Ti^{2+}+2e^- \rightleftharpoons Ti$	−1.630
Ti(Ⅲ)-(Ⅱ)	$Ti^{3+}+e^- \rightleftharpoons Ti^{2+}$	−0.9
Ti(Ⅳ)-(0)	$TiO_2+4H^++4e^- \rightleftharpoons Ti+2H_2O$	−0.86
Tl(Ⅰ)-(0)	$Tl^++e^- \rightleftharpoons Tl$	−0.336
Tl(Ⅲ)-(Ⅰ)	$Tl^{3+}+2e^- \rightleftharpoons Tl^+$	1.252
V(Ⅲ)-(Ⅱ)	$V^{3+}+e^- \rightleftharpoons V^{2+}$	−0.255
V(Ⅳ)-(Ⅲ)	$VO^{2+}+2H^++e^- \rightleftharpoons V^{3+}+H_2O$	0.337
V(Ⅴ)-(Ⅳ)	$VO_2^++2H^++e^- \rightleftharpoons VO^{2+}+H_2O$	0.991
Zn(Ⅱ)-(0)	$Zn^{2+}+2e^- \rightleftharpoons Zn$	−0.7618

2. 碱性溶液中

电对	电极反应方程式	E/V
Ag(Ⅰ)-(0)	$AgCN+e^- \rightleftharpoons Ag+CN^-$	−0.017
Ag(Ⅰ)-(0)	$[Ag(CN)_2]^-+e^- \rightleftharpoons Ag+2CN^-$	−0.31
Ag(Ⅰ)-(0)	$[Ag(NH_3)_2]^++e^- \rightleftharpoons Ag+2NH_3$	0.373
Ag(Ⅰ)-(0)	$Ag_2O+H_2O+2e^- \rightleftharpoons 2Ag+2OH^-$	0.342
Ag(Ⅰ)-(0)	$Ag_2S+2e^- \rightleftharpoons 2Ag+S^{2-}$	−0.691
Al(Ⅲ)-(0)	$H_2AlO_3^-+H_2O+3e^- \rightleftharpoons Al+4OH^-$	−2.33
As(Ⅲ)-(0)	$AsO_2^-+2H_2O+3e^- \rightleftharpoons As+4OH^-$	−0.68
As(Ⅴ)-(Ⅲ)	$AsO_4^{3-}+2H_2O+2e^- \rightleftharpoons AsO_2^-+4OH^-$	−0.71
B(Ⅲ)-(0)	$H_2BO_3^-+H_2O+3e^- \rightleftharpoons B+4OH^-$	−1.79
Ba(Ⅱ)-(0)	$Ba(OH)_2+2e^- \rightleftharpoons Ba+2OH^-$	−2.99
Be(Ⅱ)-(0)	$Be_2O_3^{2-}+3H_2O+4e^- \rightleftharpoons 2Be+6OH^-$	−2.63
Bi(Ⅲ)-(0)	$Bi_2O_3+3H_2O+6e^- \rightleftharpoons 2Bi+6OH^-$	−0.46
Br(Ⅰ)-(-Ⅰ)	$BrO^-+H_2O+2e^- \rightleftharpoons Br^-+2OH^-$	0.761
Br(Ⅴ)-(-Ⅰ)	$BrO_3^-+3H_2O+6e^- \rightleftharpoons Br^-+6OH^-$	0.61
Ca(Ⅱ)-(0)	$Ca(OH)_2+2e^- \rightleftharpoons Ca+2OH^-$	−3.02
Cd(Ⅱ)-(0)	$Cd(OH)_2+2e^- \rightleftharpoons Cd(Hg)+2OH^-$	−0.809
Cl(Ⅰ)-(-Ⅰ)	$ClO^-+H_2O+2e^- \rightleftharpoons Cl^-+2OH^-$	0.841
Cl(Ⅲ)-(-Ⅰ)	$ClO_2^-+2H_2O+4e^- \rightleftharpoons Cl^-+4OH^-$	0.76
Cl(Ⅲ)-(Ⅰ)	$ClO_2^-+H_2O+2e^- \rightleftharpoons ClO^-+2OH^-$	0.66
Cl(Ⅴ)-(-Ⅰ)	$ClO_3^-+3H_2O+6e^- \rightleftharpoons Cl^-+6OH^-$	0.62
Cl(Ⅴ)-(Ⅲ)	$ClO_3^-+H_2O+2e^- \rightleftharpoons ClO_2^-+2OH^-$	0.33
Cl(Ⅶ)-(Ⅴ)	$ClO_4^-+H_2O+2e^- \rightleftharpoons ClO_3^-+2OH^-$	0.36
Co(Ⅱ)-(0)	$[Co(NH_3)_6]^{2+}+2e^- \rightleftharpoons Co+6NH_3$	−0.422
Co(Ⅱ)-(0)	$Co(OH)_2+2e^- \rightleftharpoons Co+2OH^-$	−0.73
Co(Ⅲ)-(Ⅱ)	$[Co(NH_3)_6]^{3+}+e^- \rightleftharpoons [Co(NH_3)_6]^{2+}$	0.108

续表

电对	电极反应方程式	E/V
Co(Ⅲ)-(Ⅱ)	$Co(OH)_3 + e^- \rightleftharpoons Co(OH)_2 + OH^-$	0.17
Cr(Ⅲ)-(0)	$CrO_2^- + 2H_2O + 3e^- \rightleftharpoons Cr + 4OH^-$	-1.2
Cr(Ⅲ)-(0)	$Cr(OH)_3 + 3e^- \rightleftharpoons Cr + 3OH^-$	-1.48
Cr(Ⅵ)-(Ⅲ)	$CrO_4^{2-} + 4H_2O + 3e^- \rightleftharpoons Cr(OH)_3 + 5OH^-$	-0.13
Cu(Ⅰ)-(0)	$[Cu(NH_3)_2]^+ + e^- \rightleftharpoons Cu + 2NH_3$	-0.12
Cu(Ⅰ)-(0)	$Cu_2O + H_2O + 2e^- \rightleftharpoons 2Cu + 2OH^-$	-0.360
Cu(Ⅱ)-(0)	$Cu(OH)_2 + 2e^- \rightleftharpoons Cu + 2OH^-$	-0.222
Fe(Ⅲ)-(Ⅱ)	$[Fe(CN)_6]^{3-} + e^- \rightleftharpoons [Fe(CN)_6]^{4-}$	0.358
Fe(Ⅲ)-(Ⅱ)	$Fe(OH)_3 + e^- \rightleftharpoons Fe(OH)_2 + OH^-$	-0.56
H(Ⅰ)-(0)	$2H_2O + 2e^- \rightleftharpoons H_2 + 2OH^-$	-0.8277
Hg(Ⅱ)-(0)	$HgO + H_2O + 2e^- \rightleftharpoons Hg + 2OH^-$	0.0977
I(Ⅰ)-(-Ⅰ)	$IO^- + H_2O + 2e^- \rightleftharpoons I^- + 2OH^-$	0.485
I(Ⅴ)-(-Ⅰ)	$IO_3^- + 3H_2O + 6e^- \rightleftharpoons I^- + 6OH^-$	0.26
I(Ⅶ)-(Ⅴ)	$H_3IO_6^{2-} + 2e^- \rightleftharpoons IO_3^- + 3OH^-$	0.7
La(Ⅲ)-(0)	$La(OH)_3 + 3e^- \rightleftharpoons La + 3OH^-$	-2.90
Mg(Ⅱ)-(0)	$Mg(OH)_2 + 2e^- \rightleftharpoons Mg + 2OH^-$	-2.690
Mn(Ⅱ)-(0)	$Mn(OH)_2 + 2e^- \rightleftharpoons Mn + 2OH^-$	-1.56
Mn(Ⅵ)-(Ⅳ)	$MnO_4^{2-} + 2H_2O + 2e^- \rightleftharpoons MnO_2 + 4OH^-$	0.60
Mn(Ⅶ)-(Ⅳ)	$MnO_4^- + 2H_2O + 3e^- \rightleftharpoons MnO_2 + 4OH^-$	0.595
Mn(Ⅶ)-(Ⅵ)	$MnO_4^- + e^- \rightleftharpoons MnO_4^{2-}$	0.558
N(Ⅲ)-(Ⅱ)	$NO_2^- + H_2O + e^- \rightleftharpoons NO + 2OH^-$	-0.46
N(Ⅴ)-(Ⅲ)	$NO_3^- + H_2O + 2e^- \rightleftharpoons NO_2^- + 2OH^-$	0.01
N(Ⅴ)-(Ⅳ)	$2NO_3^- + 2H_2O + 2e^- \rightleftharpoons N_2O_4 + 4OH^-$	-0.85
Ni(Ⅱ)-(0)	$Ni(OH)_2 + 2e^- \rightleftharpoons Ni + 2OH^-$	-0.72
Ni(Ⅳ)-(Ⅱ)	$NiO_2 + 2H_2O + 2e^- \rightleftharpoons Ni(OH)_2 + 2OH^-$	0.490
O(0)-(-Ⅱ)	$O_2 + 2H_2O + 4e^- \rightleftharpoons 4OH^-$	0.401
O(0)-(-Ⅱ)	$O_3 + H_2O + 2e^- \rightleftharpoons O_2 + 2OH^-$	1.24
O(0)-(-Ⅰ)	$O_2 + H_2O + 2e^- \rightleftharpoons HO_2^- + OH^-$	-0.076
P(0)-(-Ⅲ)	$P + 3H_2O + 3e^- \rightleftharpoons PH_3(g) + 3OH^-$	-0.87
P(Ⅰ)-(0)	$H_2PO_2^- + e^- \rightleftharpoons P + 2OH^-$	-1.82
P(Ⅲ)-(0)	$HPO_3^{2-} + 2H_2O + 3e^- \rightleftharpoons P + 5OH^-$	-1.71
P(Ⅲ)-(Ⅰ)	$HPO_3^{2-} + 2H_2O + 2e^- \rightleftharpoons H_2PO_2^- + 3OH^-$	-1.65
P(Ⅴ)-(Ⅲ)	$PO_4^{3-} + 2H_2O + 2e^- \rightleftharpoons HPO_3^{2-} + 3OH^-$	-1.05
Pb(Ⅳ)-(Ⅱ)	$PbO_2 + H_2O + 2e^- \rightleftharpoons PbO + 2OH^-$	0.247
Pd(Ⅱ)-(0)	$Pd(OH)_2 + 2e^- \rightleftharpoons Pd + 2OH^-$	0.07
Pt(Ⅱ)-(0)	$Pt(OH)_2 + 2e^- \rightleftharpoons Pt + 2OH^-$	0.14
S(0)-(-Ⅱ)	$S + 2e^- \rightleftharpoons S^{2-}$	-0.47627
S(Ⅱ,Ⅴ)-(Ⅱ)	$S_4O_6^{2-} + 2e^- \rightleftharpoons 2S_2O_3^{2-}$	0.08
S(Ⅳ)-(Ⅱ)	$2SO_3^{2-} + 3H_2O + 4e^- \rightleftharpoons S_2O_3^{2-} + 6OH^-$	-0.58
S(Ⅵ)-(Ⅳ)	$SO_4^{2-} + H_2O + 2e^- \rightleftharpoons SO_3^{2-} + 2OH^-$	-0.93
Se(0)-(-Ⅱ)	$Se + 2e^- \rightleftharpoons Se^{2-}$	-0.924
Se(Ⅳ)-(0)	$SeO_3^{2-} + 3H_2O + 4e^- \rightleftharpoons Se + 6OH^-$	-0.366
Si(Ⅳ)-(0)	$SiO_3^{2-} + 3H_2O + 4e^- \rightleftharpoons Si + 6OH^-$	-1.697
Sn(Ⅱ)-(0)	$HSnO_2^- + H_2O + 2e^- \rightleftharpoons Sn + 3OH^-$	-0.909
Sn(Ⅳ)-(Ⅱ)	$[Sn(OH)_6^{2-}] + 2e^- \rightleftharpoons HSnO_2^- + H_2O + 3OH^-$	-0.93
Sr(Ⅱ)-(0)	$Sr(OH)_2 \cdot 8H_2O + 2e^- \rightleftharpoons Sr + 2OH^- + 8H_2O$	-2.88
Tl(Ⅰ)-(0)	$Tl(OH) + e^- \rightleftharpoons Tl + OH^-$	-0.34
Zn(Ⅱ)-(0)	$[Zn(NH_3)_4]^{2+} + 2e^- \rightleftharpoons Zn + 4NH_3$	-1.04
Zn(Ⅱ)-(0)	$ZnO_2^{2-} + 2H_2O + 2e^- \rightleftharpoons Zn + 4OH^-$	-1.215
Zn(Ⅱ)-(0)	$Zn(OH)_2 + 2e^- \rightleftharpoons Zn + 2OH^-$	-1.249

附录8 常见配离子的稳定常数

配离子	$K_稳$	$\lg K_稳$	配离子	$K_稳$	$\lg K_稳$
$[NaY]^{3-}$	5.0×10^{1}	1.69	$[Fe(CNS)_3]^{0}$	2.0×10^{3}	3.30
$[AgY]^{3-}$	2.0×10^{7}	7.30	$[CdI_3]^{-}$	1.2×10^{1}	1.07
$[CuY]^{2-}$	6.8×10^{18}	18.79	$[Cd(CN)_3]^{-}$	1.1×10^{4}	4.04
$[MgY]^{2-}$	4.9×10^{8}	8.69	$[Ag(CN)_3]^{2-}$	5×10^{8}	0.69
$[CaY]^{2-}$	3.7×10^{10}	10.56	$[Ni(en)_3]^{2+}$	3.9×10^{18}	18.59
$[SrY]^{2-}$	4.2×10^{8}	8.62	$[Al(C_2O_4)_3]^{3-}$	2.0×10^{16}	16.30
$[BaY]^{2-}$	6.0×10^{7}	7.77	$[Fe(C_2O_4)_3]^{3-}$	1.6×10^{20}	20.20
$[CdY]^{2-}$	3.8×10^{16}	16.57	$[Cu(NH_3)_4]^{2+}$	4.8×10^{12}	12.68
$[HgY]^{2-}$	6.3×10^{21}	21.79	$[Zn(NH_3)_4]^{2+}$	5×10^{8}	8.69
$[PbY]^{2-}$	1.0×10^{18}	18.0	$[Cd(NH_3)_4]^{2+}$	3.6×10^{6}	6.55
$[MnY]^{2-}$	1.0×10^{14}	14.00	$[Zn(CNS)_4]^{2-}$	2.0×10^{1}	1.30
$[FeY]^{2-}$	2.1×10^{14}	14.32	$[Zn(CN)_4]^{2-}$	1.0×10^{16}	16.0
$[CoY]^{2-}$	1.6×10^{18}	16.20	$[Cd(SCN)_4]^{2-}$	1.0×10^{8}	3.0
$[NiY]^{2-}$	4.1×10^{18}	18.61	$[CuCl_4]^{2-}$	3.1×10^{2}	2.49
$[FeY]^{-}$	1.2×10^{25}	25.07	$[CdI_4]^{2-}$	3.0×10^{6}	6.43
$[CoY]^{-}$	1.0×10^{36}	36.0	$[Cd(CN)_4]^{2-}$	1.3×10^{18}	18.11
$[GaY]^{-}$	1.8×10^{20}	20.25	$[Hg(CN)_4]^{2-}$	3.3×10^{41}	41.51
$[InY]^{-}$	8.9×10^{24}	24.94	$[Hg(SCN)_4]^{2-}$	7.7×10^{21}	21.88
$[TlY]^{-}$	3.2×10^{22}	22.51	$[HgCl_4]^{2-}$	1.6×10^{15}	15.20
$[TlHY]$	1.5×10^{23}	23.17	$[HgI_4]^{2-}$	7.2×10^{29}	29.86
$[CuOH]^{+}$	1×10^{5}	5.00	$[Co(CNS)_4]^{2-}$	3.8×10^{2}	2.58
$[AgNH_3]^{+}$	2.0×10^{3}	3.30	$[Ni(CN)_4]^{2-}$	1×10^{22}	22.0
$[Cu(NH_3)_2]^{+}$	7.4×10^{10}	10.87	$[Cd(NH_3)_6]^{2+}$	1.4×10^{6}	6.15
$[Cu(CN)_2]^{-}$	2.0×10^{38}	38.3	$[Co(NH_3)_6]^{2+}$	2.4×10^{4}	4.38
$[Ag(NH_3)_2]^{+}$	1.7×10^{7}	7.24	$[Ni(NH_3)_6]^{2+}$	1.1×10^{8}	8.04
$[Ag(en)_2]^{+}$	7.0×10^{7}	7.84	$[Co(NH_3)_6]^{3+}$	1.4×10^{35}	35.15
$[Ag(CNS)_2]^{-}$	4.0×10^{8}	8.60	$[AlF_6]^{3-}$	6.9×10^{19}	19.84
$[Ag(CN)_2]^{-}$	1.0×10^{21}	21.0	$[Fe(CN)_6]^{3-}$	1×10^{42}	42.0
$[Au(CN)_2]^{-}$	2.0×10^{38}	38.3	$[Fe(CN)_6]^{4-}$	1×10^{35}	35.0
$[Cu(en)_2]^{2+}$	4.0×10^{19}	19.60	$[Co(CN)_6]^{3-}$	1×10^{64}	64.0
$[Ag(S_2O_3)_2]^{3-}$	1.6×10^{13}	13.20	$[FeF_6]^{3-}$	1.0×10^{16}	16.0

附录9　某些试剂溶液的配制

1. 常用酸碱指示剂

指示剂	pK_{HIn}	变色范围 pH	酸色	碱色	配制方法
百里酚蓝(麝香草酚蓝)	1.65	1.2~2.8	红	黄	0.1%的20%乙醇溶液
甲基橙	3.4	3.1~4.4	红	橙黄	0.05%水溶液
溴甲酚绿	4.9	3.8~5.4	黄	蓝	0.1%的20%乙醇溶液 或 0.1g 指示剂溶于 2.9mL 0.05mol·L^{-1} NaOH,加水稀释至100mL
甲基红	5.0	4.4~6.2	红	黄	0.1%的60%乙醇溶液
溴百里酚蓝(麝香草酚蓝)	7.3	6.2~7.3	黄	蓝	0.1%的20%乙醇溶液
中性红	7.4	6.8~8.0	红	黄橙	0.1%的60%乙醇溶液
百里酚蓝(第二变色范围)	9.2	8.0~9.6	黄	蓝	0.1%的20%乙醇溶液
酚酞	9.4	8.0~10.0	无色	红	0.5%的90%乙醇溶液
百里酚酞	10.0	9.4~10.6	无色	蓝	0.1%的90%乙醇溶液

2. 混合酸碱指示剂

指示剂组成(体积比)	变色点 pH	酸色	碱色	备注
一份 0.1%甲基橙水溶液 一份 0.25%靛蓝二磺酸钠水溶液	4.1	紫	绿	灯光下可滴定
一份 0.02%甲基橙水溶液 一份 0.1%溴甲酚绿钠盐水溶液	4.3	橙	蓝绿	pH=3.5 黄色 pH=4.05 绿黄 pH=4.3 浅绿
三份 0.1%溴甲酚绿20%乙醇溶液 一份 0.2%甲基红60%乙醇溶液	5.1	酒红	绿	颜色变化极鲜明
一份 0.2%甲基红乙醇溶液 一份 0.1%次甲基蓝乙醇溶液	5.4	红紫	绿	pH=5.2 红紫 pH=5.4 暗蓝 pH=5.6 绿色
一份 0.1%溴甲酚绿钠盐水溶液 一份 0.1%绿酚红钠盐水溶液	6.1	黄绿	蓝紫	pH=5.6 蓝绿 pH=5.8 蓝色 pH=6.0 浅紫 pH=6.2 蓝紫
一份 0.1%溴甲酚紫钠盐水溶液 一份 0.1%溴百里酚蓝钠盐水溶液	6.7	黄	紫蓝	pH=6.2 黄紫 pH=6.6 紫 pH=6.8 蓝紫
一份 0.1%中性红乙醇溶液 一份 0.1%次甲基蓝乙醇溶液	7.0	蓝紫	绿	pH=7.0 为蓝绿 必须保存在棕色瓶中
一份 0.1%甲酚红钠盐水溶液 三份 0.1%百里酚蓝钠盐水溶液	8.3	黄	紫	pH=8.2 玫瑰色 pH=8.4 紫色
一份 0.1%百里酚蓝50%乙醇溶液 三份 0.1%酚酞50%乙醇溶液	9.0	黄	紫	pH=9.0 绿色

3. 氧化还原指示剂

序号	名称	氧化型颜色	还原型颜色	E_{ind}/V $[H^+]=1\,mol·L^{-1}$	浓　度
1	二苯胺	紫	无色	+0.76	1%浓硫酸溶液
2	二苯胺磺酸钠	紫红	无色	+0.84	0.2%水溶液
3	N-邻苯氨基苯甲酸	紫红	无色	+1.08	0.1g指示剂加20mL 50g·L^{-1}的Na$_2$CO$_3$溶液,用水稀至100mL
4	亚甲基蓝	蓝	无色	+0.532	0.1%水溶液
5	中性红	红	无色	+0.24	0.1%乙醇溶液
6	邻二氮菲-亚铁	浅蓝	红	+1.06	1.485g邻二氮菲加0.695g硫酸亚铁溶解,稀释至100mL(0.025mol·L^{-1}水溶液)
7	5-硝基邻二氮菲-亚铁	浅蓝	紫红	+1.25	1.608g 5-硝基邻二氮菲加0.695g硫酸亚铁溶解,稀至100mL(0.025mol·L^{-1}水溶液)

4. 配位滴定指示剂

名　称	配　制	用　于　测　定		
		元素	颜色变化	测定条件
酸性铬蓝K	0.1%乙醇溶液	Ca	红→蓝	pH=12
		Mg	红→蓝	pH=10(氨性缓冲溶液)
钙指示剂	与NaCl配成1:100的固体混合物	Ca	酒红→蓝	pH>12(KOH或NaOH)
铬黑T（EBT）	5g·L^{-1}水溶液	Al	蓝→红	pH=7~8,吡啶存在下,以Zn^{2+}回滴
		Bi	蓝→红	pH=9~10,以Zn^{2+}回滴
		Ca	红→蓝	pH=10,加入EDTA-Mg
		Cd	红→蓝	pH=10(氨性缓冲溶液)
		Mg	红→蓝	pH=10(氨性缓冲溶液)
		Mn	红→蓝	氨性缓冲溶液,加羟胺
		Ni	红→蓝	氨性缓冲溶液
		Pb	红→蓝	氨性缓冲溶液,加酒石酸钾
		Zn	红→蓝	pH=6.8~10(氨性缓冲溶液)
紫脲酸胺	与NaCl配成1:100的固体混合物	Ca	红→紫	pH>10(NaOH),25%乙醇
		Co	黄→紫	pH=8~10(氨性缓冲溶液)
		Cu	黄→紫	pH=7~8(氨性缓冲溶液)
		Ni	黄→紫红	pH=8.5~11.5(氨性缓冲溶液)
吡啶偶氮萘酚（PAN）	0.1%乙醇(或甲醇)溶液	Cd	红→黄	pH=6(醋酸缓冲溶液)
		Co	黄→红	醋酸缓冲溶液,70~80℃,以Cu^{2+}回滴
		Cu	紫→黄	pH=10(氨性缓冲溶液)
			红→黄	pH=6(醋酸缓冲溶液)
		Zn	粉红→黄	pH=5~7(醋酸缓冲溶液)

续表

名称	配制	用于测定		
		元素	颜色变化	测定条件
邻苯二酚紫	0.1%水溶液	Cd	蓝→红紫	pH=10(氨性缓冲溶液)
		Co	蓝→红紫	pH=8~9(氨性缓冲溶液)
		Cu	蓝→黄绿	pH=6~7,吡啶溶液
		Fe(Ⅲ)	黄绿→蓝	pH=6~7,吡啶存在下,以Cu^{2+}回滴
		Mg	蓝→红紫	pH=10(氨性缓冲溶液)
		Mn	蓝→红紫	pH=9(氨性缓冲溶液),加羟胺
		Pb	蓝→黄	pH=5.5(六亚甲基四胺)
		Zn	蓝→红紫	pH=10(氨性缓冲溶液)
磺基水杨酸	1~2%水溶液	Fe(Ⅲ)	红紫→黄	pH=1.5~2
二甲酚橙 XO	0.5%乙醇(或水)溶液	Bi	红→黄	pH=1~2(HNO_3)
		Cd	粉红→黄	pH=5~6(六亚甲基四胺)
		Pb	红紫→黄	pH=5~6(醋酸缓冲溶液)
		Th(Ⅳ)	红→黄	pH=1.6~3.5(HNO_3)
		Zn	红→黄	pH=5~6(醋酸缓冲溶液)

5. 沉淀滴定指示剂

指示剂名称	可测离子	滴定条件	终点颜色变化	溶液配制方法
铬酸钾	Cl^-、Br^-	中性或弱碱性	黄色→砖红色	5%水溶液
铁铵矾(硫酸铁铵)	直接滴定测 Ag^+ 返滴定测 Cl^-、Br^-、I^-	酸性	无色→红色	8%水溶液
荧光黄	Cl^-、Br^-、I^-、SCN^-	中性或弱碱性	黄绿→粉红	1%钠盐水溶液
二氯荧光黄	Cl^-、Br^-、I^-	pH 4.4~7.2	黄绿→粉红	1%钠盐水溶液
曙红	Br^-、I^-、SCN^-	pH 1~2	橙红→红紫	1%钠盐水溶液

6. 缓冲溶液的配制

(1) 氯化钾-盐酸缓冲溶液

0.2 mol·L^{-1} KCl/mL	50	50	50	50	50	50	50
0.2 mol·L^{-1} HCl/mL	97.0	64.3	41.5	26.3	16.6	10.6	6.7
水/mL	53.0	85.5	108.5	123.7	133.4	139.4	143.3
pH(20℃)	1.0	1.2	1.4	1.6	1.8	2.0	2.2

(2) 邻苯二甲酸氢钾-氢氧化钾缓冲溶液

0.2 mol·L^{-1} $KHC_6H_4O_4$/mL	50	50	50	50	50
0.2 mol·L^{-1} HCl/mL	46.70	32.95	20.32	9.90	2.63
水/mL	103.30	117.05	129.68	140.10	147.37
pH(20℃)	2.2	2.6	3.0	3.4	3.8

(3) 邻苯二甲酸氢钾-氢氧化钾缓冲溶液

0.2mol·L^{-1}KHC$_6$H$_4$O$_4$/mL	50	50	50	50	50
0.2mol·L^{-1}HCl/mL	0.40	7.50	17.70	29.95	39.85
水/mL	149.60	142.50	132.20	120.05	110.15
pH(20℃)	4.0	4.4	4.8	5.2	5.6

(4) 乙酸-乙酸钠缓冲溶液

0.2mol·L^{-1}HAc/mL	185	164	126	80	42	19
0.2mol·L^{-1}NaAc/mL	15	36	74	120	158	181
pH(20℃)	3.6	4.0	4.4	4.8	5.2	5.6

(5) 磷酸二氢钾-氢氧化钠缓冲溶液

0.2mol·L^{-1}KH$_2$PO$_4$/mL	50	50	50	50	50	50
0.2mol·L^{-1}NaOH/mL	3.72	8.60	17.80	29.63	39.50	45.20
水/mL	146.26	141.20	132.20	120.37	110.50	104.80
pH(20℃)	5.8	6.2	6.6	7.0	7.4	7.8

(6) 硼砂-氢氧化钠缓冲溶液

0.2mol·L^{-1}硼砂/mL	90	80	70	60	50	40
0.2mol·L^{-1}NaOH/mL	10	20	30	40	50	60
pH(20℃)	9.35	9.48	9.66	9.94	11.04	12.32

(7) 氨水-氯化铵缓冲溶液

0.2mol·L^{-1}NH$_3$·H$_2$O/mL	1	1	1	2	8	32
0.2mol·L^{-1}NH$_4$Cl/mL	32	8	2	1	1	1
pH(20℃)	8.0	8.58	9.1	9.8	10.4	11.0

(8) 常用缓冲溶液的配制

pH	配制方法
3.6	NaAc·3H$_2$O 8g 溶于适量水中,加 6mol·L^{-1}HAc 134mL,稀释至 500mL
4.0	NaAc·3H$_2$O 20g 溶于适量水中,加 6mol·L^{-1}HAc 134mL,稀释至 500mL
4.5	NaAc·3H$_2$O 32g 溶于适量水中,加 6mol·L^{-1}HAc 68mL,稀释至 500mL
5.0	NaAc·3H$_2$O 50g 溶于适量水中,加 6mol·L^{-1}HAc 34mL,稀释至 500mL
8.0	NH$_4$Cl 50g 溶于适量水中,加 15mol·L^{-1}NH$_3$·H$_2$O 3.5mL,稀释至 500mL
8.5	NH$_4$Cl 40g 溶于适量水中,加 15mol·L^{-1}NH$_3$·H$_2$O 8.8mL,稀释至 500mL
9.0	NH$_4$Cl 35g 溶于适量水中,加 15mol·L^{-1}NH$_3$·H$_2$O 24mL,稀释至 500mL
9.5	NH$_4$Cl 30g 溶于适量水中,加 15mol·L^{-1}NH$_3$·H$_2$O 65mL,稀释至 500mL
10	NH$_4$Cl 27g 溶于适量水中,加 15mol·L^{-1}NH$_3$·H$_2$O 197mL,稀释至 500mL

附录 10 常用基准物质的干燥条件及应用

基准物质		干燥后的组成	干燥条件(t/℃)	标定对象
名称	分子式			
碳酸氢钠	$NaHCO_3$	Na_2CO_3	270~300℃	酸
碳酸钠	$Na_2CO_3 \cdot 10H_2O$	Na_2CO_3	270~300℃保持50min	酸
碳酸氢钾	$KHCO_3$	K_2CO_3	270~300℃	酸
硼砂	$Na_2B_4O_7 \cdot 10H_2O$	$Na_2B_4O_7 \cdot 10H_2O$	放在装有氯化钠和饱和蔗糖溶液的密闭器皿中	酸
二水合草酸	$H_2C_2O_4 \cdot 2H_2O$	$H_2C_2O_4 \cdot 2H_2O$	室温空气干燥	碱或$KMnO_4$
邻苯二甲酸氢钾	$KHC_8H_4O_4$	$KHC_8H_4O_4$	110~120℃干燥至恒重	碱
重铬酸钾	$K_2Cr_2O_7$	$K_2Cr_2O_7$	140~150℃保持3~4h	还原剂
溴酸钾	$KBrO_3$	$KBrO_3$	130℃	还原剂
碘酸钾	KIO_3	KIO_3	120~140℃保持2h	还原剂
铜	Cu	Cu	室温干燥器中保存	还原剂
三氧化二砷	As_2O_3	As_2O_3	室温干燥器中保存	氧化剂
草酸钠	$Na_2C_2O_4$	$Na_2C_2O_4$	130℃保持2h	氧化剂
碳酸钙	$CaCO_3$	$CaCO_3$	110~120℃保持2h	EDTA
锌	Zn	Zn	室温干燥器中保存	EDTA
氧化锌	ZnO	ZnO	900~1000℃保持50min	EDTA
氯化钠	NaCl	NaCl	500~600℃保持50min	$AgNO_3$
氯化钾	KCl	KCl	500~600℃	$AgNO_3$
硝酸银	$AgNO_3$	$AgNO_3$	280~290℃干燥至恒重	氯化物

附录 11 常见离子鉴定方法

1. 常见阳离子的鉴定

阳离子	鉴定方法
Ag^+	取2滴Ag^+试液,加2滴2mol·L^{-1}HCl,搅动,水浴加热,离心分离。在沉淀上加4滴6mol·L^{-1}氨水,微热,沉淀溶解,再加6mol·$L^{-1}$$HNO_3$酸化,白色沉淀重又出现,表示有$Ag^+$
Al^{3+}	取1滴Al^{3+}试液,加2~3滴水,加2滴3mol·$L^{-1}$$NH_4Ac$,2滴铝试剂,搅拌,微热,加6mol·$L^{-1}$氨水至碱性,有红色絮状沉淀,表示有$Al^{3+}$
Ba^{2+}	取2滴Ba^{2+}试液,加1滴0.1mol·$L^{-1}$$K_2CrO_4$溶液,有$BaCrO_4$黄色沉淀生成,表示有$Ba^{2+}$。
Ca^{2+}	取2滴Ca^{2+}试液,加3滴6mol·L^{-1}HAc,再滴加饱和$(NH_4)_2C_2O_4$溶液,有白色的CaC_2O_4沉淀形成,表示有Ca^{2+}
Co^{2+}	取1~2滴Co^{2+}试液,加饱和NH_4SCN溶液,加5~6滴戊醇溶液,振荡,静置,有机层呈蓝绿色,表示有Co^{2+}。

续表

阳离子	鉴定方法
Cr^{3+}	取 3 滴 Cr^{3+} 试液,加 6mol·L^{-1} NaOH 溶液直到生成的沉淀溶解,搅动后加 4 滴 3％的 H_2O_2,水浴加热,溶液颜色由绿变黄,继续加热直至剩余的 H_2O_2 分解完,冷却,加 6mol·L^{-1} HAc 酸化,加 2 滴 0.1mol·L^{-1} $Pb(NO_3)_2$ 溶液,生成黄色 $PbCrO_4$ 沉淀,表示有 Cr^{3+}。
Cu^{2+}	取 1 滴 Cu^{2+} 试液,加 1 滴 6mol·L^{-1} HAc 酸化,加 l 滴 0.5mol·L^{-1} $K_4[Fe(CN)_6]$ 溶液,有红棕色 $Cu_2[Fe(CN)_6]$ 沉淀出现,表示有 Cu^{2+}
Fe^{3+}	①取 1 滴 Fe^{3+} 试液放在白滴板上,加 l 滴 $K_4[Fe(CN)_6]$ 溶液,生成蓝色沉淀,表示有 Fe^{3+} ②取 1 滴 Fe^{3+} 试液,加 1 滴 0.5mol·L^{-1} NH_4SCN 溶液,形成红色溶液表示有 Fe^{3+}
Fe^{2+}	①取 1 滴 Fe^{2+} 试液在白滴板上,加 l 滴 $K_3[Fe(CN)_6]$ 溶液,出现蓝色沉淀,表示有 Fe^{2+}。 ②取 1 滴 Fe^{2+} 试液,加几滴 2.5g·L^{-1} 的邻菲罗啉溶液,生成橘红色的溶液,表表示有 Fe^{2+}
Hg^{2+}	取 2 滴 Hg^{2+} 试液,滴加 0.5mol·L^{-1} $SnCl_2$ 溶液,出现白色沉淀,继续加过量 $SnCl_2$,不断搅拌,放置 2~3min,出现灰色沉淀,表示有 Hg^{2+}
K^+	取 2 滴 K^+ 试液,加 3 滴六硝基合钴酸钠($Na_3[Co(NO_2)_6]$)溶液,放置片刻,黄色的 $K_2Na[Co(NO_2)_6]$ 沉淀析出,表示有 K^+
Mg^{2+}	取 2 滴 Mg^{2+} 试液,加 2 滴 2mol·L^{-1} NaOH 溶液、2 滴镁试剂,有天蓝色沉淀,表示有 Mg^{2+}
Mn^{2+}	取 1 滴 Mn^{2+} 试液,加 10 滴水,5 滴 2mol·L^{-1} HNO_3 溶液,然后加固体 $NaBiO_3$,搅拌,水浴加热,形成紫色溶液,表示有 Mn^{2+}
Na^+	取 2 滴 Na^+ 试液,加入 2 滴 $KSb(OH)_6$ 溶液,用玻璃棒摩擦器壁,产生白色晶形沉淀,表示有 Na^+
NH_4^+	①气室法:用干燥、洁净的表面皿两块(一大一小),在大表面皿中心加 3 滴 NH_4^+ 试液,再加 3 滴 6mol·L^{-1} NaOH 溶液,混合均匀。在小表面皿中心粘附一小条湿润的酚酞试纸,盖在大表面皿上做成气室。将气室放在水浴上微热 2min,酚酞试纸变红,表示有 NH_4^+ ②取 1 滴 NH_4^+ 试液,放在白滴板的圆孔中,加 2 滴奈氏试剂,生成红棕色沉淀,表示有 NH_4^+
Ni^{2+}	取 1 滴 Ni^{2+} 试液放在白滴板上,加 1 滴 6mol·L^{-1} 氨水,加 1 滴丁二酮肟,有红色沉淀形成,表示有 Ni^{2+}
Pb^{2+}	取 2 滴 Pb^{2+} 试液,加 1 滴 0.1mol·L^{-1} K_2CrO_4 溶液,生成黄色沉淀,滴加数滴 2mol·L^{-1} NaOH 溶液,沉淀溶解,表示有 Pb^{2+}
Sn^{2+}	取 2 滴 Sn^{2+} 试液,加 1 滴 0.1mol·L^{-1} $HgCl_2$ 溶液,生成白色沉淀,表示有 Sn^{2+}
Zn^{2+}	取 2 滴 Zn^{2+} 试液,用 2mol·L^{-1} HAc 酸化,加入 2 滴 $(NH_4)_2Hg(SCN)_4$ 溶液,摩擦器壁,生成白色沉淀,表示有 Zn^{2+}

2. 常见阴离子的鉴定

阴离子	鉴定方法
Br^-	取 2 滴 Br^- 试液,加入数滴 CCl_4,滴入氯水,振荡,有机层显红棕色,表示有 Br^-
Cl^-	取 2 滴 Cl^- 试液,加 1 滴 6mol·L^{-1} HNO_3 酸化,再加入 0.1mol·L^{-1} $AgNO_3$ 至沉淀完全,离心分离。在沉淀上加 3~5 滴 6mol·L^{-1} 氨水,搅动,加热,沉淀溶解,再加 6mol·L^{-1} HNO_3 酸化,白色沉淀重又出现,表示有 Cl^-
CO_3^{2-}	取 10 滴 CO_3^{2-} 试液于离心试管中,加 10 滴 6mol·L^{-1} HCl,并立即将事先蘸有新配制的石灰水或 $Ba(OH)_2$ 溶液的玻璃棒置于试管口,若玻璃棒上溶液变浑浊,表示有 CO_3^{2-}
I^-	取 2 滴 I^- 试液,加入数滴 CCl_4,滴加氯水,振荡,有机层显紫色,表示有 I^-
NO_2^-	取 1 滴 NO_2^- 试液,加 6mol·L^{-1} HAc 酸化,加 1 滴对氨基苯磺酸和 1 滴 α-萘胺,溶液显红紫色,表示有 NO_2^-

续表

阴离子	鉴定方法
NO_3^-	取 2 滴 NO_3^- 试液于点滴板上,在溶液中央放一小粒 $FeSO_4$ 晶体,然后在晶体上加 1 滴浓 H_2SO_4,晶体周围有棕色出现,表示有 NO_3^-
PO_4^{3-}	取 2 滴 PO_4^{3-} 试液,加入 5 滴 $6mol·L^{-1}HNO_3$ 溶液,再加入 8~10 滴钼酸铵试剂,水浴加热,有黄色磷钼酸铵沉淀生成,表示有 PO_4^{3-}
S^{2-}	取 3 滴 S^{2-} 试液,加 2 滴 $3mol·L^{-1}H_2SO_4$ 酸化,用 $Pb(Ac)_2$ 试纸检验放出的气体,试纸变黑,表示有 S^{2-}
SO_3^{2-}	取 3 滴 SO_3^{2-} 试液,加 2 滴 $3mol·L^{-1}H_2SO_4$,迅速加入 1 滴 $0.01mol·L^{-1}KMnO_4$ 溶液,若紫色褪去,表示有 SO_3^{2-}
SO_4^{2-}	取 2 滴试液,加 1 滴 $6mol·L^{-1}HCl$ 酸化,再加 2 滴 $1mol·L^{-1}BaCl_2$ 溶液。若有白色沉淀,表示有 SO_4^{2-}
$S_2O_3^{2-}$	取 3 滴 $S_2O_3^{2-}$ 试液,加 10 滴 $0.1mol·L^{-1}AgNO_3$ 溶液,摇动,白色沉淀迅速变黄、变棕、变黑,表示有 $S_2O_3^{2-}$

参 考 文 献

［1］ 北京师范大学等．无机化学实验．第4版．北京：高等教育出版社，2014．
［2］ 丁敬敏，赵连俊．有机分析．北京：化学工业出版社，2004．
［3］ 侯振雨，范文秀，郝海玲．无机及分析化学实验．第3版．北京：化学工业出版社，2014．
［4］ 黄少云．无机及分析化学实验．北京：化学工业出版社，2008．
［5］ 金世美．有机分析教程．北京：高等教育出版社，1992．
［6］ 康新平，林培喜．无机化学与分析化学实验．北京：北京师范大学出版社，2012．
［7］ 李月云，张慧，王平．无机化学实验．北京：化学工业出版社，2009．
［8］ 毛海荣．无机化学实验．南京：东南大学出版社，2006．
［9］ 菲利普等，科学发现者：化学概念与应用．王祖浩等译．杭州：浙江教育出版社，2008．
［10］ 南京大学《无机及分析化学实验》编写组．无机及分析化学实验．第4版．北京：高等教育出版社，2006．
［11］ 倪静安，高世萍等．无机及分析化学实验．北京：高等教育出版社，2007．
［12］ 魏琴，盛永丽．无机及分析化学实验．北京：科学出版社，2008．
［13］ 武汉大学．分析化学实验．第4版．北京：高等教育出版社，2001．
［14］ 武汉大学化学与分子科学学院实验中心．无机化学实验．第2版．武汉：武汉大学出版社，2012．
［15］ 武汉大学．分析化学：上册．第5版．北京：高等教育出版社，2008．
［16］ 俞斌，吴文元．无机与分析化学实验．第2版．北京：化学工业出版社，2013．
［17］ 展海军，李建伟．无机及分析化学实验．北京：化学工业出版社，2012．
［18］ 容学德．微乳液法制备纳米过渡金属硫化物及其应用研究．南宁：广西大学，2012．
［19］ Winkelmann K，Noviello T，Brooks S．Preparation of CdS Nanoparticles by first-year undergraduates．Journal of Chemical Education，2007，84（4）：709-710．

元素周期表